高等教育系列教材

Java EE 基础实用教程

主　编　崔　岩

副主编　董洋溢

参　编　陈　勇　吕亚荣　辛向丽

机 械 工 业 出 版 社

Java EE 是一个功能强大的中间件技术平台，也是一个企业级开发的主流平台。本书从该技术最实用、最基础的层面出发。以自顶向下的顺序详细介绍了 JSP 技术、Servlet 技术、JDBC 和 EJB 等最主要的组件技术。在书的后半部分，基于读者在前面对平台的学习，从宏观上介绍了 MVC 的理念与基于 Java EE 的主流框架的关系，并展开介绍了 Strust、Hibernet 与 Spring 框架。最后，通过两个实际的项目案例，详细介绍了多层结构开发的过程，以及相关组件的应用。第一个项目没有基于任何框架，是基于 MVC 理念设计出来的一个论坛系统。第二个项目是基于 Strust 框架的一个信息发布系统的管理子系统的设计。本书的内容阐述深入浅出，逐层递进，讲解生动，并且附有大量的开发实例。读者不仅可以将这些实例作为练习的对象，也可以作为实际工作中的参考。另外，本书的最后两章还可以作为配套实训课程的素材来使用。

本书适合作为高等学校计算机专业的教材，也可以作为相关开发人员的参考书，还可作为计算机开发爱好者的自学用书。

本书配套授课电子课件，需要的教师可登录 www.cmpedu.com 免费注册，审核通过后下载，或联系编辑索取（微信：15910938545。电话：010-88379739）。

图书在版编目（CIP）数据

Java EE 基础实用教程/崔岩主编．—北京：机械工业出版社，2018.1（2022.8 重印）
高等教育系列教材
ISBN 978-7-111-58682-1

Ⅰ.①J…　Ⅱ.①崔…　Ⅲ.①JAVA 语言-程序设计-高等学校-教材
Ⅳ.①TP312.8

中国版本图书馆 CIP 数据核字（2017）第 321525 号

机械工业出版社（北京市百万庄大街 22 号　邮政编码 100037）
策划编辑：郝建伟　　责任编辑：郝建伟
责任校对：张艳霞　　责任印制：郜　敏
中煤（北京）印务有限公司印刷

2022 年 8 月第 1 版·第 5 次印刷
184mm×260mm·16.75 印张·406 千字
标准书号：ISBN 978-7-111-58682-1
定价：59.00 元

电话服务　　　　　　　　　　网络服务
客服电话：010-88361066　　　机　工　官　网：www.cmpbook.com
　　　　　010-88379833　　　机　工　官　博：weibo.com/cmp1952
　　　　　010-68326294　　　金　书　网：www.golden-book.com

机工教育服务网：www.cmpedu.com

出版说明

当前，我国正处在加快转变经济发展方式、推动产业转型升级的关键时期。为产业转型升级提供高层次人才，是高等院校最重要的历史使命和战略任务之一。高等教育要培养基础性、学术型人才，但更重要的是加大力度培养多层次、多样化的应用型、复合型人才。

为顺应高等教育迅猛发展的趋势，配合高等院校的教学改革，满足各院校对高质量教材的迫切需求，机械工业出版社邀请了全国多所高等院校的专家、一线教师及教务部门，通过充分的调研和讨论，针对相关课程的特点，总结教学中的实践经验，组织出版了这套“高等教育系列教材”。

本套教材具有以下特点：

1）符合高等院校的人才培养目标及课程体系设置，注重培养学生的应用能力，加大案例篇幅或实训内容，强调知识、能力与素质的综合训练。

2）针对多数学生的学习特点，采用通俗易懂的方法讲解知识，逻辑性强、层次分明、叙述准确而精炼、图文并茂，使学生可以快速掌握，学以致用。

3）凝结一线骨干教师的课程改革和教学研究成果，融合先进的教学理念，在教学内容和方法上做出创新。

4）为了体现建设“立体化”精品教材的宗旨，本套教材为主干课程配备了电子教案、学习与上机指导、习题解答、源代码或源程序、教学大纲、课程设计和毕业设计指导等资源。

5）注重教材的实用性、通用性，适合各类高等院校、高等职业学校及相关院校的教学，也可作为各类培训班教材和自学用书。

欢迎教育界的专家和老师提出宝贵的意见和建议。衷心感谢广大教育工作者和读者的支持与帮助！

机械工业出版社

前 言

Java EE 是目前最为主流的企业级开发平台，它提供了一套从设计到开发、部署的一系列完整的规范。本书在力求全面系统地介绍 Java EE 体系结构的同时，突出实用性和基础性。附有大量实例，基本做到“一事一例”，每个知识点都通过例子来展现，力求使读者能够通过实践了解其中的理论，从而更快地掌握相关的技术和知识。

写作目的：

作者作为常年在一线从事计算机专业技术教学的老师，常常感到很多学生十分欠缺实际动手能力。除常规的问题外，还有一个原因就是所选用的教材只注重理论、过于晦涩和抽象而让很多学生敬而远之。目前很多有关 Java EE 的教材大多能体现出作者极高的水平，不过在内容上有的比较抽象，有的内容庞大而忽略细节。作为教学老师，一直在寻找一本能够适应当前初学者学习的入门教材。因此，作者产生了编写本书的想法，目的是想从实际教学出发，编写一本合适的教材。

本书特色：

本书在内容选择上是有所取舍的，并没有为了突出全面而将所有相关的技术全部呈现出来。因为这样做很可能让初学者面对众多的内容无所适从，抓不住重点，反而影响学习效果。这里的取舍主要是从初学者的角度出发，首先把最贴近实际操作、最实用的知识介绍给读者，随着内容的逐步推进，再介绍一些复杂的、高级的、抽象的技术。在有限的篇幅内，尽力做到有的放矢，使每一页的文字都能起到学习的效果。对于需要读者扩展的知识和内容，也都在书中给予了提示，为读者指明自学研究的方向。

本书的另外一个特色是有大量的实例可供读者学习。本书的实例注重的是实用性，在阐述理论和技术时，先强调这个技术的实用场景是什么，然后再配以实例，这样能让读者更加直观和深刻地理解所学习的技术。不仅要让读者会用，还要让他们知道在什么时候用。

在开发环境的选择上，本书并没有选择目前非常流行的 Eclipse 作为演示工具，而是选择了甲骨文公司的免费学习工具 NetBeans。之所以选择 NetBeans，是因为它是目前唯一一个集成了完全兼容 Java EE 6 规范的应用服务器的开发环境，它极大地减少了开发环境在搭建方面的配置问题，特别适合初学者使用。

适用读者：

本书适合对 Java 语言已经有一定的了解，想要学习有关 Web 开发的读者。本书分为两部分，前 5 章是基础篇，作为初学者可反复研读这部分的内容。掌握之后可以学习进阶篇（包括第 6 章到第 9 章的内容），这部分是对一些主流框架的介绍。最后两章是两个综合开发项目实例，其中，第 10 章是针对基础篇的一个总结应用，第 11 章是针对进阶篇的一个应用。

编写人员：

本书是由多位具有多年教学经验的教师合作编写而成的，在总结实际教学经验和以往的开发经验的同时，引进新的概念和想法。其中第 1 章、第 9 ~ 11 章由崔岩编写，第 5 章、第 7、8 章由董洋溢编写，第 3 章由陈勇、崔岩共同编写，第 6 章由陈勇编写，第 2 章由吕亚荣编写，第 4 章由辛向丽、崔岩共同编写。崔岩负责全书统稿。

感谢本书的责任编辑，他对本书提出了很多宝贵的建议，也感谢他的耐心等待！

由于作者水平有限，加之时间和精力的限制，本书也并没有完全体现作者的想法。书中难免存在疏漏和不足之处，欢迎广大读者指正批评。

编　者

目　录

第 1 章　Java EE 概述

本章主要介绍 Java EE 的基础概念，以及与之相关的一些组件和技术。通过对 Java EE 体系的宏观性介绍，阐述企业级软件开发的基本体系结构。通过对容器—组件的介绍，阐述 Java EE 的编程思想及优势。

本章的重点内容为 Java EE 的编程思想、体系结构，以及它的容器与组件。

1.1　Java EE 的由来

1.1.1　软件开发的发展历程

计算机软件开发相对于其他传统的生产领域，是一个比较年轻的行业。但是回顾计算机软件开发的历史，不难发现，其实它与其他传统生产领域中的技术发展走了相似的道路。虽然计算机技术本身是先进的、具有开创性的，但是如果抽象到策略和全局的层面，它与传统的工业制造的发展历程非常相似，甚至是仍在按照常规的发展路线进行。所以，它离人们的距离并不遥远。

对于初学 Java EE 的学习者，完全没必要把计算机软件开发技术想得太过玄妙。这些软件开发技术的原理都来自传统的工作方法。通过学习本节知识，希望读者能对软件开发的发展方向和原理有一个清晰、完整的认知。只有这样，才能在以后学习软件开发的道路上，对那些纷繁复杂、不断推陈出新的软件技术，不会觉得太过迷茫和畏惧。只要看透了本质，就能知道自己应该学习什么。

仅从计算机行业的发展来看，计算机软件的发展受到了市场需求和硬件的推动与制约，同样，软件的发展也推动了市场需求和硬件的发展。目前，比较主流的软件技术的发展历程大致可分为 3 个不同阶段：第一个阶段是软件技术发展的早期（20 世纪 40 年代至 60 年代），作者称之为个人作品阶段；第二个阶段是结构化程序及高级语言大发展时期（60 年代至 80 年代），作者称之为作坊生产阶段；第三个阶段是从 80 年代到现在，是软件工程技术及面向对象语言的大发展时期，作者称之为软件开发的工业革命。

1. 软件开发的个人作品阶段

这个阶段人们对于计算机的概念比较陌生，它产生的原因也是为了解决某个问题。第一台通用计算机 ENIAC 于 1946 年在美国宾夕法尼亚大学诞生，其发明人是美国人莫克利（JohnW. Mauchly）和艾克特（J. Presper Eckert）。设计它的目的，是为美国国防部的某个科研项目进行弹道计算。

在那个时期，纯粹的计算机软件开发还没有出现。为了自己的科研项目，科研人员设计出了计算机硬件；为了控制这些硬件，又设计出了可以运行在其上的程序，这就是最早的计算机程序。而且这些程序的作用往往只是计算几个数学模型，应用的范围非常窄，主要集中在科研与工程计算方面，处理的对象大都是数值型数据。

到这个阶段的末期1956年，在J. Backus的领导下为IBM机器研制出了第一个实用高级语言Fortran及其翻译程序。此后，又有多种高级语言问世，从而使程序设计和编制的功效大为提高。另一方面，高级语言更为接近人类语言的语法结构，便于理解和学习，降低了学习计算机语言的门槛，从而在客观上让更多的人可以学习并使用它。

计算机软件初期发展的阶段和人类原始社会对工具的使用非常相似。原始社会，人们使用的工具并没有被专业化地从其他东西中分离出来，原始人为了完成一个事情，随手找到的木棍、石片等经过简单处理就成为工具。而这个工具也仅仅是为了这个人的这件事情而作，其应用范围也很有限。

2. 结构化程序及高级语言大发展时期

由于计算机的硬件成本越来越低，体积越来越小，计算能力越来越强，人们对计算机的应用需求也开始急速增长。从以前的科学实验，到商业领域的应用，市场对计算机软件开发提出了前所未有的要求。

结构化程序设计成为当时一个流行的开发理论。这期间，诞生了如Pascal、Ada等一系列的结构化语言。这些语言具有较为清晰的控制结构，与之前的高级程序语言相比有一定的优势。此外，高级语言的功能也发生了一定的分化，出现了专门应对数据模型控制的程序语言，即数据库语言。这使得在应用方面，程序语言的能力有了进一步提升，所能实现的业务也更加广阔。

但进入到这个阶段的后期，软件危机的爆发，让人们似乎看不到软件开发的未来。由于软件项目内容越来越复杂，技术上的要求越来越多样化、专业化。而软件公司的开发水平仍然处在一个个人作坊的水平，没有一个客观标准的开发方法，也没有一个科学合理的项目管理方式。大部分的项目开发都是以开发人员的个人经验来进行设计和实现的，最后的结果是投入的人越多，开发的效率越低，开发的周期却越来越长。

这个阶段的发展和人类社会生产力水平的发展也非常相似。进入封建社会，人类的生产力与原始社会比起来有了极大的提升，生产工具越来越专业化，所能做的内容几乎涵盖了各个方面。但这个时期的制造业规模不大，也没有办法应对极大数量和大规模的制造需求，产品的生产效率不高。

3. 软件工程技术及面向对象语言的大发展时期

由于在上一个阶段遇到了软件危机，为了解决这个问题，一个新的概念——“软件工程”被提出。那么，软件工程究竟是什么？其实就是一套完整的软件项目的开发方法和评价体系，以及软件项目的项目管理办法。它并不是介绍一个具体项目如何开发，而是抽象出了所有软件开发项目的共性和本质，告诉开发者遇到复杂的应用需求时，应该如何通过一套标准规范的开发步骤，把复杂的问题简单化，从而得出项目开发的结果——软件产品。它的核心其实就是：抽象——分解——标准化。

有一位美国著名的管理学家说过，中餐没有办法出现美国那样知名的快餐企业是业务管理上没有做好。虽然中餐的菜品看起来味道的好坏取决于做饭厨师的功力，但是如果使用现代科学化的管理，一样可以让每一个分店都做出一样味道的菜品。他用的方法就是抽象——分解——标准化。如果把一道鱼香肉丝的加工过程进行抽象处理，可以分解成十几道工序，然后再对每道工序进行严格的量化要求，就可以实现每次做出来的菜都是一个味道，这就是科学管理的威力。

软件开发其实和厨师做菜有一定的相似性，都是以个人主观的判断和设计来进行工作，而且都要按照一定的规则来进行。因此上面的例子同样也在软件开发领域有着相同的意义。有了软件工程，就可以把人的主观因素降到最低点，通过统一的标准化管理与规范的开发步骤，让每个程序员都可以写出合理的程序。

如果说软件工程是从开发策略上寻求解决软件危机的方式，那么面向对象的程序设计语言的出现则是从高级语言本身出发找到了一个化繁为简的解决方案。以 Java 语言为代表，面向对象的程序设计几乎在20 世纪末横扫天下，成为解决所有复杂问题的不二之选。客观分析，面向对象语言的最基本原则其实和软件工程是类似的，仍然是抽象——分解——标准化。首先对应用项目进行抽象，所有的业务几乎都变成了类。但这个类是一个静态的描述，如果要让它动起来工作，就要做一个实例化对象。所以，类就像是工业生产中的设计图纸，实例化对象的过程就是按照图纸生产产品的过程。

可以说，在这个时期软件开发进入了前所未有的大发展阶段，一方面软件工程每隔几年就会有更为先进的开发理论产生，促进项目开发的效果提升，另一方面，面向对象程序设计语言的发展，使得软件的能力越来越强。软件的复用性和可移植性大大提高，从而极大地提高了软件项目开发的效率。此外，集成开发环境及中间件技术的发展使得开发工具也有了极大的提升，将开发人员从一些底层的、重复性的程序开发中解放出来，从而腾出更多的时间来进行软件结构和功能上的设计。

这个阶段的发展非常像人类社会的工业文明后的发展时代。一战时期被提出的标准化零件的管理理念不就是软件工程中提到的标准化吗？所有产品被分解成若干个几乎不能再分的零件，然后统一标准，按照设计图纸来进行设计。这不就是面向对象程序设计中的类与对象的关系吗！此外，制造企业中，流水线生产方式的大规模应用，使得产品的投入与产出的效率得到极大提升，这个流水线不就像是软件开发中越来越强大的集成开发环境吗！

所以，通过对软件开发历程的回顾和梳理，可以发现，从本质上看，软件开发的历程正在复制人类社会生产力发展的轨迹。所以，将来软件的发展一定也符合目前社会生产的发展趋势。

在作者看来，其实还应该有第 4 个阶段，这就是互联网及分布式系统的普及，它开创了软件开发的又一个新的起点和方向。目前软件开发方向是进一步构件化，大块头的企业级开发已经有所减少，取而代之的是基于互联网技术的轻量级应用的发展。在具体开发上，每个模块越来越专一，越来越专业；从应用的角度上看，反而是越来越融合，越来越集成。

最典型的代表就是智能手机相关的软件开发。从应用的角度，它集成了无线通信技术、互联网技术、软件通信技术、单片机技术和嵌入式技术等。但从单个模块来看，手机的每个功能都是由一个专业的软件在进行控制。而这些专业的软件就像是一块块积木一样，通过统一标准的接口，可以和其他模块或功能相互交流数据。它们彼此的独立性很高，单独换掉哪一个都不会影响其他模块的工作。

由于篇幅所限，对于软件开发的发展只能先介绍到这里，作者想通过上面的内容向读者展示出软件的开发设计方法其实并不是特有的，它是符合当前社会生产规律的东西。它未来的发展也一定会继续按照这个轨迹发展下去。

1.1.2 企业级软件项目开发的体系结构

这里首先需要读者明确一个概念，什么是企业级应用程序。这里的企业级是指那些应用规模巨大，集成了很多应用功能，需要处理巨量数据的软件开发项目。一般来说，企业级软件开发规模应该具有以下几个特点。

1）基于网络的应用。企业级的应用程序，规模应用如此巨大，一定不是集成在一两台机器之上，它的应用应该是基于一个范围更为宽广的网络之上，所以必定要有网络方面的应用需求。

2）巨量的数据集成。在这样的一个应用当中，存放着企业的巨量信息，这些信息会作为数据库中的数据被保存起来。其中还包括之前应用系统的数据资源。

3）高度的安全性。由于是基于网络的应用，而数据又都是至少具有商业级的保密要求，因此，提供一个可靠、安全、稳定的系统是必不可少的特性之一。

4）具备可扩展性。当前的应用发展非常迅速，对于企业级应用软件，所服务的对象也是海量的用户，对于用户群里不断增加的新需求，必须要具备一定的可扩展性来适应用户不断提出的新需求。

企业级软件项目的体系也有一个逐步发展的过程。总的来讲，目前有两个大的方向，一种是 C/S 体系结构；另一种是 B/S 体系结构。后一种结构的发展晚于第一种，但后来成为更多企业级软件项目的首选结构。但是这不能说明 C/S 结构就走到了尽头，目前仍然有很多软件是采用 C/S 体系结构的。

1. C/S 体系结构

C/S 体系结构由客户端（Client）和服务器（Server）两部分构成。用户要使用这个系统，首先必须安装它的客户端。通过客户端来完成用户与服务器的交互。在具体处理过程中，客户端负责人机界面的交互及业务控制方面的操作，服务器端主要负责数据的交互和保存。

这样的系统安全性强，通信效率高，能处理大量数据，操作相对简单，交互性强。不过它也有缺点，客户端的块头较大，使用不太方便，必须先安装客户端，可扩展性低；维护与修改工作量较大。

目前最常见的 C/S 应用软件就是腾讯公司的 QQ，除此之外还有手机中安装的各式各样的客户端，都是 C/S 结构的软件产品。

2. B/S 体系结构

B/S 体系结构也由两部分组成：浏览器（Browser）和服务器（Server）。这个结构也被人称为“瘦客户端”，主要是与 C/S 相比。对于浏览器，读者一定非常熟悉，就是泛指在日常上网时浏览网页的浏览器工具。这个浏览器与 C/S 中的客户端相比体积小了很多。但是从用户的角度来看，似乎它起到了与客户端一样的作用，因此才把它称为瘦客户端。

不过，从内部功能结构上来看，浏览器和 C/S 中的客户端完全不是一个概念。B/S 体系结构中的浏览器是一个工具，通过这个工具，用户可以看到应用软件从服务器发送过来的相关信息。所以浏览器真的只起到了浏览的作用，它仅仅把程序需要传递的界面在浏览器中呈现出来，本身不对数据做任何业务处理和控制。与 C/S 相比，客户端的部分业务控制功能已经全部放到了服务器端。服务器内部进行了一个分层，应用服务器负责实现业务处理和控制的工作，它可以近似地认为替代了 C/S 中的客户端部分的功能。数据库服务器负责对数据库的管理和对数据的具体交互。

B/S 体系的优点非常明显，首先，它对用户的硬件要求不高，兼容性极强。只要能上网且有浏览器，就可以与服务器进行交互完成应用。其次，维护起来非常容易，因为它在用户方没有安装任何程序，所以软件自身的修改与升级只需要在服务器端完成即可，对用户没有任何影响，实施起来很方便。此外，基于 B/S 的服务器端存在一个业务应用服务器和一个数据库服务器，这样的分层有效地使程序和数据分离，提高了它们的独立性，每个系统都可以根据需要进行扩展和修改，而将对彼此的影响降到最低。本书要介绍的 Java EE 就是针对 B/S 体系结构提出的解决方案。

🕮 由于服务器端又被分为应用服务器和数据库服务器，再加上浏览器，就构成了逻辑上的三层结构。所以 B/S 体系也被称为三层体系结构。目前还有很多文献提出了多层体系结构的说法，但其实质上还是基于三层体系结构的，只不过是对应用服务器又进行了更为详细的划分。

1.2 认识 Java EE

1.2.1 Java EE 简介

Java EE 的全称为 Java Platform Enterprise Edition。它是基于 Java 语言的一种软件设计体系结构，所以它不是一种语言，也不是集成开发环境，而是一种标准中间件体系结构。Java EE 的作用在于能够标准化企业级多层结构应用系统的部署，并且简化开发过程。就好像要盖一座大楼，所采用的是砖混结构还是框架结构一样。

前面介绍过，软件开发的历程实际上就是一个不断标准化、专业化、抽象化的过程。从结构化程序设计到面向对象程序设计，是从语法结构的表达和分析上的抽象过程。从面向对象程序设计到 Java EE 体系结构的提出，是进一步抽象了开发过程中的应用对象，并且对开发过程中各个组件之间的接口进行了统一的、标准化的规范。

一个典型的 Java EE 结构的软件应用系统，从逻辑上划分，包括 3 个层：表示层、业务层及数据持久层。表示层负责的是对客户端的响应，并进行一定的业务控制（转发和指派）；业务层主要负责对业务数据的具体控制和响应，并负责对具体数据发起编辑请求；数据持久层主要负责对数据库系统的控制和管理，业务层的数据请求都需要通过持久层的处理来完成与具体数据库数据的交互。

Java EE 就是通过上述 3 个层面的设计，给出了一个标准的软件架构和设计方案。由于它的影响力巨大，所以在这个体系里不仅有 Java EE 本身设计出来的具体组件支持这个系统，其他厂商的软件产品为了提高自身产品的使用率，也都会遵循 Java EE 的标准来设计相关的组件。所以发展到现在，Java EE 所涉及的内容越来越多，使用到的组件也越来越多。很多初学者都因为其庞大的内容望而却步。

1.2.2 Java EE 的编程思想（容器—组件）

容器—组件的编程思想，其实就是把完成具体功能的工具以组件的形式“装入”一个容器之中。这个“装入”是逻辑上的，具体的实现方式是要求组件对所有数据的接收和发送必须通过容器才能完成。或者反过来理解，客户端发出的请求，是由容器来分发到相关的组件进行处理，处理的结果组件会交给容器，由容器来决定最后的输出方式。

这样做最大的好处是可以用统一的标准来处理数据，并且让容器与系统的其他部分保持很高的独立性。这就好像是一些单位的传达室，所有部门人员的进出都必须经过传达室。特别是外来人员，必须经过一个特定的手续才可以进入，如果出门携带大件物品还需要通过特定的手续才可以放行。这就是统一标准，而且还要对来往的人员（数据）进行审核，防止发生异常。

读者会发现，其实这个思想是面向对象中类的封装性的一种延续。只不过类封装的是一个特定的数据模式。而容器封装的是更大的一组特定的功能。这仍然是延续了软件开发的发展趋势，不断的抽象——分解——标准化。

Java EE 的容器会给组件提供一些底层的基础功能，这些功能的主要作用是完成组件与外界的数据互交。为了实现组件与容器之间既保持着相对独立的状态，又有比较强大的数据交互能力，这就需要提供一个统一的标准规范。Java EE 就是这个标准规范的提供者。

最常见的 Java EE 的容器是 Web 容器及 EJB 容器。它们所包含的组件会在容器的 Java 虚拟机中进行初始化。组件根据容器提供的标准服务来与外界进行互交。这些服务主要包括命名服务、数据库连接服务、持久化、消息服务、事务支持和安全性服务等。也就是说，大部分底层的基础功能都由容器提供。这样就可以让开发者不用关心底层互交的数据环境而把精力专注于对业务逻辑的设计上，从而大大提高对组件的开发效率。

从实现原理上来看，容器与组件之间的通信除了通过 Java 程序本身的算法完成具体操作外，更为重要的是通过一个部署描述文件来解决容器如何向组件提供服务，提供哪种服务的问题。这个文件是一个用 XML 文件即扩展性标记语言写成的文件。它通过标记语言的形式，详细地描述在应用当中组件需要调用容器的哪种服务，以及它们的名称、参数等。这个部署描述文件就像一个说明书或是地图，系统在工作时会通过部署描述文件来调用响应的服务。

通过一个部署描述文件的方式协调系统之间的工作方式并不是什么创新，日常生活中，这样的部署描述文件比比皆是。例如，新买回家的一个烤箱，厂家会附送一个烘焙菜谱和使用说明书，这是烘焙系统的部署描述文件；新买回家的全自动洗衣机，里面的使用说明书会告诉用户，洗什么样的衣服用什么程序，选择多少水和洗衣液。这些都是部署描述文件所起的作用。

读者一定有这样的生活常识，现实生活中，越是操作和功能复杂的设备，它的说明书就越复杂。同理，在 Java EE 的系统中，实现的是企业级的应用，因此它的部署描述文件的内容是非常复杂而庞大的。当然，为了最大限度地减轻这个文件给编程人员造成的工作负荷，设计人员也在不断地优化它的设计。

Java EE 5 规范推出了支持在组件中实现代码直接对注解的引用，在很大程度上取代了复杂的部署文件中的配置内容。注解的方式是在 JDK 5 的版本中就已经推出的一种机制，它可以在 Java 源代码中通过嵌入元数据的方式配置和部署文件，在实际编程中非常实用。有兴趣的读者，可以自己查看相关资料。本书在后面的章节中对这个技术有所应用，但由于重点不在这里，所以没有介绍原理和方法。

除了支持注释机制，Java EE 6 规范还对配置做了模板化的设置，也就是所谓“异常才配置”。对于组件的属性和行为，系统的容器会按照一个预设的方式自动进行配置，开发人员可以省略具体配置过程。只有当对某个属性或行为做一个特殊的配置时，才需要对部署描述文件进行具体配置。通过上述方式，就会让编写部署配置文件的过程变得容易，从而提高整个系统的开发效率。

1.3 Java EE 的架构

1.3.1 Java EE 的技术框架

一个面向企业级的并且支持分布式的应用开发标准，它的整个结构是非常庞大的。从技术的角度来划分，完整的 Java EE 分成了 4 个部分：组件技术、服务技术、通信技术及架构技术。

读者如果之前看到过一些介绍 Java EE 架构的资料，可能会觉得里面的架构图看起来内容繁多，而且其中大都是不认识的专有名词。这对于初学者来说，往往会让人对学习 Java EE 产生困惑或信心不足。其实，对于大部分学习应用级开发的人来说，架构图中的大部分东西都不是能够轻易地修改和编辑的，它们的作用是支持应用级编程的一些底层工具。大部分时间，开发者都接触不到这个层面的编程或设置。

当然，并不是说这些东西不用了解，而是对于初学 Java EE 的人来说，可以暂时不用考虑这些技术，只专注于与应用级开发相关的技术即可。等到以后对这个系统有了一个比较全面的认识后，就可以向底层的方向学习。这对于拓展一个程序员的能力是非常有好处的。

因此，这里给大家提供一个被作者简化的体系结构图，图中只把读者可能要学习到的技术标明出来。那些暂时接触不到的部分统一用“支持技术”表示。Java EE 体系结构如图 1-1 所示。

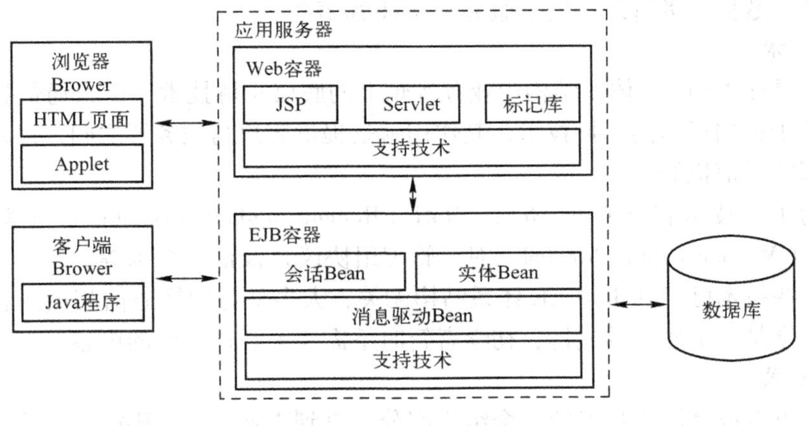

图 1-1 Java EE 体系结构

1. 组件技术

在前面提到的架构的 4 个组成部分中，初学者接触最多的是它的组件技术。组件，顾名思义，是具体完成程序开发过程中的组成部分。所以，这部分主要是指与具体开发相关的工具和技术。

图 1-1 中除了数据库部分，几乎所有“看得见”的部分都有组件的身影。在客户端部分，浏览器是第三方软件，但是它起到了向服务器发送内容和进行数据互交的作用。此外还有动态部分的体现，Applet 小程序负责这部分工作，并且也会在客户端运行。浏览器与应用服务器构成了 B/S 架构的软件模型。

客户端是指由 Java 语言编写出来的程序，它们不需要应用服务器的 Web 容器进行响应，可以直接通过与业务层面的控制程序进行连接，完成具体的应用。当然客户端程序是需要在客户的机器上安装后才可以使用的。客户端与应用服务器构成了 C/S 架构的软件模型。

在图 1-1 中的应用服务器，构成了 Java EE 体系结构中最核心的部分。其中 Web 容器中的组件实现了基于 HTTP 协议的 Web 请求与响应。这里的主要技术是 JSP 与 Servlet，JSP 负责面向客户端与浏览器进行互交，Servlet 负责设计的响应与处理指派，主要起控制作用。标记库是一个辅助技术，目的是让程序更加简洁，层次更加明晰。它主要的应用方向大都集中在 JSP 文件中。

EJB 容器中主要包含了对业务逻辑方面的处理，例如会话 Bean、实体 Bean 与消息驱动 Bean。它们的主要作用是响应 Web 容器提供的一些数据业务的请求。它们并不直接面对客户端，也不分析客户端的信息，只是对有关数据的业务请求进行处理。也可以近似地认为它们的作用是对底层数据库的操作。

2. 服务技术

服务，顾名思义，主要作用不是体现在对客户的应用上，而是对内容业务处理提供的支持。就好像是服务产业，如家政公司提供的服务、公交公司提供的服务等，它们本身不产生新的价值，却为社会化大生产提供了有力支持。

在 Java EE 的体系结构中，服务技术主要是为容器与组件之间提供各种支持。因此，在大部分情况下，应用级开发者都感觉不到服务技术的存在，因为大部分是系统已经配置好的，开发者只需要在这个环境之上做应用即可。

这些服务大都集中在图 1-1 中的“支持技术”中。比较常用的有命名服务、部署服务、数据连接服务、数据事务管理和安全服务及 Web 服务等。

3. 通信技术

服务技术是在 Java EE 体系结构中业务逻辑上的底层支持技术，那么通信技术是一个更为底层、有关于数据通信的支持技术，其作用就是提供客户与服务器之间，以及应用服务器内部容器之间的通信机制。

实现它的主要技术有 Internet 协议、RMI（Remote Method Invocation，远程方法调用）、OMGP（Object Manage Group Protocol，对象管理组协议）及消息技术等。

这里的有些技术已经和 Java EE 体系结构无关，大多是与网络通信相关。它们对于应用级开发来说完全是一个底层的支持，初学者暂时不需要关心这方面的内容。

4. 架构技术

架构技术可以说是诞生最晚的一个组成部分，直到 Java EE 6 规范才有了明确的架构标准。这里首先要明确架构是什么？其实这个架构是从软件具体结构实现的角度，从宏观上去分析和设计一个企业级的应用系统，应该遵循的架构标准。

推出这个规范的原因主要是因为 Java EE 之前的规范只是对容器—组件之间的交互方式进行了规范化的设计。而对于整个软件应用系统的构架方面没有给出统一的标准。与此同时，在实际应用中，一些公司在开发项目时，根据自己的经验给出了一些开发的框架，后来很多开发者使用并推广，就形成了如今一些比较知名的设计框架，例如，著名的三大框架 Struts、Hibernate 及 Spring。

基于市场的需求，Java EE 给出了自己的架构标准。目前最主要的架构标准有两个，一个是 JSF（Java Server Faces），它是一种侧重于构建 Web 应用的表示层框架的标准，提供了一种以组件为中心事件驱动的用户界面构建方法。另一个是 JPA（Java Persistence API，Java

持久性应用接口），这其实不是一个框架，而是一个规范接口，主要作用是规范持久层对关系数据库的数据访问。读者也可以理解成为对数据库调用的一套标准接口。

1.3.2 Java EE 的优势

通过前面的介绍。读者对于 Java EE 应该有了一个大概的认识。Java EE 之所以会成为企业级分布式系统开发的首选，是因为它具备了强大的优势。从宏观上分析，最基础的原因在于它是基于 Java 语言的中间件技术，因此它几乎继承了 Java 语言的一切优势，如面向对象的设计、真正的多线程编程、复用性强和兼容性好移植性强等。此外，Java EE 还具备了以下优势。

（1）基于面向对象设计思想的多层结构

这样的设计使得面对庞大复杂的应用开发时，项目变得相对简单，容易实现，提高了开发效率。面向对象的设计方式本身就是解决复杂应用的一个途径。再加上该体系基于表示层、业务层及数据持久层的分层设计，使得每一个项目都可以被分解成相对独立的部分，每个部分都可以由专业人员进行设计。

（2）超强的移植性与复用性

继承了 Java 语言的优势，除了传统意义上的移植性与复用性外，由于本身架构设计中层次之间、组件之间的高内聚、低耦合的设计，每个具体组件越来越独立，组件间通过统一接口的容器来控制，降低了组件间的耦合度。这使得整个系统的复用性提高，甚至可以把项目中的某个部分单独提取出来移植到其他项目中使用。因此极大地节省了开发资源，提高了开发效率。

（3）侧重于 Web 应用模式的设计，支持分布式开发

众所周知，分布式系统是目前企业级开发必须具备的前提。Java EE 的体系结构，一方面通过分层设计和以容器为核心兼容多种服务技术的程序设计方式，可以完美地支持分布式开发；另一方面，语言级别的多线程编程，也使得在编制服务器业务程序时，对客户的实时响应会变得游刃有余。

（4）集成了众多的信息技术，成为一个功能强大的开发平台

前面已经介绍过，Java EE 的体系结构中集成了很多的“支持技术”，这些协议、接口及技术构成了一个多元的信息交互的集合，它可以兼容多种通信协议、多种数据结构。这无疑提高了整个系统的能力，同时大大减低了开发人员的工作强度。

（5）相对独立的开发体系

基于 Java 语言的开发体系，是运行在 JVM 即 Java 虚拟机之上的。这个平台本身就是一个可以跨越平台的环境，它是独立于硬件系统和软件操作系统的环境，因此基于 Java EE 的开发可以不受计算机环境的影响，几乎在任何环境下都可以开发出相同的应用程序。这一点非常有利于企业的开发应用。

1.4 开发工具与环境搭建

1.4.1 NetBeans IDE 工具介绍

NetBeans IDE 是 Sun 公司（2009 年被 Oracle 即甲骨文公司收购）在 2000 年创立的一个

开放源代码供开发人员和客户学习与交流的开发平台，旨在构建世界级的 Java IDE。设计初期它并不是专门为 Java EE 架构服务的开发平台。只不过随着开发技术的发展，作为当时的 Sun 公司自己开发出来的支持 Java 语言的开发工具，它也更多地支持 Java EE 体系的应用开发。

另外，为了更好地推广 Java EE 体系，在之后的设计中，当时的 Sun 公司也更多地加入了针对 Java EE 体系的支持。目前，它可以在 Solaris、Windows、Linux 和 Macintosh OS X 平台上进行开发。NetBeans IDE 可以使开发人员快速创建 Web、企业、桌面及移动的应用程序。

NetBeans 还是一个开源软件的开发集成环境，其本身就是一个开发平台，可以通过扩展插件来扩展功能。同时还不断加入一些新的框架和技术，目前它还支持基于 Struts、Spring MVC 及 Hibernet 框架的开发。

从组织结构上看，NetBeans 平台的应用软体是用一系列软体模组（Modular Software Components）建构出来的。这些模组是通过一个扩展名为 . jar（Java Archive File）的文件形式完成的。Net Beans 平台包含了一组 Java 程序的类、接口规范等。

本书中使用的工具就是 NetBeans IDE。选择它的主要原因有两个，一个是它有良好的人机操作环境。由于它是 Sun 公司出品的，对于 Java EE 的支持做得非常充分，在这个环境下创建的 Web 应用项目，很多相关文件会自动生成或提供文件模板。比如部署描述文件就可以自动生成。另外，一些组件文件的创建也非常方便，基本上都有模板来自动完成那些最常规的、重复性高的部分。开发者只需要完成自己业务的那部分编码即可。

另一个是，NetBeans IDE 默认与 Sun 公司自带的 GlassFish 服务器配合使用，省去了服务器的配置。开发者只需要安装 NetBeans 工具，就相当于安装了 GlassFish 和 Tomcat 两个服务器，在每次创建新项目时，用户只需要选择使用哪一个服务器即可，系统会自动绑定服务器并完成相关工作，无须再进行任何服务器配置。

这两点相对于 Eclipse 工具来说有很大的优势。所以初学者学习 Java EE 架构的开发，使用 NetBeans IDE 工具是一个不错的选择。

当然，Eclipse 也有其自身优势，如功能强大、普及性极高等。它是目前最广泛的 Java EE 开发工具，所以有关于此工具的项目开发案例与教程非常丰富。而且这个工具可以直接开发出商品级的应用软件，所以很多软件公司选择用它来开发软件。而相比之下，NetBeans IDE 所能找到的学习资料就相对少一些，这是它的一个劣势。

1.4.2 NetBeans IDE 的安装

NetBeans IDE 的安装实际上非常简单，但是有一个先决条件，就是必须首先保证机器上有 JDK 才可以安装该工具。本书所采取用的 NetBeans 版本为 7.1，安装的 JDK 版本是 7.0 及以上。

当然，NetBeans 工具提供了在线更新的服务，即使安装的是较早期的版本，只要单击右下角的“在线升级”按钮，就可以进行组件的更新。不过，对于开发者来说，并不一定要选择最新的版本。就像很多时尚人士一样，很多人喜欢给自己的计算机装上最新的操作系统和其他一些应用软件。不过从开发者的角度，这样做其实并不明智。对于软件开发来说，最后开发的是一个可以使用的产品。客户并不关心开发人员所使用的是不是最先进的开发工具，而是软件是否可以提供可靠的服务和应用。

因此，对于开发者来说，使用最稳定、最成熟及最有把握的开发环境应该是首选，而不应该像穿衣服一样赶时髦。另一方面，新的系统软件和应用软件，由于版本很新，一定会有一些兼容问题，而这些问题可能是厂商事前也没有预料到的。所以，从开发稳定性的角度来说，并不推荐使用最新的版本。

NetBeans 工具的安装非常简单，这里不再赘述，只需不停地单击“下一步”按钮即可。当然，如果不想把服务器或项目默认路径放在默认位置，可以通过单击“浏览”按钮进行配置。

唯一需要注意的是，NetBeans 工具虽然安装时所需要的空间只有几百兆。但是它在运行时大约需要 1 G 以上的空间。否则在启动项目后，项目会进入长时间的部署，最后报错提示部署错误。

第2章　JSP

JSP（Java Server Pages）是由Sun公司以Java语言为脚本语言开发出来的一种动态网页制作技术，主要完成网页中服务器动态部分的编写。该技术是在Servlet技术的基础上形成的，并继承了Java语言的多种优势，如安全性、支持多线程和平台无关性等。与其他动态网页技术（如ASP、PHP等）相比，JSP具有运行速度快、安全等特点。

本章首先讲解JSP的定义和工作原理，随后重点讲解Java脚本、指令、内置对象及表达式语言EL。

2.1　JSP概述

2.1.1　JSP简介

网络和Web技术的不断发展使得传统的静态HTML网页已经无法满足实际应用的需求，更多时候需要有数据库和动态网站开发技术的支持。

早期的动态网站开发技术主要使用的是CGI（Common Gateway Interface）技术。CGI的基本原理是将浏览器提交至Web服务器的数据通过环境变量传递给其他外部程序，经外部程序处理后，再由CGI把处理结果传送给Web服务器，最后由Web服务器把处理结果返回浏览器。

CGI本质上只是定义了这种基于环境变量的规范，因此任何符合CGI规范的语言都可以用来编写CGI，这也是CGI的优点之一。但CGI也有致命的缺点，即CGI本身功能过于弱小，难以满足日益复杂的Web应用。此外，CGI编写困难，可扩展性和安全性都比较差，运行效率也严重低下。例如，每新增一个CGI程序都要求在服务器上新增一个进程，如果多个用户并发访问该程序，很有可能在短时间内耗尽服务器所有的可用资源，导致系统崩溃。

CGI的这些固有缺点导致新的技术纷纷面世，微软的ASP（Active Server Pages）、Tcx的PHP（Hypertext Preprocessor）和Sun公司的JSP（Java Server Pages）是继CGI之后最为流行的动态网站开发技术。

JSP是1999年由Sun公司推出的基于Java语言的动态网页技术标准，被认为是最有前途的Web技术之一。JSP具有以下一些特点。

- 一次编写，随处运行。JSP作为Java技术家族的一部分，继承了Java“一次编写，随处运行”（Write once，Run anywhere）的特点。使用JSP，意味着即使服务器平台被更换，也不会影响现有程序的正常运行。
- 可重用组件技术。JSP可以通过JavaBean、EnterpriseBean等组件技术来封装较为复杂的应用，开发人员可以共享已经开发完成的组件，从而大大提高JSP应用的开发效率和可扩展性。

- 标记化页面开发。JSP 将许多常用功能封装起来，以 XML 标记的形式展现给 JSP 开发人员，这样即使 JSP 开发人员不熟悉 Java 语言，也可以轻松编写 JSP 程序，这就降低了 JSP 的开发难度。此外，标记化的 JSP 应用也有助于实现“形式和内容相分离”这一重要原则。形式和内容相分离使得 JSP 页面结构更加清晰，有助于日后的维护。
- 对大型复杂 Web 应用支持良好。未来的 Web 应用将日趋复杂，基于数据库的多层企业应用构架将日渐成为主流。JSP 提供的 Servlet、JavaBean、EnterpriseBean 和 JDBC 等技术，以及 JSP 本身所具有的健壮的存储管理和安全性，使得 JSP 很容易整合到多层应用结构中。JSP 完全有能力支持高度复杂的基于 Web 的应用。

2.1.2 JSP 的工作原理

JSP 是基于 Java Servlet 技术来开发动态的、高性能的 Web 应用程序。JSP 的网页实际上是由在 HTML 文件中加入 Java 代码片段和 JSP 特殊标记构成的。因此，JSP 的页面实质上也是一个 HTML 页面，只不过它包含了产生动态网页内容的 Java 代码，这些 Java 代码可以是 JavaBean、SOL 语句或 RMI（远程方法调用）对象等。

📖 JSP 是由 HTML + Java 片段 + JSP 标记组合而成的。

在编写 JSP 程序时，首先要了解它的执行顺序，这对于后续学习有很大帮助。JSP 程序的执行过程大致如下：首先，客户端向 Web 服务器提出请求，然后 JSP 引擎负责将页面转化为 Servlet，此 Servlet 经过虚拟机编译生成类文件，然后再把类文件加载到内存中执行。最后，由服务器将处理结果返回给客户端。整个流程图如图 2–1 所示。

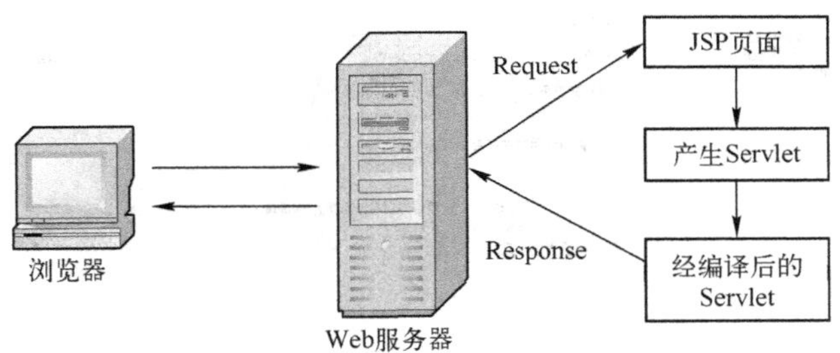

图 2–1 JSP 工作原理图

JSP 需要转换成 Servlet 是因为 JSP 的执行效率低于 Servlet，但这仅限于第一次执行。由于 JSP 在第一次执行后即被编译成类文件，当再次重复调用时，如果 JSP 容器没有发现该 JSP 页面被修改过的痕迹，就会直接执行编译后的类文件而不是重新编译 Servlet。因此除了第一次的编译会花费比较久的时间外，之后的 JSP 和 Servlet 的执行速度就几乎相等。当然，如果 JSP 容器检查到 JSP 页面被修改过，则需要重新进行编译。

📖 这里提到的 Servlet 将在后面的章节中专门介绍。它实际上是用 Java 语言写成的程序，只不过继承了特殊的类。如果读者觉得理解起来比较困难，可以暂时把它当作一个类似于 Applet 的 Java 程序。

2.1.3 JSP 实例

JSP 作为一个 Web 组件必须包含在某个 Web 应用程序中，因此，首先创建一个 Web 应用程序，具体操作如下。

首先打开 NetBeans IDE，选择“文件”→“新建项目”命令，弹出“新建项目”对话框，如图所示 2-2 所示。

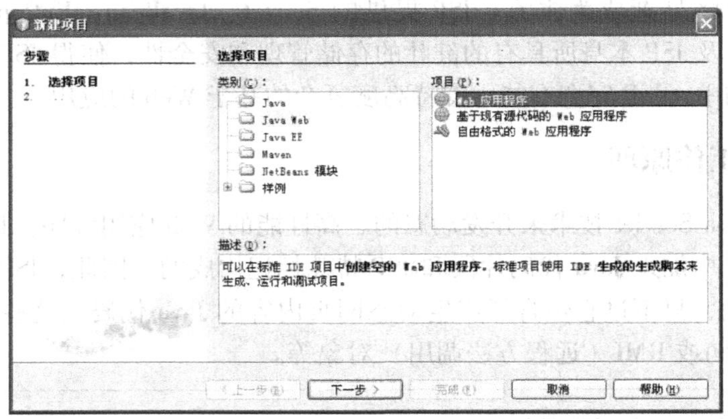

图 2-2 “新建项目”对话框

在“类别”列表框中选择 Java Web 选项，在“项目”列表框中选择“Web 应用程序”选项。单击“下一步”按钮，进入“新建 Web 应用程序”对话框，如图 2-3 所示。

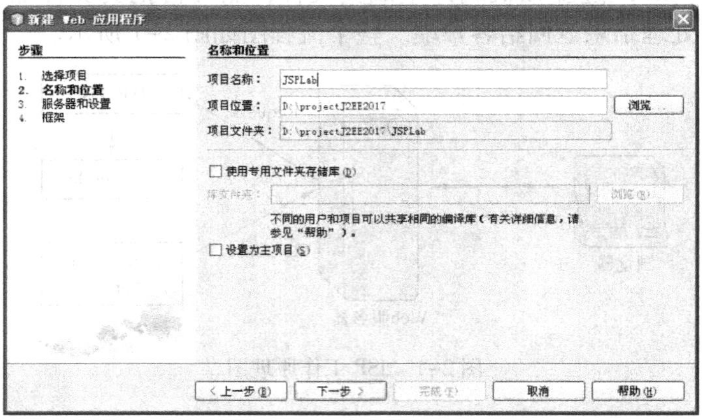

图 2-3 “新建 Web 应用程序”对话框

在“项目名称”文本框中输入 JSPLab 作为项目名称。单击“浏览”按钮，在弹出的对话框中选择项目文件夹地址，单击“下一步”按钮，进入如图 2-4 所示的对话框，设置 Web 应用服务器。

选择 Java Web 服务器为 GlassFish Server 3.1.1 或者以上版本，其他选项选择默认，单击“完成”按钮。

NetBeans 在创建 Web 应用程序的同时，会自动生成一个 JSP 页面 index.jsp，双击它将在源编辑器中打开该文件。读者可以先浏览代码内容，里面都是标记语言的内容。右击左侧导航栏中该文件的名称，在弹出的快捷菜单中选择“运行文件”命令，系统会自动调用浏览器来

新建 Web 应用程序

步骤

1. 选择项目
2. 名称和位置
3. 服务器和设置
4. 框架

服务器和设置

添加到企业应用程序(A)：<无>

服务器(S)：Apache Tomcat 7.0.14.0　添加(D)...

Java EE 版本：Java EE 6 Web

启用上下文和依赖关系注入(E)

上下文路径(P)：/JFPLab

< 上一步(B)　下一步 >　完成(F)　取消　帮助(H)

图 2-4　设置应用服务器

访问这个页面。最后在浏览器中展示的页面内容就是一个“Hello World!”。

📖 运行一个 JSP 页面，实际上是 HTTP 协议的一个请求—响应过程，客户端发出请求，服务器端获取请求并进行处理，最后将处理结果返回给客户端。

下面尝试在 index. jsp 文件中输入以下代码，以替换默认的 <body> 标记及其内容。

【例 2-1】修改后的 JSP 页面 index. jsp。

```
<HTML>
<BODY BGCOLOR = cyan>
<FONT Size = 3>
<P>这是一个简单的 JSP 页面
<%
        int i,sum = 0;
        for(i = 1;i <= 100;i ++ )
        {
            sum = sum + i;
        }
    %>
<P> 1 到 100 的连续和是:
<BR>
<% = sum %>
</FONT>
</BODY>
<HTML>
```

完成输入后，按照前面介绍的方法，再运行一次 index. jsp 文件，会看到它的输出结果是一个计算结果，如图 2-5 所示。

图 2-5　JSP 页面运行结果

这个例子就是非常典型的在标记语言中嵌入了一段 Java 代码。JSP 之所以是一种动态网页技术，其动态体现就在于对 Java 语言的嵌入。通常情况下，JSP 页面中体现动态的内容除了 Java 脚本之外，还有指令和动作。这些作为学习 JSP 的重点，将会在下面的内容中逐一介绍。

2.2 JSP 脚本

2.2.1 JSP 脚本的基本形式

所谓脚本，其实就是一段文本，只不过这段文本是用某种计算机高级语言写成的代码。JSP 脚本就是使用 Java 语言写成的代码块。

目前在 JSP 中嵌入的高级语言脚本只能是用 Java 语言编写的，这些代码块的语法必须完全符合 Java 的语法规则。但它也不同于一般意义上的脚本。这里的脚本是可以在代码中混合使用 HTML 标记语言的。也正是这一点，才使得页面可以真正起到动静结合，标记语言的代码可以与 Java 代码之间互相配合，完成更为丰富的功能。

脚本是在标记 <% 与% >之间来定义的一段代码块。理论上讲，JSP 页面中几乎可以嵌入任何 Java 语言写出的程序。因此，这样的页面所具备的功能也是非常强大的。请阅读下面的代码。

```
...
<body>
<%for(int i=1;i<=5;i++){%>
<H<%=i%>>精彩 JSP!  </H<%=i%>> <br>
<%}%>

...
</body>
```

上面的代码就是典型的嵌入脚本的例子，其中“ <% =i% >”是一个 JSP 特有的表达式，在后面会介绍，它的作用是输出 i 的值。那么，这段代码最后的运行效果如何？可以通过创建一个新的 JSP 文件观察一下结果。

右击导航栏中的项目名称 JSPLab，在弹出的快捷菜单中选择“新建”→“JSP”命令，在弹出的对话框中输入文件名称 script，单击“完成”按钮，然后把上面的代码写入文件。运行文件后，页面效果如图 2-6 所示。

图 2-6 页面运行效果

读者会发现，原来输出的 i 值变成了标记语言中设置字号的标签 <Hi>中的字号了。这是一个很典型的脚本与标记语言结合使用的例子。此时还可以在浏览器中选择观看页面的源代码，会发现此时的页面脚本代码已经被完全翻译成了标记语言的形式，如图 2-7 所示。

这是因为，JSP 被服务器编译成 .class 文件后，内容被解释运行成了静态脚本的形式发送给了客户端的浏览器，然后浏览器才呈现出了最后的内容。客户端执行的是已经被解释执行后的 Java 文件。

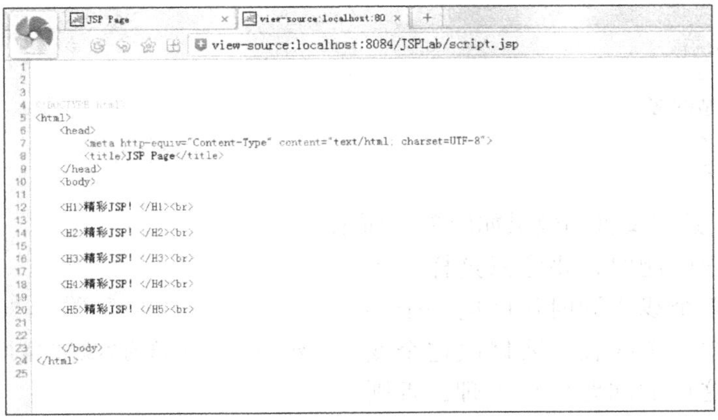

```
view-source:localhost:8084/JSPLab/script.jsp

<!DOCTYPE html>
<html>
    <head>
        <meta http-equiv="Content-Type" content="text/html; charset=UTF-8">
        <title>JSP Page</title>
    </head>
    <body>

    <H1>精彩JSP! </H1><br>

    <H2>精彩JSP! </H2><br>

    <H3>精彩JSP! </H3><br>

    <H4>精彩JSP! </H4><br>

    <H5>精彩JSP! </H5><br>


    </body>
</html>
```

图 2-7　页面源代码

虽然可以在 JSP 中自由地嵌入 Java 代码，但是 JSP 也给出了一些脚本中所特有的语言表达格式。这些格式是为了更好地发挥脚本的作用，使得页面代码更加简洁明了、表达准确。

2.2.2　对象的声明

通过在“<%!”和“%>”标记符号之间声明变量、方法和类，可以把脚本代码中所声明的对象的作用范围扩大到整个 JSP 文件，而不是脚本自身。

1. 声明变量

在“<%!”和“%>”标记符之间声明变量，即在“<%!”和“%>”之间放置 Java 的变量声明语句，变量的类型可以是 Java 语言允许的任何数据类型，将这些变量称为 JSP 页面的成员变量。举例如下。

【例 2-2】声明变量。

```
<%! int a,b=10,c;
    String tom=null,jerry="love JSP";
    Date date;
%>
```

“<%!”和“%>”之间声明的变量在整个 JSP 页面内都有效，因为 JSP 引擎将 JSP 页面转译成 Java 文件时，将这些变量作为类的成员变量。这些变量的内存空间直到服务器关闭才释放。当多个客户请求一个 JSP 页面时，JSP 引擎为每个客户启动一个线程，这些线程由 JSP 引擎服务器来管理，这些线程共享 JSP 页面的成员变量，因此任何一个用户对 JSP 页面成员变量操作的结果，都会影响其他用户。

下面的例子利用成员变量被所有用户共享这一性质，实现了一个简单网页计数器。

【例 2-3】Count1.jsp 网站计数器。

```
<%@ page contentType="text/html;charset=GB2312" %>
<HTML>
```

```
<BODY > <FONT size=1 >
<%! int i=0;
    %>
<%i++;
    %>
<P>您是第
<% =i% >
个访问本站的客户。
</BODY>
</HTML>
```

完成编辑后，运行文件的效果如图 2-8 所示。

在处理多线程问题时，要注意这样一个问题：当两个或多个线程同时访问同一个共享的变量，且其中一个线程需要修改这个变量时，系统应对这样的问题做出处理，否则可能发生混乱。

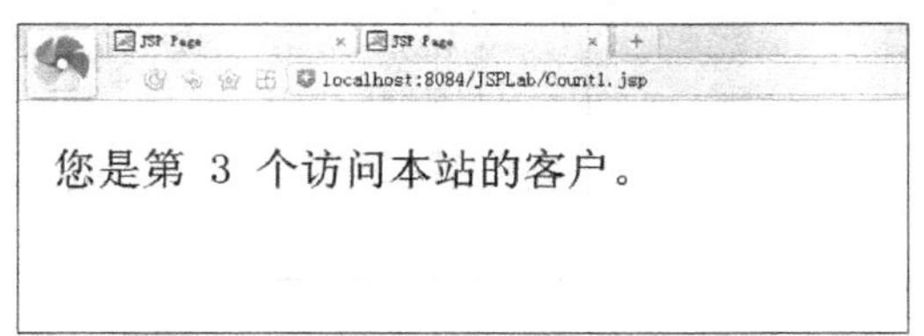

图 2-8　网站计数器效果

在【例 2-3】中，可能发生两个客户同时请求 Count1. jsp 页面的情况。在 Java 语言中，处理线程同步时，可以将线程共享的变量放入一个 synchronized 块，或将修改该变量的方法用 synchronized 来修饰。这样，当一个客户用 synchronized 块或 synchronized 方法操作一个共享变量时，其他线程就必须等待，直到该线程执行完该方法或同步块。下面的【例 2-4】对【例 2-3】进行了改进。

【例 2-4】 Count2. jsp 修改后的网站计数器。

```
<%@ page contentType="text/html;charset=GB2312" %>
<HTML>
<BODY>
<%! Integer number=new Integer(0);
    %>
<%
    synchronized(number)
    { int i=number.intValue();
        i++;
        number=new Integer(i);
    }
%>
<P>您是第
<% =number.intValue()% >
个访问本站的客户。
</BODY>
</HTML>
```

📖 声明的变量，包括后面介绍的声明方法、声明类，它们在整个 JSP 页面内都是有效的。因此，上面程序中的“<%! Integer number=new Integer(0);”其实可以放在代码中的任意位置。但是从编码的可识别性和规范性考虑，应该把声明放在前面。

---

2. 声明方法

在“<%!”和“%>”之间声明方法，该方法在整个 JSP 页面的有效，但是在该方法内定义的变量只在该方法内有效。这些方法将在 Java 程序片中被调用，当方法被调用时，方法内定义的变量被分配内存，调用完毕即可释放所占的内存。当多个客户同时请求一个 JSP 页面时，他们可能使用方法操作成员变量，对这种情况应给予注意。在下面的【例 2-5】中，通过 synchronized 方法操作一个成员变量来实现一个计数器。

【例 2-5】 Count3. jsp 通过 synchronized 方法操作一个成员变量来实现计数器。

```
<%@ page contentType = "text/html;charset = GB2312" %>
<HTML>
<BODY>
<%! int number = 1;%>

<P><P>您是第<% =countPeople()%>个访问本站的客户。

<%! synchronized int countPeople()
        {
            return number ++ ;
        }
        %>
</BODY></HTML>
```

在【例 2-5】中，如果服务器重新启动就会刷新计数器，因此计数又从 1 开始。

3. 声明类

可以在“<%!”和“%>”之间声明一个类，该类在 JSP 页面内有效，即在 JSP 页面的 Java 程序片部分可以使用该类创建对象。在下面的【例 2-6】中，定义了一个 Circle 类，该类的对象负责求圆的面积和周长。当客户向服务器提交圆的半径后，该对象负责计算面积和周长。

【例 2-6】 Circle. jsp 使用自定义类计算圆的面积和周长。

```
<%@ page contentType = "text/html;charset = GB2312" %>
<HTML>
<BODY>
<P>请输入圆的半径:
<BR>
<FORM action = "Example2_5. jsp" method = get name = form>
<INPUT type = "text"    name = "cat"    value = "1" >
<INPUT TYPE = "submit" value = "开始计算" name = submit>
</FORM>
<%! public class Circle
        {double r;
        Circle(double r)
            {this. r = r;
            }
        double 求面积()
            {return Math. PI * r * r;
            }
        double 求周长()
            {return Math. PI * 2 * r;
            }
```

```
        }
    % >
<%      String str = request. getParameter( " cat" ) ;
    double r;
    if( str! = null)
        {r = Double. valueOf( str). doubleValue( ) ;
        }
    else
        {r = 1;
        }
    Circle circle = new Circle( r) ;                //创建对象
    % >
<P>圆的面积是:
<BR>
<% =circle. 求面积( )% >
<P>圆的周长是:
<BR>
<% =circle. 求周长( )% >
</BODY>
</HTML>
```

文件通过提交一个表单，使表单中的 action 属性指向文件自己。通过程序中类的成员方法，完成计算工作。假设在文本框中输入 4，结果如图 2-9 所示。

图 2-9　在 JSP 页面中使用自定义的类

2.2.3　输出表达式

可以在“ < % = ” 和“% > ” 之间插入一个表达式（注意：不可插入语句，“ < % = ” 是一个完整的符号，“ < % ” 和“ = ” 之间不要有空格，“% > ” 之前不能有分号)，这个表达式必须能求值。表达式的值由服务器负责计算，并将计算结果用字符串形式发送到客户端显示。

下面的【例 2-7】用于计算表达式的值。

【例 2-7】 Exp. jsp 计算表达式的值。

```
<%@ page contentType = " text/html;charset = GB2312" % >
<HTML>
```

```
<BODY > <FONT size = 2 >
<P> Sin(0.9)除以 3 等于
<% = Math. sin(0.90)/3% >
<p >3 的平方是:
<% = Math. pow(3,2)% >
<P >12345679 乘 72 等于
<% = 12345679 * 72% >
<P> 5 的平方根等于
<% = Math. sqrt(5)% >
<P >99 大于 100 吗? 回答:
<% = 99 >100% >
</BODY >
</HTML >
```

最后的运行结果如图 2-10 所示。

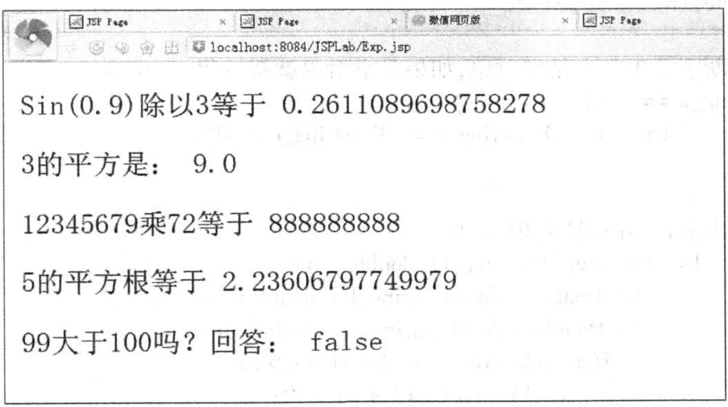

图 2-10　计算表达式的值

2.2.4　注释的使用

注释可以增强 JSP 文件的可读性，并易于 JSP 文件的维护。JSP 中的注释可分为两种。

1）HTML 注释：在标记符号“<!--”和“-->”之间加入注释内容，举例如下。

<!--　注释内容　-->

JSP 引擎把 HTML 注释交给客户，因此客户通过浏览器查看 JSP 的源文件时，能够看到 HTML 注释。

2）JSP 注释：在标记符号“<% --”和“--% >”之间加入注释内容，举例如下。

<% --　注释内容　--% >

JSP 引擎忽略 JSP 注释，即在编译 JSP 页面时忽略 JSP 注释。

【例 2-8】 Notes. jsp 注释的使用。

```
<%@ page contentType = "text/html;charset = GB2312" % >
<HTML >
<BODY >
<P >请输入三角形的三条边 a,b,c 的长度:
<BR >
<!-- 以下是 HTML 表单,向服务器发送三角形的三条边的长度 -->
<FORM action = "Example2_12. jsp" method = post name = form >
```

```
<P>请输入三角形边 a 的长度:
<INPUT type="text" name="a">
<BR>
<P>请输入三角形边 b 的长度:
<INPUT type="text" name="b">
<BR>
<P>请输入三角形边 c 的长度:
<INPUT type="text" name="c">
<BR>
<INPUT TYPE="submit" value="送出" name=submit>
</FORM>
<%--获取客户提交的数据--%>
<% String string_a=request.getParameter("a"),
       string_b=request.getParameter("b"),
       string_c=request.getParameter("c");
     double a=0,b=0,c=0;
   %>
<%--判断字符串是否是空对象,如果是空对象就初始化--%>
<% if(string_a==null)
          {string_a="0";string_b="0";string_c="0";
          }
   %>
<%--求出边长,并计算面积--%>
<% try{ a=Double.valueOf(string_a).doubleValue();
               b=Double.valueOf(string_b).doubleValue();
               c=Double.valueOf(string_c).doubleValue();
                 if(a+b>c&&a+c>b&&b+c>a)
                 {    double p=(a+b+c)/2.0;
                      double mianji=Math.sqrt(p*(p-a)*(p-b)*(p-c));
                      out.print("<BR>"+"三角形面积:"+mianji);
                 }
                 else
                 {    out.print("<BR>"+"您输入的三边不能构成一个三角形");
                 }
       }
       catch(NumberFormatException e)
                 {out.print("<BR>"+"请输入数字字符");
                 }
       %>
</BODY>
</HTML>
```

读者可自行运行程序，然后在浏览器中查看源文件，会发现有些注释是看不到的。

2.3 指令与动作组件

2.3.1 page 指令

JSP 指令是从 JSP 向 Web 容器发送的消息，用来设置页面的全局属性，如输出内容类型等。JSP 指令并不直接产生任何可见的输出，而只是告诉引擎如何处理其余的 JSP 页面。其一般语法形式为：<%@ 指令名称 属性="值"%>。

3 种命令指令分别是 page、include 和 taglib。本节主要讲解 page 和 include 指令。

“<%@page %>”指令用来设置整个 JSP 页面的相关属性和功能，它作用于整个 JSP 页面，包括使用 include 指令而包含在该 JSP 页面中的其他文件。但是<%@ page %>指令不能作用于动态的包含文件，比如 page 指令的设置对使用<jsp:include>包含的文件是无效的。

page 指令的基本语法如下。

```
<%@ page 属性 1 = "属性 1 的值"   属性 2 = "属性 2 的值"   …%>
```

属性值总是用单引号或双引号括起来，举例如下。

```
<%@ page contentType = "text/html;charset = GB2312"   import = "java.util.*" %>
```

合法的 page 属性有 import、contentType、pageEncoding、session、buffer、autoFlush、info、errorPage、isErrorPage、isThreadSafe、language 和 extends 等。

以下重点介绍几个常用的属性。

- language 属性。用于定义 JSP 页面使用的脚本语言，该属性的值目前只能取 java。

为 language 属性指定值的格式如下。

```
<%@ page   language = "java" %>
```

language 属性的默认值是 java，即如果没有在 JSP 页面中使用 page 指令指定该属性的值，那么 JSP 页面默认有如下 page 指令。

```
<%@ page   language = "java" %>
```

- import 属性。该属性的作用是为 JSP 页面引入 Java 核心包中的类，这样就可以在 JSP 页面的程序片部分、变量及函数声明部分，以及表达式部分使用包中的类。可以为该属性指定多个值，该属性的值可以是 Java 某包中的所有类或一个具体的类，举例如下。

```
<%@ page   import = "java.io.*", "java.util.Date" %>
```

JSP 页面默认 import 属性已经有下列几个值：java.lang.*、javax.servlet.*、javax.servlet.jsp.* 和 javax.servlet.http.*。

- contentType 属性。用于定义 JSP 页面响应的 MIME（Multipurpose Internet Mail Extention）类型和 JSP 页面字符的编码。属性值的一般形式是：“MIME 类型”或“MIME 类型;charset = 编码”，举例如下。

```
<%@ page contentType = "text/html;charset = GB2312" %>
```

contentType 属性的默认值是"text/html;charset = ISO - 8859 - 1"。

- session 属性。用于设置是否需要使用内置的 session 对象。

session 的属性值可以是 true 或 false，session 属性默认的属性值是 true。这个功能比较常用，后面会专门对 session 的使用方法进行介绍。在这里进行的设置仅仅是打开或关闭这个功能对 JSP 页面的支持，如下面的代码所示。

```
<%@ page session = "false" %>
```

```
<body>
<%
if(session.getAttribute("name") == null)          //判断是否存在一个名为 name 的 session 对象
    session.setAttribute("name","CuiYan");        //创建这个 session 对象
%>
<% out.println(session.getAttribute("name")); //输出这个 session 对象的值%>
</body>
```

读者可以创建一个 JPS 文件，输入上面的代码，运行后看一下效果。再把“<%@ page session = "false"%>”中的值改成 true，运行后比较一下两者的结果。

- buffer 属性。内置输出流对象 out 负责将服务器的某些信息或运行结果发送到客户端显示，buffer 属性用来指定 out 设置的缓冲区的大小或不使用缓冲区。

buffer 属性可以取值 none，设置 out 不使用缓冲区。buffer 属性的默认值是 8kb。举例如下。

```
<%@ page buffer = "24kb" %>
```

- auotFlush 属性。用于指定 out 的缓冲区被填满时，缓冲区是否自动刷新。

auotFlush 可以取值 true 或 false。auotFlush 属性的默认值是 true。当 auotFlush 属性取值 false 时，如果 out 的缓冲区填满，就会出现缓存溢出异常。当 buffer 的值是 none 时，auotFlush 的值就不能设置成 false。

- isThreadSafe 属性。用来设置 JSP 页面是否可多线程访问。

isThreadSafe 的属性值可取 true 或 false。当 isThreadSafe 属性值为 true 时，JSP 页面能同时响应多个客户的请求；当 isThreadSafe 属性值为 false 时，JSP 页面同一时刻只能响应一个客户的请求，其他客户需排队等待。isThreadSafe 属性的默认值是 true。

- info 属性。该属性为 JSP 页面准备一个字符串，属性值是某个字符串。举例如下。

```
<%@ page info = "we are students" %>
```

可以在 JSP 页面中使用方法“getServletInfo();”获取 info 的属性值。

当 JSP 页面被转译成 Java 文件时，转译成的类是 Servlet 的一个子类，所以在 JSP 页面中可以使用 Servlet 类的方法 getServletInfo()。

- errorPage 属性。当这个属性所在的页面产生异常时，系统将重定向到 errorPage 所指定的那个页面来处理这个异常。以下是一个有关 errorPage 的实例，首先创建一个名为 errorPage.jsp 的文件。这个文件会包含 errorPage 属性，而 errorPage 属性将指向一个名为 procExcp.jsp 的文件。在 errorPage.jsp 文件中编写一个错误代码，运行该文件发生错误后，会自动显示 procExcp.jsp 文件的内容。

【例 2-9】 处理错误的 procExcp.jsp 文件。

```
<html>
    <head>
    <title>Error Page</title>
    </head>
    <body>
    <center>
    <h1><font color = red>出错啦！</font></h1>
```

```
        </center>
        <p>怎么这么巧！您访问的页面正在维护中...
        </blockquote>
        </font>
        </body>
    </html>
```

【例 2-10】产生错误的 errorPage. jsp 文件。

```
    <%@  page errorPage = "procExcp. jsp"  % >
    <%! int i =0;% >
    <% =7/i% >
   errorPage. jsp:
    <%@  page isErrorPage = "true"  % >
    <% = exception% >
```

运行 errorPage. jsp 文件，由于存在 0 被除的错误异常，系统根据该页面中的“<%@ page errorPage = "procExcp. jsp" % >”属性的设置，重定向到 procExcp. jsp 文件，所以最后将显示的是这个文件的内容，效果如图 2-11 所示。

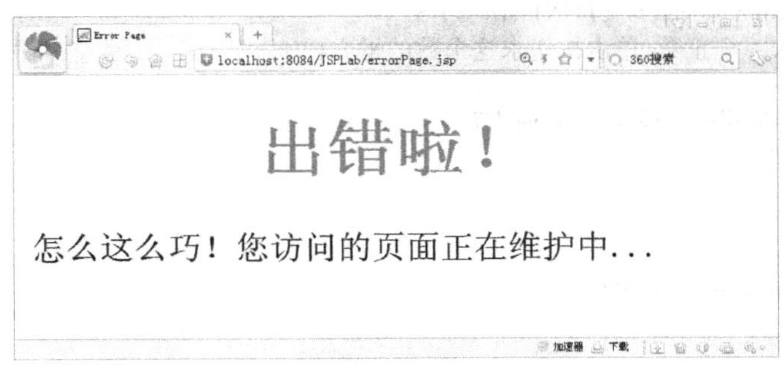

图 2-11　出错页面的运行效果

请注意图中地址栏中的 URL 地址，仍然是 errorPage. jsp 文件的名称，但内容却是 procExcp. jsp 文件的。

2.3.2　include 指令

include 指令会在 JSP 页面被编译成 Servlet 时引入其中包含的 HTML 文件或 JSP 文件（也可能是其他类型的文件，具体允许包含哪些类型的文件需要根据 Web 服务器的情况而定）。JSP include 指令的基本语法如下。

```
    <%@  include file = "relative URL"  % >
```

file 属性用于指向需要引用的 HTML 页面或 JSP 页面，但是需要注意该页面的路径必须是相对路径，也不需要指定端口、协议和域名等。如果路径以“/”开头，那么该路径等同于参照 JSP 应用的上下关系路径；如果路径是以文件名或者目录名开头，那么路径就是当前 JSP 文件所在的路径。

include 指令通常用来包含网站中经常出现的重复性页面。例如，许多网站为每个页面都配置了一个导航栏，把它放在页面的顶端或者左下方，每个页面都重复着同样的内容。include 指令是解决此类问题的有效方法，它使得开发者们不必花时间去为每个页面复制相同的 HTML 代码。

由于 include 指令是在 JSP 编译成 Servlet 时插入所包含的资源，因此使用 include 指令时，所包含的过程其实是静态的。所谓静态的包含，就是指被包含的文件将会被插入到 JSP 文件中 <% @ include % >的地方，而被包含的文件本身既可以是动态的 JSP 文件，也可以是静态的 HTML 文件或文本文件。如果包含的是 JSP 文件，则该 JSP 文件中的代码将会被执行，包含的文件执行完成后，主 JSP 文件的过程才会被继续执行。

需要注意，被包含文件中的任何一部分改变了，所有包含该文件的主 JSP 文件都需要重新进行编译。例如，插入的资源是一个导航栏页面，如果导航栏改变了，那么需要重新编译所有包含该导航栏的 JSP 页面。因此，include 指令更适合包含一些静态文件，举例如下。

```
<%@ include file = "test. html" % >
```

下面的例子用于在一个 JSP 文件 include. jsp 中插入另一个文件：computer. jsp。

【例 2-11】 include. jsp 文件。

```
<%@ page contentType = "text/html;charset = GB2312" % >
< html >
< BODY Bgcolor = cyan > < FONT size = 1 >
< P >请输入一个正数,单击按钮求这个数的平方根。
< CENTER >
<%@ include file = "Computer. jsp"% >
</CENTER >
</BODY >
</HTML >
```

【例 2-12】 computer. jsp 文件。

```
< html >
< head >
< meta http - equiv = "Content - Type" content = "text/html;charset = UTF - 8" >
</head >
< body >
< FORM action = "" method = post name = form >
< INPUT type = "text" name = "ok" >
< BR > < INPUT TYPE = "submit" value = "计算" name = submit >
</FORM >
<%    String a = request. getParameter( "ok") ;
    if( a == null)
        {       a = "1" ;
        }
    try{
            double number = Integer. parseInt( a) ;
            out. print( " < BR >计算的结果为:" + Math. sqrt( number) ) ;
        }
    catch( NumberFormatException e)
        {
            out. print( " < BR >" + "请输入数字字符") ;
        }
% >
</body >
</html >
```

创建完两个文件后，运行 include. jsp 文件，此时会看到一个文本框，输入数据并单击“计算”按钮，会显示出结果。具体效果如图 2-12 所示。

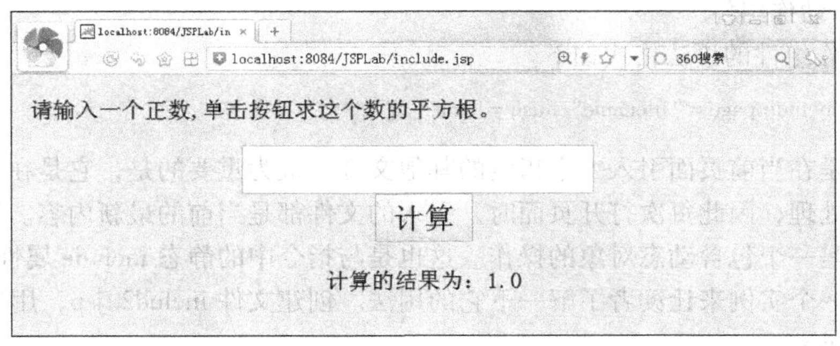

图 2-12　include 页面效果 1

在文本框中输入一个数字 9，单击“计算”按钮后，效果如图 2-13 所示。

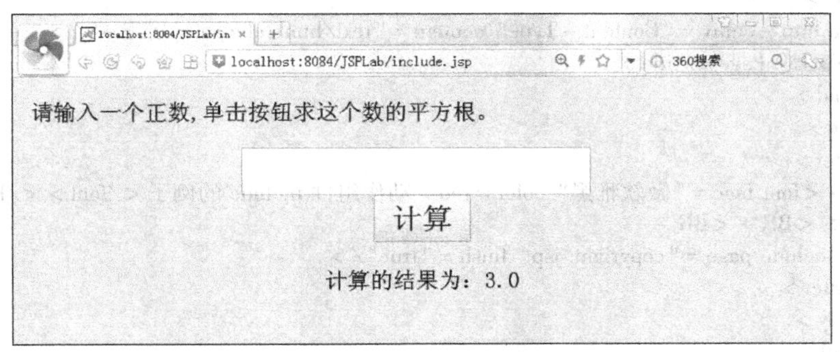

图 2-13　include 页面效果 2

这个 include 指令是把 computer. jsp 加入到了 include. jsp 文件中，作为它的一部分来显示，因此这个页面既有 include. jsp 文件的内容，又有 computer. jsp 文件的内容，但是地址一直都是 include. jsp。

2.3.3　动作组件

在 JSP 中，动作组件与脚本实现了 JSP 页面中绝大多数的动态功能。其中动态组件由于形式是以 XML 语法格式出现的，所以它在形式上更加简单，更符合页面代码的风格，甚至不需要掌握 Java 语言，只要根据提供的数据接口，就可以调用相关的 Java 程序。这无疑会让 JSP 页面代码更加简练，更符合页面与业务分离的编程理念。

常用的动作组件有以下几个。

- <jsp:include>：在当前页面引入另一个页面文件，类似指令中的 include，但实现方法上完全不同。
- <jsp:forward>：从当前页面转向另一个页面文件。
- <jsp:param>：在动作组件（<jsp:include>和<jsp:forward>）中传递参数信息。
- <jsp:plugin>：在当前页面中插入执行一个特定的程序。
- <jsp:useBean>：在当前页面中实例化一个 JavaBean 的类。
- <jsp:setProperty>/<jsp:getProperty>：设置/获取 JavaBean 对象的成员属性。

前两个动作的功能类似，实现效果上略有不同；第三个主要是为前两个动作来传递参数的，它们更像是一组工具。<jsp:useBean>动作组件将在后面的章节中进行详细介绍。

1. include 动作组件

include 动作组件的语法格式如下。

```
<jsp:include page="filename" flush="true">
```

这个动作是在当前页面引入一个指定的其他文件。最为重要的是，它是在执行时才对包含的文件进行处理，因此每次打开页面时，引入的文件都是当前的最新内容。所以，这个动作组件被认为是一个包含动态对象的操作。这也是与指令中的静态 include 属性最大的不同。

下面通过一个实例来让读者了解一下它的用法。创建文件 includ2. jsp，用来引入另一个文件 copyright. jsp。

【例 2-13】 include2. jsp 文件。

```
<html>
<head>
<meta http-equiv="Content-Type" content="text/html;charset=UTF-8">
<title>JSP Page</title>
</head>
<body>
<center>
<h2><font face="微软雅黑" color=red>动作组件 include 的例子</font></h1>
<BR><BR><BR>
<jsp:include page="copyright.jsp" flush="true"/>
</center>
</body>
</html>
```

【例 2-14】 copyright. jsp 文件。

```
<html>
<head>
<meta http-equiv="Content-Type" content="text/html;charset=UTF-8">
<title>JSP Page</title>
</head>
<body>
<HR>
<strong>
<h4><font face="times new roman">
        Copyright ? CuiYan All Rights Reserved.
</font></h4>
</strong>
</body>
</html>
```

创建完毕后，可直接运行 include2. jsp 文件。最后的效果如图 2-14 所示。请注意地址栏中的 URL 地址，与指令中的 include 属性的效果一样。虽然页面引入了其他文件，但是地址仍然是运行文件的地址。

2. forward 动作组件

forward 动作组件的语法格式如下。

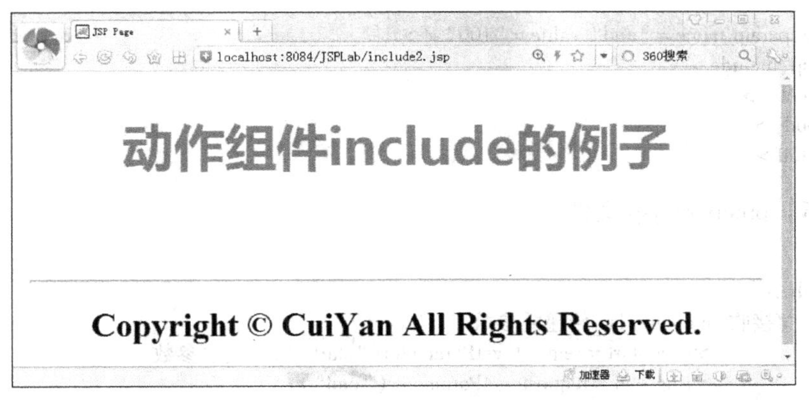

图 2-14　include2. jsp 文件的运行效果

```
<jsp:forward page="filename">
```

读者会发现，它的语法格式与 include 动作组件类似。所不同的是 forward 动作会让当前页面完全显示所引入的页面，而不显示自己的页面；而 include 则会在保留自己页面的同时，显示所引入的页面。

可以修改【例 2-13】中的代码，把动作组件改为“<jsp:forward page="copyright.jsp">”，然后再运行一下程序，查看内容的变化。

3. param 动作组件

param 动作组件不能单独使用，必须配合 include 或 forward 组件来使用，其主要作用是在引入页面时传递参数。语法格式如下。

```
<jsp:include page="path" flush="true">
<jsp:param name="paramName" value=值? />
</jsp:include>
```

或

```
<jsp:forward page="filename">
    <jsp:param name="paramName" value=值? />
</jsp:forward>
```

下面通过一个具体例子来让读者熟悉一下 param 动作组件的用法。这里用两个文件来完成，一个名为 sendpara. jsp 的文件负责传递两个参数和显示最后的计算结果，另一个名为 procpara. jsp 的文件负责接收参数并把结果显示出来。

【例 2-15】 sendpara. jsp 文件。

```
<html>
<head>
<meta http-equiv="Content-Type" content="text/html;charset=UTF-8">
<title>JSP Page</title>
</head>
<body>
<center><h4>带参数的加载文件效果:</h4>
<jsp:include page="procpara.jsp">
<jsp:param name="start" value="1" />
```

```
<jsp:param name = "end"  value = "100"  />
</jsp:include >
</center >
</body >
</html >
```

【例 2-16】 procpara. jsp 文件。

```
…
<body >
<% //接收 sendpara. jsp 传递的参数
            String start = request. getParameter( "start" ) ;//接收参数
            String end = request. getParameter( "end" ) ;
            //转换数据类型
            int s = Integer. parseInt( start) ;
            int e = Integer. parseInt( end) ;
            int sum =0;
            for( int i = s;i < = e;i ++ )
            { sum = sum + i; }
    % >
<P >从 <% = start% >到 <% = end% >的连续和是: <% = sum% >
</body >
…
```

运行的效果如图 2-15 所示。

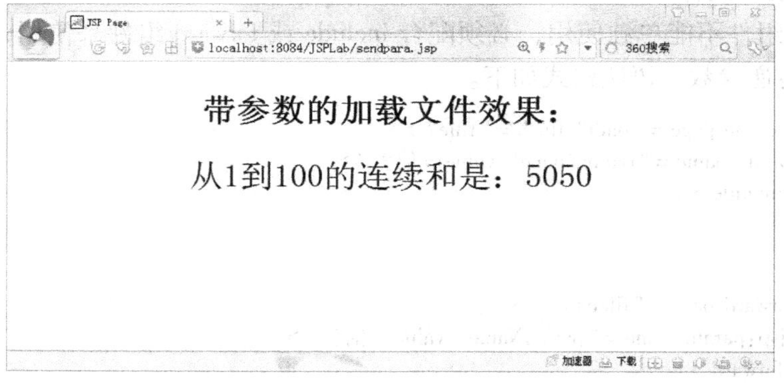

图 2-15　sendpara. jsp 文件运行效果

4. plugin 动作组件

plugin 动作组件的语法格式如下。

```
<jsp:plugin
    type = "bean  |  applet"    code = "classFileName"
    codebase = "classFileDirectoryName" >
</jsp:plugin >
```

其中的 type 用来指定引入的对象是什么类型的文件，code 中指定的是类文件的名称，必须是以“. class”结尾的文件。这一点请读者不要忽略。codebase 则用来指定这个类存在的路径位置。如果把这个类文件和 JSP 文件放在一起，那么这个属性可以不写。

下面举一个引入 Applet 文件的例子。创建一个名为 Clock. java 的 Applet 小程序。这个程序的作用是可以实时显示当前的时间。创建完毕后，编译这个文件，生成 Clock. class 文件，然后把这个文件复制到项目的 Web 文件夹中。创建页面文件 showclock. jsp，在其中使用 plugin 组件，并加入这个 Applet 小程序。

【例 2-17】 Clock. java 文件。

```
import java.applet.*;
import java.awt.*;
import java.util.*;

public class Clock extends Applet implements Runnable{
    Thread t1,t2;
    @Override
  public void start(){
        t1 = new Thread(this);
        t1.start();
  }
    @Override
  public void run(){
      t2 = Thread.currentThread();
      while(t2 == t1){
          repaint();
          try{
              t2.sleep(1000);
          }
          catch(InterruptedException e){}
      }
  }
    @Override
  public void paint(Graphics g){
        Calendar cal = new GregorianCalendar();
        String hour = String.valueOf(cal.get(Calendar.HOUR));
        String minute = String.valueOf(cal.get(Calendar.MINUTE));
        String second = String.valueOf(cal.get(Calendar.SECOND));
        g.drawString(hour + ":" + minute + ":" + second,20,30);
  }
}
```

【例 2-18】 showclock. jsp 文件。

```
...
<body>
<h4>显示系统时间</h4>
<jsp:plugin type="applet" code="Clock.class" >
<jsp:fallback>
        Plugin tag OBJECT or EMBED not supported by browser.
</jsp:fallback>
</jsp:plugin>
</body>
...
```

【例 2-18】中的标签 <jsp:fallback> 的意思是：如果这个插件在客户端不能正常显示，则以这个标签的内容代替。运行 showclock. jsp 文件后的效果如图 2-16 所示。

请读者注意，由于现在很多浏览器使用的都不是 IE 版本的内核，因此很多情况下，浏

图 2-16　showclock. jsp 文件运行效果

览器中不能正常显示 Applet 程序的内容，遇到这样的问题时可以单击浏览器地址栏后面的那个闪电图标“ ”，如图 2-17 所示，在打开的下拉菜单中选择 IE 兼容模式，即可显示 Applet 程序了。

图 2-17　选择浏览器支持的内核方式

2.4　内置对象

2.4.1　常用的内置对象

在 JSP 页面中预先定义好了一些常用的对象（9 个内置对象），如表 2-1 所示，在 Web 应用中可以直接使用这些内置对象。内置对象的构建基于 HTTP 协议，这样可以使用这些内置对象完成收集浏览器请求发出的信息、响应浏览器请求，以及存储客户信息等工作，内置对象的使用大大简化了 Web 开发工作。JSP 的内置对象有 resquest 、response、session、application 和 out 等。

表 2-1　JSP 内置对象列表

内置对象	所 属 类 型	说　明	作用范围
application	javax. servlet. ServletContext	代表调用 getServletConfig( ) 或 getContext( ) 方法后返回的 ServletContext 对象	Application
config	javax. servlet. ServletConfig	代表为当前页面配置 JSP 的 Servlet	Page
exception	java. lang. Throwable	代表访问当前页面时产生的不可预见的异常	Page
out	java. servlet. jsp. JspWriter	代表输出流的 JspWriter 对象	Page
page	java. lang. Object	代表当前 JSP 页面实例	Page
pageContext	javax. servlet. jsp. PageContext	代表当前页面对象	Page
request	根据协议的不同，可以是 javax. servlet. ServletRequest 或 javax. servlet. HttpServletRequest	代表由用户提交请求而触发的 request 对象	Request

（续）

内置对象	所属类型	说　明	作用范围
response	根据协议的不同，可以是 javax. servlet. ServletResponse 或 javax. servlet. HttpServletResponse	代表由用户提交请求而触发的 response 对象	Page
session	javax. servlet. http. HttpSession	代表会话（session）对象，在发生 HTTP 请求时被创建	Session

1. request 对象

request 对象是 javax. servlet. http. HttpServletRequest 类的实现实例。request 对象包含所有请求的信息，如请求的来源、标头、Cookies 和请求相关的参数值等。该对象封装了用户提交的信息，通过调用该对象相应的方法可以获取封装信息，即使用该对象可以获取用户提交信息。

request 对象可以请求有效的属性操作；获取 HTTP Header 信息；获取 HTTP 请求参数，一般是 HTML 表单提交的参数信息；获取服务器端相关信息，包括服务器的名称、地址和端口等；获取协议版本。

其常用的方法如表 2-2 所示。

表 2-2　Request 对象方法列表

方　法	说　明
Object getAttribute(String name)	返回 name 指定的属性值，如果不存在该属性则返回 null
Enumeration getAttributeNames()	返回 request 对象所有属性的名称
String getCharacterEncoding()	返回请求中的字符编码方法，可以在 response 对象中进行设置
String getContentType()	返回在 response 中定义的内容类型
Cookie[]getCookies()	返回客户端所有的 Cookie 对象，其结果是一个 Cookie 数组
String getHeader(String name)	获取 HTTP 协议定义的文件头信息
Enumeration getHeaderNames()	获取所有 HTTP 协议定义的文件头名称
Enumeration getHeaders(String name)	获取 request 指定文件头的所有值的集合
ServletInputStream getInputStream()	返回请求的输入流
String getLocalName()	获取响应请求的服务器端主机名
String getLocalAddr()	获取响应请求的服务器端地址
int getLocalPort()	获取响应请求的服务器端端口
String getMethod()	获取客户端向服务器提交数据的方法（GET 或 POST）
String getParameter(String name)	获取客户端传送给服务器的参数值，参数由 name 属性决定
Enumeration getParameterNames()	获取客户端传送给服务器的所有参数名称，返回一个 Enumerations 类的实例。使用此类需要导入 util 包
String[]getParameterValues(String name)	获取指定参数的所有值。参数名称由 name 指定
String getProtocol()	获取客户端向服务器传送数据所依据的协议，如 HTTP/1. 1、HTTP/1. 0 等
String getQueryString()	获取 request 参数字符串，前提是采用 GET 方法向服务器传送数据
BufferedReader getReader()	返回请求的输入流对应的 Reader 对象，该方法和 getInputStream()方法在一个页面中只能调用一个
String getRemoteAddr()	获取客户端用户的 IP 地址

（续）

方　法	说　明
String getRemoteHost( )	获取客户端用户的主机名称
String getRemoteUser( )	获取经过验证的客户端用户名称，未经验证返回 null
String Buffer getRequestURL( )	获取 request URL，但不包括参数字符串
void setAttribute(String name, Java. lang. Object object)	设定名称为 name 的 reqeust 参数的值，该值由 object 决定

（1）获取用户输入信息

request 对象可以使用 getParameter(string s)方法获取表单所提交的信息。格式为 Request. getParameter(“参数名”)。

请看下面的例子，在第一个页面中用户可以输入自己的姓名、性别和年龄，然后会提交到第二个页面并显示刚才输入的信息内容。下面是第一个页面的代码。

【例 2-19】 获取用户信息的 jsprequest. jsp 文件。

```
<%@ page language = "java"  contentType = "text/html"
pageEncoding = "gb2312" %>
<html>
<head>
<title>request 中的 getparameter( )方法 </title>
</head>
<BODY>
    <FORM action = "show. jsp"  method = post name = form>
    姓名: <INPUT type = "text"  name = "name"  > <p>
    性别: <INPUT type = "text"  name = "sex"  > <p>
    年龄: <INPUT type = "text"  name = "age"  > <p>
        <INPUT TYPE = "submit"  value = "提交"  name = "submit" >
    </FORM>
</BODY>
</html>
```

用户在浏览器中输入该页面的部署路径，可得到如图 2-18 所示的界面，然后用户可以在该页面中输入相应的信息，输入姓名“张三”、性别“男”、年龄“21”。然后单击“提交”按钮，该页面的信息就会提交到第二个页面，也就是该页面 form 中 action 所指定的页面，在这里一定要注意，第二个页面的相对路径和名称一定要与第一个页面中的 action 属性的值符合。该页面运行效果如图 2-18 所示。

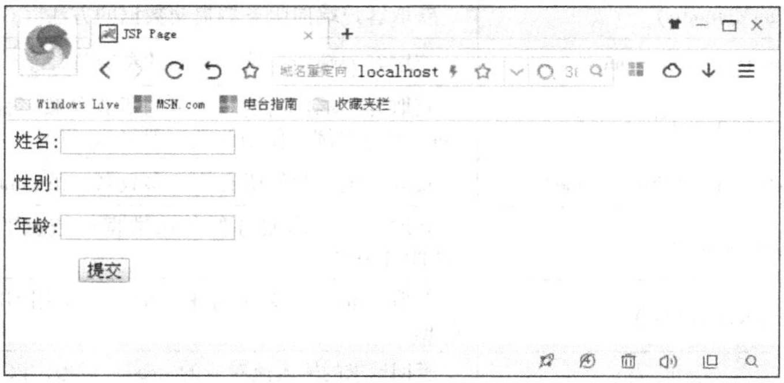

图 2-18　用户输入信息页面

【例 2-20】show. jsp 文件。

```
<%@ page language = "java" contentType = "text/html"
pageEncoding = "gb2312"% >
<html>
<head>
<title>request 中的 getparameter( )方法 </title>
</head>
<body>
<% --在这里设定 request 得到参数的字符编码,否则中文会出现乱码 --% >
<%request. setCharacterEncoding( "gb2312" );% >
得到用户输入的信息:<p>
<font color = red>姓名:<% =request. getParameter( "name" )% > <p>
性别:<% =request. getParameter( "sex" )% > <p>
年龄:<% =request. getParameter( "age" )% > <p>
</font>
获取按钮标记名:
<font color = blue>
<% =request. getParameter( "submit" )% >
</font>
</body>
</html>
```

当用户在第一个页面中单击“提交”按钮后，用户输入的信息就会提交到 show. jsp 页面，会出现如图 2-19 所示的结果。

图 2-19　show. jsp 页面显示

当 request 对象获取客户提交的汉字字符时，会出现乱码，必须进行特殊处理。上面使用了“request. setCharacterEncoding("gb2312")”，相当于设置当客户端传来参数时，处理的过程中要以支持中文的字符集 GB2312 来进行。除了这个字符集外，“UTF-8”也可以。请读者记住这个语句，在后面的很多地方还会用到。

(2) 用 request 对象获得客户端、服务器等的相关信息

当客户端发生请求时，会自带一些相关的信息，开发者可以利用 request 来获取这些信息，如使用的协议、HTTP 请求头的信息和传递的数据内容等。

【例 2-21】getinfo. jsp 获得客户端和服务器信息。

```
<%@ page contentType = "text/html;charset = gb2312" % >
```

```
<%@ page import = "java.util.*" %>
<HTML>
<BODY >
<BR>客户使用的协议是:
<%=request.getProtocol()%>
<BR>获取接受客户提交信息的页面:
<%=request.getServletPath()%>
<BR>接受客户提交信息的长度:
<%=request.getContentLength()%>
<BR>客户提交信息的方式:
<%=request.getMethod()%>
<BR>获取 HTTP 头文件中 User-Agent 的值:
<%=request.getHeader("User-Agent")%>
<BR>获取 HTTP 头文件中 accept 的值:
<%=request.getHeader("accept")%>
<BR>获取 HTTP 头文件中 Host 的值:
<%=request.getHeader("Host")%>
<BR>获取 HTTP 头文件中 accept-encoding 的值:
<%=request.getHeader("accept-encoding")%>
<BR>获取客户的 IP 地址:
<%=request.getRemoteAddr()%>
<BR>获取客户机的名称:
<%=request.getRemoteHost()%>
<BR>获取服务器的名称:
<%=request.getServerName()%>
<BR>获取服务器的端口号:
<%=request.getServerPort()%>
<BR>
</BODY>
</HTML>
```

运行这个页面，得到如图 2-20 所示的结果。

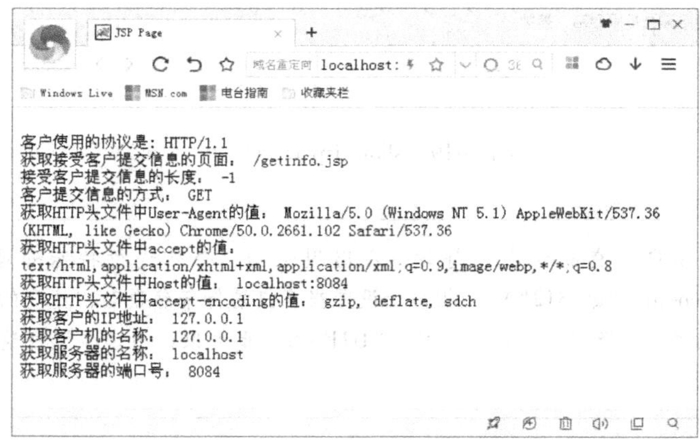

图 2-20　request 常用方法实例

2. response 对象

response 代表服务器对客户端的响应。通常情况下，程序无须使用 response 来响应客户端请求，因为有一个更简单的响应对象——out，它代表页面输出流，直接使用 out 生成响应更简单。

但 out 是 JspWriter 的实例，JspWriter 是 Writer 的子类，Writer 是字符流，无法输出非字符内容。假如需要在 JSP 页面中动态生成一幅位图，使用 out 作为响应对象将无法完成，此时必须使用 response 作为响应输出。

response 对象可以对 HTTP Header 信息进行处理；设置数据内容的类型和长度；获取输出流；进行本地化操作；缓冲控制；浏览器重定向；响应状态控制；向浏览器发送 Cookie。

response 对象常用的方法如表 2-3 所示。

表 2-3　response 对象常用的方法

方　法	说　明
void addCookie(Cookie cookie)	添加一个 Cookie 对象，用来保存客户端的用户信息
void addHeader(String name,String value)	添加 HTTP 头。该 Header 将会传到客户端，若同名的 Header 存在，原来的 Header 会被覆盖
boolean containsHeader(String name)	判断指定的 HTTP 头是否存在
String encodeRedirectURL(String url)	对于使用 sendRedirect( )方法的 URL 编码
String encodeURL(String url)	将 URL 编码，回传包含 session ID 的 URL
void flushBuffer( )	强制把当前缓冲区的内容发送到客户端
int getBufferSize( )	取得以 KB 为单位的缓冲区大小
String getCharacterEncoding( )	获取响应的字符编码格式
String getContentType( )	获取响应的类型
ServletOutputStream getOutputStream( )	返回客户端的输出流对象
PrintWriter getWriter( )	获取输出流对应的 writer 对象
void reset( )	清空 buffer 中的所有内容
void resetBuffer( )	清空 buffer 中所有的内容，但是保留 HTTP 头和状态信息
void sendError(int sc,String msg) 或 void sendError(int sc)	向客户端传送错误状态码和错误信息。例如，505 表示服务器内部错误；404 表示网页找不到错误。
void sendRedirect(String location)	向服务器发送一个重定位至 location 位置的请求
void setCharacterEncoding(String charset)	设置响应使用的字符编码格式
void setBufferSize(int size)	设置以 KB 为单位的缓冲区大小
void setContentLength(int length)	设置响应的 BODY 长度
void setHeader(String name,String value)	设置指定 HTTP 头的值。设定指定名称的 HTTP 文件头的值，若该值存在，它将会被新值覆盖
void setStatus(int sc)	设置状态码。为了使得代码具有更好的可读性，可以用 HttpServletResponse 中定义的常量来避免直接使用整数。这些常量根据 HTTP 1.1 中的标准状态信息命名，所有的名称都加上了 SC（Status Code）前缀并大写，同时把空格转换成了下画线。例如，与状态代码 404 对应的状态信息是 Not Found，则 HttpServletResponse 中的对应常量名称为 SC_NOT_FOUND。

（1） 根据 contentType 属性动态响应

当一个用户访问一个 JSP 页面时，如果该页面用 page 指令设置页面的 contentType 属性是 text/html，那么 JSP 引擎将按照这种属性值做出反应。如果要动态改变这个属性值来响应客户，就需要使用 response 对象的 setContentType(String s)方法来改变 contentType 的属性值。

参数 s 可取 text/html（标准 HTML 文件）、application/x - msexcel（Excel 文件）、application/msword（Word 文件）或 text/plain（纯文本文件）等格式。下面这个例子就是将页面内容指定为 Word 文档格式。

【例 2-22】 content. jsp 动态响应。

```
<%@ page contentType = "text/html;charset = gb2312" %>
<HTML>
<body>
Response 之 setContentType 方法
<%
response. setContentType("application/msword;charset = gb2312");
%>
</body>
</HTML>
```

（2）自动刷新页面

response 对象的 setHeader( )方法可以设置页面的自动刷新时间间隔。实现重新加载当前页面的语句格式如下。

```
response. setIntHeader("Refresh",等待刷新时间);
```

也可以设置浏览器加载新页面，格式如下。

```
response("Refresh",等待刷新时间,URL = 要加载新页面的路径);
```

下面这段代码每隔 5 s 会自动刷新一次页面，重新获取和显示当前服务器端的当前时间。

【例 2-23】 response. jsp 自动刷新当前时间。

```
<%@ page language = "java" contentType = "text/html;charset = gb2312"%>
<html>
<head>
<meta http - equiv = "Content - Type" content = "text/html;charset = gb2312">
<title>response 对象刷新</title>
</head>
<body>
当前时间:
<%
response. setHeader("Refresh","5");
out. println(new java. util. Date());
%>
</body>
</html>
```

运行结果如图 2-21 所示。

图 2-21　自动刷新当前时间

📖 打开该页面后，观察一段时间，会发现该页面每隔5s就自动刷新一次，显示最新的时间。请读者思考一下，如果把刷新的周期变成1s或更短的时间，会是什么效果。

（3）response 重定向

在某些情况下，当响应客户时，需要将客户重新引导至另一个页面，可以使用 response 的 sendRedirect（URL）方法实现客户的重定向，该方法中的参数 URL 不仅可以访问服务器上的资源，也可以调用其他服务器的 URL 资源。下面这段代码可以根据不同的选择访问不同的资源。

【例 2-24】 Redirect. jsp 重定向。

```
<%@ page language="java" contentType="text/html; charset=gb2312"
pageEncoding="gb2312"%>
<html>
<head>
<meta http-equiv="Content-Type" content="text/html; charset=ISO-8859-1">
<title>sendRedirect 方法定位</title>
</head>
<body>
<%
String address = request.getParameter("position");
if(address! =null){
if(address.equals("CSDN"))
    response.sendRedirect("http://www.csdn.net");
else if(address.equals("MS"))
    response.sendRedirect("http://www.microsoft.com");
else if(address.equals("IBM"))
    response.sendRedirect("http://www.ibm.com");
}
%>
<b>请选择要定位的路径</b><br>
<form action="redirect.jsp" method="GET">
<select name="position">
   <option value="CSDN" selected>go to CSDN
   <option value="MS" > go to Microsoft
   <option value="IBM" > go to IBM
</select>
<input type="submit" value="提交">
</form>
</body>
</html>
```

运行结果如图 2-22 所示。用户可以选择资源，然后单击“提交”按钮，页面会跳转到相应的页面。

3. out 对象

out 是向客户端输出的 PrinterWriter 对象。这里的 out 实际上是带有缓冲特性的 PrinterWriter，可以称之为 JspWriter。缓冲区容量是可以设置的，甚至也可以关闭，只要通过 page 指令的 buffer 属性就可以达到此目的。out 一般用在程序段内，而 JSP 表达式一般会自动形成字符串输出，所以 JSP 表达式中一般很少用到 out 对象。表 2-4 所示为 out 对象的主要方

图 2-22　response 重定向

法及其说明。

表 2-4　out 对象的主要方法及说明

方　　法	说　　明
void clear( )	清除输出缓冲区的内容，但是不输出到客户端
void clearBuffer( )	清除缓冲区的内容，并且输出数据到客户端
void close( )	关闭输出流，清除所有内容
void flush( )	输出缓冲区中的数据
int getBuffersize( )	获得缓冲区大小。缓冲区的大小可用代码 <%@ page buffer = "size" %> 设置
int getRemaining( )	获得缓冲区可使用的空间大小
void newLine( )	输出一个换行字符
boolean isAutoFlush( )	该方法返回一个 boolean 类型的值，如果为 true 表示缓冲区会在充满之前自动清除；返回 false 表示如果缓冲区充满则抛出异常。Auto Fush 可以使用 <%@ page is AutoFlush = "true/false" %>来设置
print(boolean b/char c/char[ ] s/double d/float f/int i/long l/Object obj/String s)	输出一行信息，但不自动换行
println(boolean b/char c/char[ ] s/double d/float f/int i/long l/Object obj/String s)	输出一行信息，并且自动换行
Appendable append(char c/CharSequence cxq, int start, int end/CharSequence cxq)	将一个字符或者实现了 CharSequence 接口的对象添加到输出流的后面

以下程序使用 out 对象输出一个 HTML 表格。

【例 2-25】 out. jsp 输出表格。

```
…
<%
int BufferSize = out. getBufferSize( );
int Available = out. getRemaining( );
%>
<%
    String[ ] str = new String[5];
    str[0] = "out";
    str[1] = "输出";
    out. println( "<html>");
    out. println( "<head>");
    out. println( "<title>使用 out 对象输出 HTML 表格</title>");
    out. println( "</head>");
```

```
        out.println(" <body> ");
        out.println(" <table cellspacing=1 bgcolor=#000000 border=0 width=200> ");
        out.println(" <tr> ");
        out.println(" <td bgcolor=#ffffff width=100 align=center>数组序列 </td> ");
        out.println(" <td bgcolor=#ffffff width=100 align=center>数组值 </td> ");
        out.println(" </tr> ");
        for(int i=0;i<2;i++){
        out.println(" <tr> ");
        out.println(" <td bgcolor=#ffffff>str[" +i+ "] </td> ");
        out.println(" <td bgcolor=#ffffff> " +str[i]+ " </td> ");
        out.println(" </tr> ");
        }
        out.println(" <tr> ");
        out.println(" <td bgcolor=#ffffff>BufferSize: </td> ");
        out.println(" <td bgcolor=#ffffff> " +BufferSize+ " </td> ");
        out.println(" </tr> ");
        out.println(" <tr> ");
        out.println(" <td bgcolor=#ffffff>Available: </td> ");
        out.println(" <td bgcolor=#ffffff> " +Available+ " </td> ");
        out.println(" </tr> ");
        out.println(" </table> ");
        out.println(" <body> ");
        out.println(" </html> ");
        out.close();
    %>
    …
```

运行结果如图 2-23 所示。

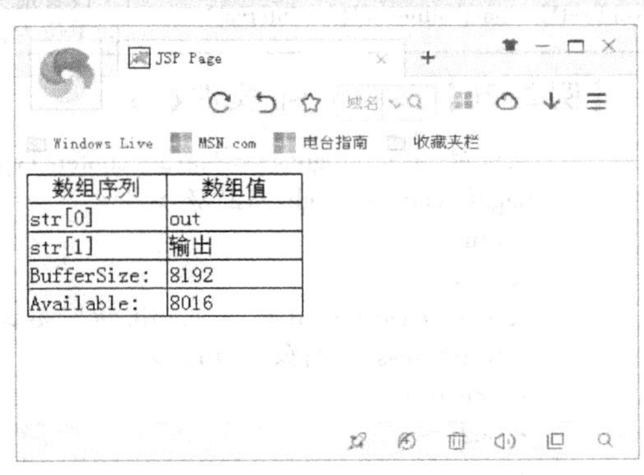

图 2-23　输出 HTML 表格

4. session 对象

在有些应用中，服务器需要不断识别是从哪个客户端发送过来的请求，以便针对用户的状态进行相应的处理。例如，在网上购物中使用的购物车，就需要判定用户是否将某商品放入了自己的购物车，而不是放入了别人的购物车，并且要保证购物车中的商品在用户选购商品过程中不能丢失。如果不断要求用户输入身份确认信息是不可取的方式，session 就是用来处理这种情况的。

session 用来分别保存每一个用户的信息，使用它可以轻易地识别每一个用户，然后针对每个用户的要求给予正确的响应。因此，在网上购物时购物车中最常使用的就是 session。当用户把物品放入购物车时，就可以将用户选定的商品信息存放在 session 中，当需要进行付款等操作时，又可以将 session 中的信息读取出来。

从技术上讲，session 用于指定在一段时间内，某客户与 Web 服务器的一系列交互过程。当一个用户登录网站后，服务器就为该用户创建一个 session 对象。session 一般是由系统自动创建的，大多数情况下处于默认打开的状态。

session 对象的主要方法如表 2-5 所示。

表 2-5　session 对象的主要方法

方　法	说　明
Object getAttribute(String name) Enumer ationgetAttributeNames()	获取指定名称的属性 获取 session 中所有的属性名称
long getCreationTime()	返回当前 session 对象创建的时间。单位是毫秒，从 1970 年 1 月 1 日零时算起
String getId()	返回当前 session 的 ID。每个 session 都有一个独一无二的 ID
long getLastAccessedTime()	返回当前 session 对象最后一次被操作的时间。单位是毫秒，从 1970 年 1 月 1 日零时算起。
int getMaxInactiveInterval()	获取 session 对象的有效时间
void invalidate()	强制销毁该 session 对象
ServletContext getServletContext()	返回一个该 JSP 页面对应的 ServletContext 对象实例
HttpSessionContext getSessionContext()	获取 session 的内容
Object getValue(String name)	取得指定名称的 session 变量值，不推荐使用
String[ ]getValueNames()	取得所有 session 变量的名称的集合，不推荐使用
boolean isNew()	判断 session 是否为新的，所谓新的 session 只是由于服务器产生的 session 尚未被客户端使用
void removeAttribute(String name)	删除指定名称的属性
void pubValue(String name, Object value)	添加一个 session 变量，不推荐使用
void setAttribute(String name, Java. lang. Object object)	设定指定名称属性的属性值，并存储在 session 对象中
void setMaxInactiveInterval(int interval)	设置最大的 session 不活动的时间，若超过这时间，session 将会失效，时间单位为秒

【例 2-26】 session. jsp 文件。

```
<%@ page language="java" contentType="text/html; charset=gb2312"
pageEncoding="gb2312"%>
<html>
<head>
<%@ page import="java.util.*" %>
<title>session 对象</title>
</head>
<body>
<%
    String sessionID = session.getId();
    %>
<H3>
会话标识 Sessionid : <%=sessionID %>
</H3>
<p>
建立时间 Created time
<%= new Date (session.getCreationTime())%>
</p>
<H3>
<p>
原设置一次会话持续的时间 OldMaxInactiveInterval =
<%=session.getMaxInactiveInterval()%>
</p>
```

```
</H3>
<p>
最近访问的时间 LastAccessedtime =
<% =new Date (session. getLastAccessedTime( ))% >
</p>
<p>
是否是新一次的会话 Session New ?
<% = session. isNew( )% >
</p>
<p>
设置会话共享的属性 content = "session example "
<% session. setAttribute ("content ","session example");% >
</p>
<p>
显示原会话共享的属性 content =
<% = session. getAttribute ("content")   % >
</p>
<p>
设置会话新的持续的时间 New MaxInactiveInterval = 10
<% session. setMaxInactiveInterval(10);% >
</p>
</body>
</html>
```

输出结果如图 2-24 所示。

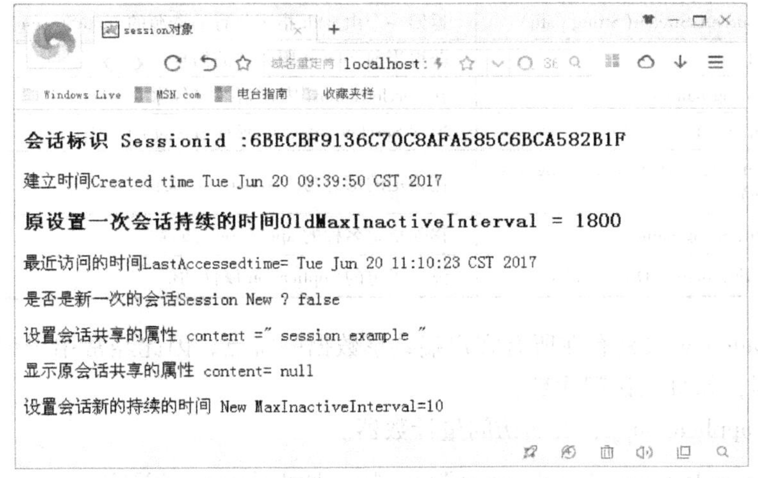

图 2-24 session 对象方法、属性

5. application 对象

当一个客户第一次访问服务器上的一个 JSP 页面时，JSP 引擎创建一个和该客户相对应的 session 对象。当客户在所访问的网站的各个页面之间浏览时，这个 session 对象都是同一个，直到客户关闭浏览器，该 session 对象才被取消，而且不同客户的 session 对象是互不相同的。与 session 对象不同的是 application 对象。服务器启动后，就产生了 application 对象。当一个客户访问服务器上的一个 JSP 页面时，JSP 引擎为该客户分配这个 application 对象，当客户在所访问的网站的各个页面之间浏览时，这个 application 对象都是同一个，直到服务

器关闭，该 application 对象才被取消。与 session 对象不同的是，所有客户的 application 对象是相同的一个，即所有的客户共享这个内置的 application 对象。已知 JSP 引擎为每个客户启动一个线程，也就是说，这些线程共享这个 application 对象。

application 对象的主要方法如表 2-6 所示。

表 2-6　application 对象的主要方法

方　法	说　明
Object getAttribute(String name)	获取指定名称的 application 对象的属性值
Enumer ationgetAttributes()	返回所有的 application 属性
ServletContext getContext(String uripath)	取得当前应用的 ServletContext 对象
String getInitParameter(String name)	返回由 name 指定的 application 属性的初始值
Enumer ationgetInitParameters()	返回所有的 application 属性的初始值的集合
int getMajorVersion()	返回 Servlet 容器支持的 Servlet API 的版本号
String getMimeType(String file)	返回指定文件的 MIME 类型，未知类型返回 null。一般为" text/html" 和" image/gif"
String getRealPath(String path)	返回给定虚拟路径所对应的物理路径
void setAttribute (String name, Java. lang. Object object)	设定指定名字的 application 对象的属性值
Enumer ationgetAttributeNames()	获取所有 application 对象的属性名
String getInitParameter(String name)	获取指定名字的 application 对象的属性初始值
URL getResource(String path)	返回指定的资源路径对应的一个 URL 对象实例，参数要以“/”开头
InputStream getResourceAsStream(String path)	返回一个由 path 指定位置的资源的 InputStream 对象实例
String getServerInfo()	获得当前 Servlet 服务器的信息
Servlet getServlet(String name)	在 ServletContext 中检索指定名称的 Servlet
Enumer ationgetServlets()	返回 ServletContext 中所有 Servlet 的集合
void log (Exception ex, String msg/String msg, Throwablet/String msg)	把指定的信息写入 servlet log 文件
void removeAttribute(String name)	移除指定名称的 application 属性
void setAttribute(String name, Object value)	设定指定的 application 属性的值

由于 application 对象具有在所有客户端共享数据的特点，因此经常用于记录所有客户端公用的一些数据，如页面访问次数。

【例 2-27】 application. jsp 页面访问量计数器。

```
<%@ page language = "java" contentType = "text/html;charset = gb2312" %>
<html>
<head>
<title>网站计数器</title>
</head>
<body>
<%
    if(application. getAttribute("count") == null){
        application. setAttribute("count","1");
        out. println("欢迎,您是第 1 位访客!");
    }
    else{
```

```
            int i = Integer.parseInt((String)application.getAttribute("count"));
            i++;
            application.setAttribute("count",String.valueOf(i));
            out.println("欢迎,您是第"+i+"位访客!");
        }
    %>
    <hr>
    </body>
    </html>
```

运行效果如图 2-25 所示。

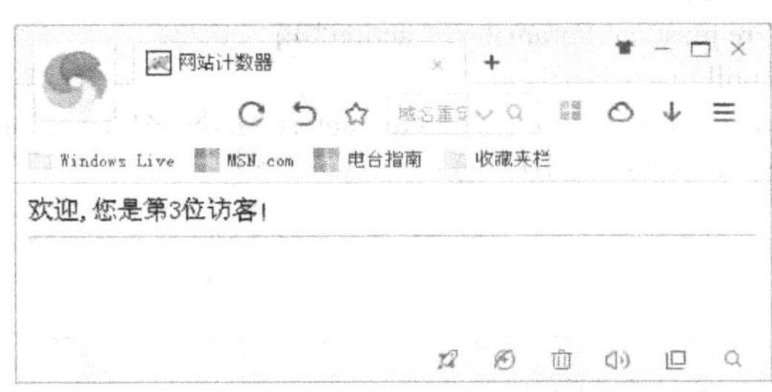

图 2-25　页面计数的效果

在上面的例子中，读者会发现，即使将页面关闭再重新打开，或者从不同客户端浏览器打开该网页，计数器仍然有效。直到重启服务器为止。

📖 有些服务器不直接支持使用 application 对象，必须用 ServletContext 类声明这个对象，再使用 getServletContext()方法对这个 application 对象进行初始化。

---

6. exception 对象

exception 是用来对异常做出相应处理的对象。要使用该内置对象，必须在 page 命令中设定 <%@ page isErrorPage="true"%>，否则编译时会出现错误。

exception 对象的主要方法如表 2-7 所示。

表 2-7　exception 对象的主要方法

方　法	说　明
String getMessage()	返回错误信息
void printStackTrace()	以标准错误的形式输出一个错误和错误的堆栈
void toString()	以字符串的形式返回对异常的描述
void printStackTrace()	打印出 Throwable 及其 call stack trace 信息

当 JSP 引擎在执行过程中发生了错误，JSP 引擎会自动产生一个异常对象，如果这个 JSP 页面指定了另外一个 JSP 页面为错误处理程序，那么该引擎会将这个异常对象放到 request 对象中，传到错误处理程序中去。由于 page 的编译指令 isErrorPage 设置为了 True，那么 JSP 引擎会自动生成一个 exception 对象，这个 exception 对象会从 request 对象所包含的 HTTP 参数中获得。

下面通过一个例子来了解一下这个具体过程。写一个由用户输入除数，计算让 100 作为被除数，并输出计算结果的程序。当用户输入“0”时，则会发生异常。首先创建一个产生异常的计算程序 exceptionsource. jsp，通过指令“errorPage = " exceptionShow. jsp"”指定发生异常时转向特定的错误页面。然后创建这个处理异常的页面 exceptionShow. jsp，用于接收传递的异常信息并显示出来。

【例 2-28】 exceptionsource. jsp 文件。

```
<%@ page errorPage = "exceptionShow. jsp" %>
<%@ page contentType = "text/html;charset = gb2312" %>
<%
    //计算结果
    String result = "";
    //判断是否提交表单
    String action = request. getParameter("action");
    if( action ! = null){
        int n = (new Integer(request. getParameter("number"))). intValue();
        result = String. valueOf(100/n);
    }
%>
<html>
    <head>
        <title>Exception 实例</title>
    </head>
<body>
    <form name = exception method = post action = " exceptionsource. jsp? action = submit" >
        请输入一个数:<input name = "number" value = "" > <input type = submit value = "提交" >
        <br>100 除以该数得:<% = result% >
    </form>
</body>
</html>
```

【例 2-29】 exceptionShow. jsp 文件。

```
<%@ page contentType = "text/html" pageEncoding = "UTF - 8"%>
<%@ page isErrorPage = "true" %>
<! DOCTYPE html>
<html>
<head>
<meta http - equiv = "Content - Type" content = "text/html; charset = UTF - 8" >
<title>JSP Page</title>
</head>
<body>
这里是错误页面的信息:
<br><%
    out. println("exception. toString():");
    out. println(" <br>");
    out. println(exception. toString());
    out. println(" <p>");
    out. println("exception. getMessage():");
    out. println(" <br>");
    out. println(exception. getMessage());
%>

</body>
</html>
```

运行 exceptionsource. jsp 文件后，效果如图 2-26 所示。

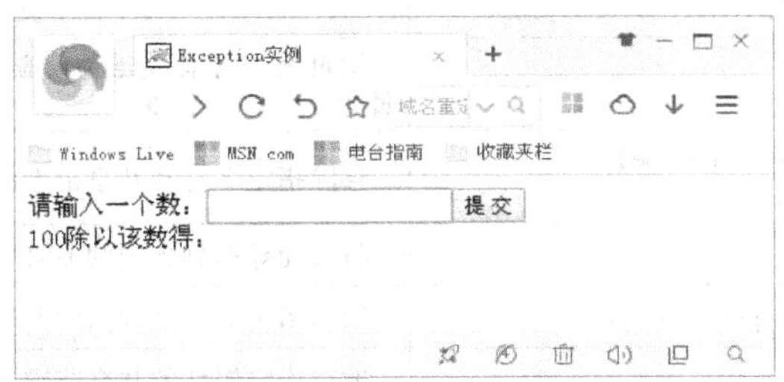

图 2-26　运行计算程序的页面

如果输入“0”并且单击“提交”按钮后，则会自动跳转到错误处理页面，这个页面会显示出异常信息中的内容，如图 2-27 所示。

图 2-27　错误处理页面内容

📖 请读者考虑一下，如果没有进行异常错误处理的设置，在运行页面中输入“0”后，结果会像图 2-27 所示的那样吗？可以动手去掉相关的“errorPage = " exceptionShow. jsp" ”语句或“isErrorPage = "true" ”语句，观察运行效果。

7. pageContext 对象

pageContext 对象用于存储 JSP 页面相关信息，如属性、内建对象等。pageContext 对象是 javax. servlet. jsp. PageContext 类的一个实例。pageContext 对象提供了存取所有关于 JSP 程序执行时所需要用到的属性和方法，如 session、application、config 和 out 等对象属性。对于 pageContext 对象，它的范围是 page。

如果使用会话对象 session，生成的 Servlet 就会包含类似于下面的代码行。

```
HttpSession session = pageContext.getSession();
```

pageContext 对象的主要方法如表 2-8 所示。

表 2-8　pageContext 对象的主要方法

方　法	说　明
void setAttribute(String name, Object value, int scope) void setAttribute(String name, Object value)	在指定的共享范围内设置属性
Object getAttribute(String name, int scope) Object getAttribute(String name)	取得指定共享范围内以 name 为名称的属性值

（续）

方　　法	说　　明
Object findAttribute(String name)	按页面、请求、会话和应用程序共享范围搜索已命名的属性
void removeAttribute(String name, int scope) void removeAttribute(String name)	移除指定名称和共享范围的属性
void forward(String url)	将页面导航到指定的 URL
Enumeration getAttributeNamesScope(int scope)	取得指定共享范围内的所有属性名称的集合
int getAttributeScope(String name)	取得指定属性的共享范围
ErrorData getErrorDate()	取得页面的 errorData 对象
Exception getException()	取得页面的 exception 对象
ExpressionEvaluator getExpressionEvaluator()	取得页面的 expressionEvaluator 对象
JspWriter getOut()	取得页面的 out 对象
Object getPage()	取得页面的 page 对象
ServletRequest getRequest()	取得页面的 request 对象
ServletResponse getResponse()	取得页面的 response 对象
ServletConfig getConfig()	取得页面的 config 对象
ServletContext getServletContext()	取得页面的 servletContext 对象
HttpSession getSession()	取得页面的 session 对象
VariableResolver getVariableResolver()	取得页面的 variableResolver 对象
void include(String url, boolean flush) void include(String url)	包含其他的资源，并指定是否自动刷新
void release()	重置 pageContext 内部状态，释放所有内部引用
void initialize(Servlet servlet, ServletRequest request, ServletResponse response, String errorPageURL, boolean needSession, int bufferSize, boolean autoFlush)	初始化未经初始化的 pageContext 对象
BodyContext pushBody() BodyContext pushBody(Writer writer)	保存当前的 out 对象，并更新 pageContext 中 page 范围内的 out 对象
JspWrite popBody()	取出由 pushBody()方法保存的 out 对象

具体用法请参见下面的例子。

【例 2-30】 pagecontext. jsp 文件。

```
<%@ page import = "java.util.Enumeration" contentType = "text/html;charset = gb2312" %>
<html>
<head>
<title>PageContext 实例</title>
</head>
<body>
<h2>javax.servlet.jsp.PageContext - pageContext</h2>
<% Enumeration enums =
        pageContext.getAttributeNamesInScope(PageContext.APPLICATION_SCOPE);
    while (enums.hasMoreElements()) {
        out.println("application scopr attributes:" + enums.nextElement() + "<br>");
    }
%>
```

```
    </body>
</html>
```

运行文件后，结果如图 2-28 所示。

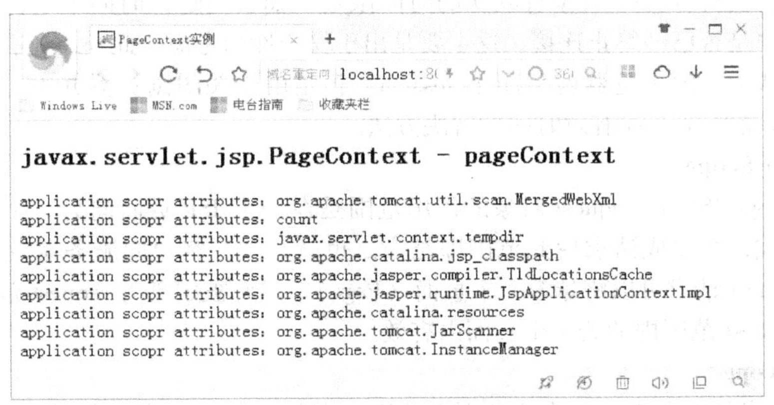

图 2-28 【例 2-30】的运行结果

pagecontext.jsp 的主要作用是：在这个页面中，取得所有属性范围为 Application 的属性名称，然后将这些属性依次显示出来。

pageContext 对象除了提供上述方法外，还有另外两种方法：forward(Sting Path) 和 include(String Path)，这两种方法的功能和之前提到的 <jsp:forward> 与 <jsp:include> 相似，读者可以自行测试一下。

pageContext 还有很多其他方法，JSP 引擎在把 JSP 转换成 Servlet 时经常需要用到 pageContext 对象，但在普通的 JSP 开发中一般很少直接用到该对象。读者只需对 pageContext 有一个简单的理解即可。

2.4.2 内置对象的作用范围

所谓内置对象的作用范围（Scope），是指每个内置对象的某个实例在多长时间和多大范围内有效，即在什么样的范围内可以有效地访问同一个对象实例。JSP 中定义了 4 种作用范围，即 Application、Session、Page 和 Request，它们代表了对象各自的“生命周期”。

1. Application Scope

Application Scope 指定的 applicaiton 对象的作用范围起始于服务器开始运行，application 对象被创建之时；终止于服务器关闭之时。因而在所有的 JSP 内置对象中，application 停留时间最长，任何页面在任何时候都可以访问 Application Scope 的对象，只要服务器还在正常运行。只要将数据存入 application 对象，数据的 Scope 就为 application。但另一方面，由于服务器自始至终都需要在内存中保存 application 对象的实例，因此 application 对象占据的资源是巨大的，一旦 application 对象数量过大，服务器运行效率也会大大降低。

如何正确使用 application 对象，是所有 JSP 开发者必须要把握好的一个问题。

2. Session Scope

Session Scope 是指其作用范围在客户端同服务器相连接的时间段内，直到其连接中断为止。指定的 session 对象作用范围依访问用户的数量和时间而定，每个用户请求访问服务器时一般就会创建一个 session 对象，待用户终止退出后则该 session 对象消失，即用户请求访问服务器时 session 对象开始生效，用户断开退出时 session 对象失效。与 application 对象不同，服务器中可能存在很多 session 对象，但是每个 session 对象实例的 Scope 会相差很大。此外，有些服务器对 session 对象有默认的时间限定，如果超过该时间限制，session 会自动失效而不管用户是否已经终止连接，这主要是出于安全性的考虑。此外，还有一个普遍的错误理解，就是认为关闭浏览器就关闭了 session。正是由于关闭浏览器并不等于关闭了 session，才会出现设置 session 有效时间的解决方法。

3. Request Scope

Request Scope 指定的 request 对象的作用范围是在一个 JSP 页面向另一个 JSP 页面提出请求到请求完成，在完成请求后此范围即结束。也就是说，客户向服务器发起的请求称为 request，该 request 请求可以跨越若干个页面（Page）。因此被定义为 request 范围的 JSP 内置对象可以在 request 范围内的若干个页面内有效。

4. Page Scope

Page Scope 范围内的对象仅在 JSP 页面范围内有效。只能够获取本页的数据，超出 JSP 页面范围则对象无法获取。表 2-9 所示为 Page Scope 的常用存取方法。

表 2-9　Page Scope 的常用存取方法

方　　法	说　　明
setAttribute（name，value）	设置 name 的属性值为 value
getAttributeNames（）	获取所有属性名称
getAttribute（name）	获取属性名为 name 的属性的属性值
removeAttribute（name）	删除属性名为 name 的属性值

需要注意的是，指定属性名称的参数类型为 String 型，而返回的属性值为 java. lang. Object。因此，如果需要其他类型的属性值，需要进一步转换。

2.5　表达式语言——EL

JSP 用于在页面上显示动态内容，通常需要在 JSP 页面中嵌入 Java 脚本以完成复杂功能。但大量的 Java 脚本使得 JSP 页面难以维护。于是，一种类似 JavaScript 的语言——EL 表达式（JSP 表达式语言）可用于在网页上生成动态内容，并代替 JSP 脚本元素的技术被推出。JSP 表达式语言是从 JSP 2. 0 规范开始支持的技术。

2.5.1　基本语法

EL（Expression Language）是 JSP 技术的主要特点之一。Java 社区组织（Java Community Process，JCP）的 JSP 标准标签库专家组和 JSP 2. 0 专家组共同开发了 JSP 表达式语言，其语法如下。

```
${EL expression}
```

其中，$ 是 EL 语法中的输出符号，表示 EL 中表达式的开始；{ 是起始分隔符；EL expression 为指定表达式；} 是结束分隔符。EL 有效表达式可以包含文字、操作符、变量（对象引用）和函数调用等。

1. EL 关键字

如其他语言一样，JSP EL 同样也有一些保留的关键字，这些关键字是不能表示其他含义的。EL 保留的关键字有 16 个，如表 2-10 所示。

表 2-10　EL 关键字

and	gt	true	null	or	lt	false	empty
eq	ge	instanceof	div	ne	not	le	mod

2. 访问运算符“.”和“[ ]”

EL 提供“.”和“[ ]”两种运算符来存取数据。下列两条语句所代表的意思是一样的。

```
${sessionScope.user.age}
```

等于

```
${sessionScope.user["age"]}
```

“.”和“[ ]”也可以同时混合使用，举例如下。

```
${sessionScope.shoppingCart[0].value}
```

这个表达式的含义是回传结果为 shoppingCart 中第一项的 value 属性。

不过，在以下两种情况下，两者会有差异。

1）当要存取的属性名称中包含一些特殊字符时，如“.”或“-”等并非字母或数字的符号，就一定要使用“[ ]”，举例如下。

```
${user.My-Name}
```

上述是不正确的方式，应当改为下列格式

```
${user["My-Name"]}
```

2）“[ ]”运算符比“.”能更好地支持动态取值。例如，${sessionScope.user[data]}，此时，data 是一个变量，假若 data 的值为 sex 时，那么上述例子等于 ${sessionScope.user.sex}。

假若 data 的值为 name 时，它就等于 ${sessionScope.user.name}。因此，如果要动态取值时，就可以用上述方法来进行，但“.”无法做到动态取值。

3. 算术运算

EL 支持通用的算术运算，包括加（+）、减（-）、乘（*）、除（/）和模（%）运算。在 EL 中也可以使用 div 代表除法（/）运算，使用 mod 代表模（%）运算。

在表达式中同样可以使用括号来改变运算的优先顺序，举例如下。

```
${(x + y) * (m - n)}
```

也可以使用减号（-）来表示一个负数。而且在 EL 的除法中，如果除以 0，则返回值为无穷大（Infinity），而不是错误。EL 中也有指数运算符（E）。

EL 的算术运算符的优先顺序如下。

1）括号：()。

2）负号：-。

3）乘、除、模：*，/（div），%（mod）。

4）加、减：+，-。

4. 关系运算

EL 支持关系运算，包括等于（==）、非等于（!=）、小于（<）、大于（>）、不大于（<=）和不小于（>=）等运算。在 EL 中也可以使用 eq、ne、lt、ge、le 和 ge 分别表示上面的关系运算符。

EL 关系表达式的返回值为 boolean 值。例如，表达式 ${x<7}，当 x 小于 7 时返回 true，否则返回 false。

EL 关系运算的优先顺序低于算术运算，其中关系运算符之间的优先顺序如下。

1）<，>，<=，>=。

2）==，!=。

5. 逻辑运算

EL 支持的逻辑运算包括与（&&）、或（||）和非（!）等。在 EL 中可以使用 and、or 和 not 来代替上面的逻辑运算符。下面就是包含逻辑运算的表达式。

```
${x<7 && y>0 || ! z}
```

EL 逻辑运算的优先顺序低于关系运算，其中逻辑运算符之间的优先顺序如下。

1）!（not）。

2）&&（and）。

3）||（or）。

同样，也可以使用括号来改变运算的优先顺序。

6. empty 运算符

EL 中有一个特殊的运算符 empty，如果操作数值为 null 则返回 true，或者操作数本身是一个空的容器、空的数组或长度为 0 的字符串等也返回 true。空容器是指不包含任何元素的容器。

7. 自动类型转换

EL 支持自动类型转换。例如，如果一个 JSP 页面需要处理 request 对象中的属性 attr，以前的处理用代码表示如下。

```
String strAttr = (String)request.getAttribute("attr");
int attrInt = Interger.parseInt(strAttr);
attrInt = attrint + 1;
```

其中，由于 getAttribute()方法返回值的类型为 Object，如果要作为整数使用，需要在代码中进行转换。如果使用 EL 表达式，可以直接使用下面的代码来完成类型自动转换。

```
${param.attr + 1}
```

EL 表达式中自动类型转换的规则如下。

（1）Object 转换为数值

- 如果 Object 为 boolean 类型，出错。
- 如果 Object==null，返回 0。
- 如果 Object=="" ，返回 0。

● 如果 Object 为字符串，且字符串可以转换为数值，则返回数值，否则会出错。

（2）Object 转换为 String

Object 为数值型数据时，依据其值直接转换为字符串，如 100.23 转换为“100.23”。

● 如果 Object == null，返回长度为 0 的字符串：""。

● 如果 Object.toString( )产生异常，会出错，否则返回 Object.toString( )。

可以通过下面的例子来加深了解。

【例 2-31】 el1.jsp 文件。

```
<%@ page language = "java" contentType = "text/html; charset = UTF - 8"
pageEncoding = "UTF - 8"% >
<html>
<head>
<meta http - equiv = "Content - Type" content = "text/html; charset = UTF - 8" >
<title>EL 表达式静态文本</title>
</head>
<body>
<h1>EL 表达式表达式例</h1>
<table border = "1" >
<tr>
<th>运算</th>
<th>EL 表达式</th>
<th>结果</th>
</tr>
<tr>
<td>与</td>
<td>\${true and true} </td>
<td>${true and true} </td>
</tr>
</table>
</body>
</html>
```

📖 JSP 会把 ${xxx} 的内容都认为是 EL 表达式，里边的内容都会被计算，那么，如果只是想输出 ${xxx} 的字符串的话，那么就需要把 ${xxx} 转义。转义有两种方式，一种就与【例 2-31】一样，在 ${xxx} 前加上\，即\ ${xxx}。另一种的写法如 ${'${'}xxx}，表示 xxx 会包含在 ${} 中并作为一个字符串表示。

显示结果如图 2-29 所示。这个例子显示 EL 表达式 ${true and true} 判断 true and true 的结果是 true。

图 2-29　EL 表达式输出

2.5.2　隐式对象

EL 还可以对 JSP 页面的相关信息进行操作，为了方便进行这种操作，EL 提供了 11 个隐式对象，如表 2-11 所示。

表 2-11　EL 隐含对象

变量名称	说　明
pageContext	一个 javax. servlet. jsp. PageContext 类的实例，用来提供访问不同的请求数据
param	一个包含所有请求参数的集合（a java. util. Map），通过每个参数对应一个 String 值的方式赋值
paramValues	一个包含所有请求参数的集合（a java. util. Map），通过每个参数对应一个 String 数组的方式赋值
header	一个包含所有请求的头信息的集合（a java. util. Map），通过每个头信息对应一个 String 值的方式赋值
headerValues	一个包含所有请求的头信息的集合（a java. util. Map），通过每个头信息的值都保存在一个 String 数组的方式赋值
cookie	一个包含所有请求的 cookie 集合（a java. util. Map），通过每一个 cookie（javax. servlet. http. Cookie）对应一个 cookie 值的方式赋值
initParam	一个包含所有应用程序初始化参数的集合（a java. util. Map），通过每个参数分别对应一个 String 值的方式赋值
pageScope	一个包含所有 Page Scope 范围的变量集合（a java. util. Map）
requestScope	一个包含所有 Request Scope 范围的变量集合（a java. util. Map）
sessionScope	一个包含所有 Session Scope 范围的变量集合（a java. util. Map）
applicationScope	一个包含所有 Application Scope 范围的变量集合（a java. util. Map）

1. pageCentext 对象

pageContext 对象引用当前页面的上下文对象 javax. servlet. ServletContex 来表示此 JSP 的 pageContext。在 pageContext 类中有 request，response，session，out 和 servletContext 属性，以及 getRequest( )，getResponse( )，getSession( )，getOut( )和 getServletContext( )等方法。因此 pageContext 可以取得有关用户要求或页面的详细信息，如表 2-12 所示。

表 2-12　pageContext 的方法及属性

格　式	说　明
${pageContext. request. queryString}	取得请求的参数字符串
${pageContext. request. requestURL}	取得请求的 URL，但不包括请求的参数字符串
${pageContext. request. contextPath}	服务的 Web Application 的名称
${pageContext. request. method}	取得 HTTP 的方法（GET，POST）
${pageContext. request. protocol}	取得使用的协议（HTTP/1. 1、HTTP/1. 0）
${pageContext. request. remoteUser}	取得用户名称
${pageContext. request. remoteAddr }	取得用户的 IP 地址
${pageContext. session. creationTime}	判断 session 是否为新的
${pageContext. session. id}	取得 session 的 ID
${pageContext. servletContext. serverInfo}	取得主机端的服务信息

2. param 和 paramValues 对象

使用 param 对象可以访问请求的参数值，而如果一个参数名对应多个值时，就需要使用 paramValues 对象。

下面的语句会输出请求参数的值，如果这个参数不存在，输出空字符串("")而不是 null。

```
${param.attr}
```

下面通过一个实例来了解一下。创建一个 sub.jsp 文件，负责通过表单传输几个参数。然后创建接收参数的文件 param.jsp。这里通过表达式的方式接收并显示出参数的内容。

【例 2-32】 sub.jsp 文件的代码如下。

```
<%@ page language="java" contentType="text/html; charset=gb2312"
pageEncoding="gb2312"%>
<html>
<head>
<meta http-equiv="Content-Type" content="text/html; charset=gb2312">
<title>Param</title>
</head>
<body>
<form method="post" action="param.jsp">
<p>姓名:<input type="text" name="username" size="15" /></p>
<p>密码:<input type="password" name="password" size="15" /></p>
<p>性别:<input type="radio" name="sex" value="Male" checked/>男
<input type="radio" name="sex" value="Female"  />女</p>
<p>年龄:<input type="password" name="age" size="15" /></p>
<p>兴趣:<input type="checkbox" name="habit" value="学习"/>学习
<input type="checkbox" name="habit" value="运动"/>运动
<input type="checkbox" name="habit" value="旅游"/>旅游
<input type="checkbox" name="habit" value="音乐"/>音乐</p>
<p> <input type="submit" value="发送"/>
<input type="reset" value="重置"/></p>
</form>
</body>
</html>
```

这段代码会提交一个表单到 param.jsp 页面，然后该页面会显示用户所选择的内容。处理请求的 param.jsp 页面代码如下。

【例 2-33】 param.jsp 文件。

```
<%@ page language="java" contentType="text/html; charset=gb2312"
pageEncoding="gb2312"%>
<html>
<head>
<title>param</title>
</head>
<body>
<h2>EL 隐含对象 param、paramValues</h2>
<fmt:requestEncoding value="gb2312" />
<% request.setCharacterEncoding("gb2312"); %>
姓名:${param.username}</br>
密码:${param.password}</br>
性别:${param.sex}</br>
年龄:${param.age}</br>
兴趣:${paramValues.habit[0]}  ${paramValues.habit[1]}
</body>
</html>
```

运行第一个页面，输入以下内容，如图 2-30 所示。

图 2-30　sub. jsp 页面

单击“发送”按钮，结果如图 2-31 所示。

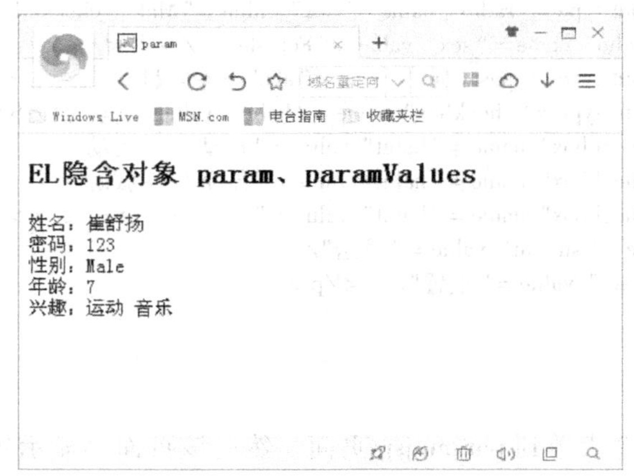

图 2-31　param. jsp 页面

3. header 和 headerValues 对象

header 储存用户浏览器和服务端用来沟通的数据，使用 header 对象可以访问 HTTP 请求的一个具体的 header 值；而 headerValues 对象可以分别访问所有 HTTP 请求的 header 值。

例如，要取得用户浏览器的版本，可以使用 ${header["User-Agent"]}。

也有可能同一标头名称拥有不同的值，此时必须改为使用 headerValues 来取得这些值。

注意：如果属性名中包含非字母和数字字符，只能使用[ ]访问。

4. cookie 对象

隐式对象提供了对由请求设置的 cookie 名称的访问。这个对象将所有与请求相关联的 cookie 名称映射到表示那些 cookie 特性的 cookie 对象，可以快速引用输入的 cookie 对象。

JSTL 并没有提供设定 cookie 的动作，例如，要取得 cookie 中有一个设定名称为 userCountry 的值，可以使用 ${cookie. userCountry}来取得它。

5. initParam 对象

在 EL 中使用 initParam 对象，可以访问 Servlet 上下文的初始参数。例如，一般的方法“String userid = (String) application. getInitParameter("userid");”其实就可以使用 ${init-

Param. userid}来取得名称为 userid 的值。

6. 属性范围

涉及有效范围的 4 个 EL 对象分别是 pageScope，requestScope，sessionScope 和 applicationScope。使用这些对象可以限制变量的有效范围。

例如，下面语句会依次在页面有效、请求有效、会话有效和应用有效范围内查找名称为 attr 的属性对象，并输出第一次碰到的值。

```
${attr}
```

而使用下面语句则只在请求有效范围内查找名称为 attr 的属性对象并输出其值。

```
${sessionScope.attr}
```

2.6 JSP 的标签

2.6.1 标签简介

为了更好地实现业务代码与表示层页面代码的分离，推出了标签。标签就是把一段具体业务的 Java 代码封装起来，然后以标记语言的形式在页面文件中对它进行调用。这样做的好处是可以尽量避免 Java 代码在页面文件中出现，增强了页面文件与 Java 程序的独立性，从而让代码的编写更加灵活和简练。

目前标签有两种形式，一种是标准标签库，另一种是自定义标签。

JSP 标准标签库（JSP Standard Tag Library，JSTL）是一个可以实现 Web 应用程序中常用功能的定制标签库集，这些功能包括迭代和条件判断、数据管理格式化、XML 操作，以及数据库访问等。它就像是一个库函数，是事先定义好的东西，开发者可以直接使用其中的标签。

自定义标签是指用户可以根据自己的业务需求，把一些用 Java 语言写出来的业务程序封装在标签里，形成自己的标签库。通常是将一些重复性的、与特定应用相关的业务逻辑以文档化标记的形式进行调用。这样就最大程度地降低了 JSP 页面的代码含量，提高了 JSP 页面的可维护性。

从标签的使用形式上来看，它是以 XML 形式表示的 JSP 语言元素，可以理解成是对 JSP 标准动作标记的一种扩展。所以，对于习惯使用标记语言的开发者来说，标签是很容易理解和学习的。

2.6.2 标准标签库 JSTL

标准标签库 JSTL 的第一个版本 1.0 发布于 2002 年 6 月。从 1.1 版本开始，它已经成为 Java EE 标准的核心技术规范。之后的 J2EE 1.4 版本规范支持 JSTL 1.1 版本，并要求 Servlet 2.3 和 JSP 1.2 以上版本的 Web 容器都支持标签库。Java EE 5 规范中支持的 JSTL 版本为 1.2，并要求支持 Servlet 2.4 和 JSP 2.0 以上版本的 Web 容器。

自 2009 年以后，JSTL 的版本更新速度开始放慢，到 2015 年才更新了一版。主要问题是开发的重心发生了变化，原有的很多标签已经不推荐使用，剩下的功能也转移到了 Tomcat Taglibs 的标准库的开发上。其实，Sun 公司只给出了 JSTL 的标准接口，其他机构可以根据自己的需求进行具体实现。目前会看到不同的 JSTL 版本就是这个原因。

无论什么版本，一般来讲，标准标签库都需要下载两个安装包：jstl. jar 和 standard. jar。必须把它们放到自己项目的 CLASSPATH 中才可以使用。本书所推荐使用的 NetBeans 工具在安装时会自动安装 JSTL 的标准库，但具体页面使用的标签库需要用指令来调用。

JSTL 包含具体几个类型的标准库，具体如表 2-13 所示。

表 2-13　标准标签库的分类

标记库名称	URI	前　　缀	说　　明
核心标签（core）	http://java. sun. com/jsp/jstl/core	c	核心功能实现，包括变量管理、迭代和条件判断等
格式化标签（I18N）	http://java. sun. com/jsp/jstl/fmt	fmt	国际化，数据格式显示
SQL 标签	http://java. sun. com/jsp/jstl/sql	sql	操作数据库
XML 标签	http://java. sun. com/jsp/jstl/xml	x	操作 XML
JSTL 函数（Fn）	http://java. sun. com/jsp/jstl/functions	fn	常用函数库，包括 String 操作、集合类型操作等

JSP 页面如果需要使用标签库，则需要在每个 JSP 文件的头部包含 <taglib> 标签。具体的格式如下。

```
<%@ taglib prefix = "c" uri = "http://java. sun. com/jsp/jstl/core" %>
```

以上语句是以引入核心标签库为例，所以 prefix 的值为"c"。若需要调用其他库，则设置为不用的前缀，URL 给出表 2-13 中对应的地址即可。下面通过一个实例来了解一下使用标准标签库的一般方法。创建一个名为 jspc1. jsp 的文件，通过核心标签库中的输出标签"<c：out>"向页面输出系统时间。

虽然 NetBeans 已经安装了 JSTL 的相关文件，但具体的项目还要通过添加 jar 文件的形式引入这个库。所以首先应配置环境，展开左侧导航栏中的项目，右击"库"文件夹，在弹出的快捷菜单中选择"添加库"命令，如图 2-32 所示。

在弹出的对话框中寻找名为 JSTL 的库，选中后单击"添加库"按钮。如图 2-33 所示。完成后单击"库"文件夹前面的加号展开内容，会看到这里新添加了前面介绍的两个 jar 文件，如图 2-34 所示。

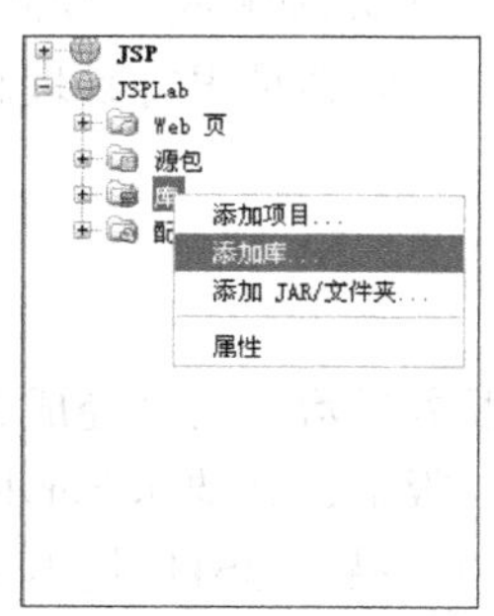

图 2-32　添加库

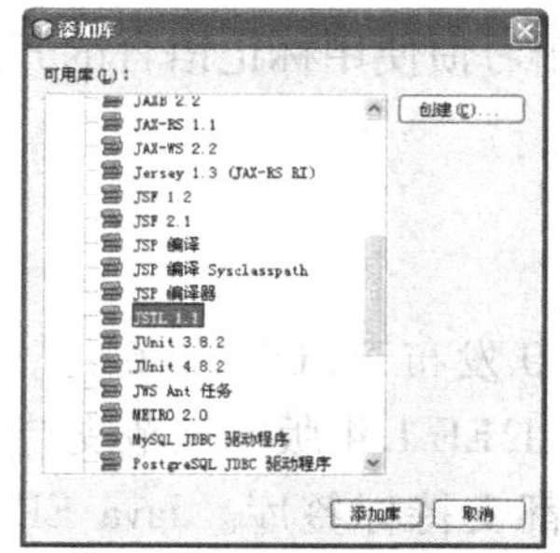

图 2-33　选择 JSTL1. 1 库

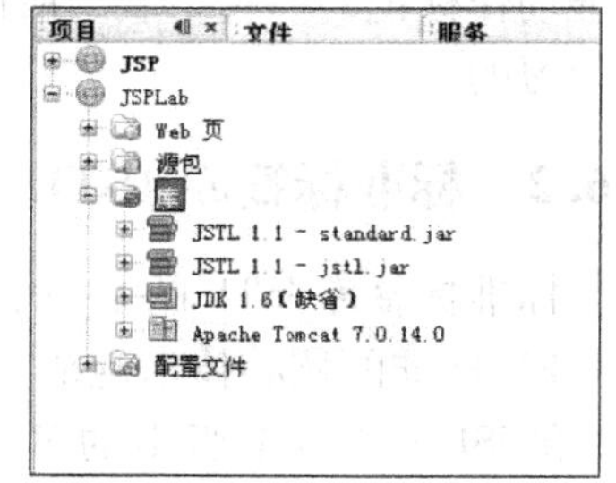

图 2-34　添加后的效果

接下来就可以创建 JSP 文件了，具体代码如下。

【例 2-34】jspc1. jsp 文件。

```
<%@ page contentType="text/html" pageEncoding="UTF-8"%>
<%@ page import="java.util.Date"%>
<%@ taglib uri="http://java.sun.com/jsp/jstl/core" prefix="c"%>
<!DOCTYPE html>
<html>
<head>
<meta http-equiv="Content-Type" content="text/html; charset=UTF-8">
<title>使用 JSTL</title>
</head>
<body>
<jsp:useBean id="date" class="java.util.Date" />
<center><strong><h2><c:out value="${date}"/></h2></strong></center>
</body>
</html>
```

📖 程序中的 <c:out value="${date}"/> 相当于 JSP 中的表达式“<%=%>”的作用。读者可以自行查询标签库中其他标签的形式和功能，这里不再一一介绍了。

运行这个文件后，即可输出系统的时间，效果如图 2-35 所示。

图 2-35　显示时间和日期的页面

虽然目前并不十分推荐使用 JSTL，但是对于它的学习仍有意义。当前流行的大多数基于 Java EE 的开发框架，如 Spring、Struts 等，从自身的开发考虑，都设计了属于自己的标签库。如果读者将来要学习相关框架的开发技术，几乎都会接触到对相关框架自带标签库的使用。因此，这里先做一个知识铺垫，为将来深入学习框架提供一个支持。

2.6.3　自定义标签

自定义标签与标准库标签相比，用户需要自己定义具体标签的内容。前面介绍过，标签内包含的其实是一个 Java 程序应用。因此，要创建一个自定义标签，首先需要建立一个 Java 文件，这个文件就是标签所封装的功能。然后还需要创建一个扩展名为 .tld 的标签库描述符文件，它的作用相当于建立一个自己的标签库，并由它把 Java 文件和具体的标签名关联起来。至此，就完成自定义标签的构建，用户就可以在 JSP 页面中调用自定义标签了。

下面通过一个简单的例子，让读者了解一下具体的过程。首先创建一个名为 SayHi.java 的文件，它的作用是向外输出一句问候语。然后创建 TLD 文件 firstlib.tld，让自定义标签与 Java 文件产生关联，最后创建一个页面文件 hi.jsp 来调用这个标签。

【例 2-35】 SayHi.java 文件。

```
import javax. servlet. jsp. tagext. TagSupport;
import java. io. * ;
import javax. servlet. jsp. JspWriter;
public class SayHi extends TagSupport {
    @ Override
    public int doStartTag( ) {
     try {
            //使用 JSPWriter 获得 JSP 的输出对象
            JspWriter JSPWriterOutput  =  pageContext. getOut( ) ;
            JSPWriterOutput. print( " 你好,这是来自 Java 程序的问候!" ) ;
        } catch ( IOExceptionioEx)
        { System. out. println( " IOException in HelloTag" + ioEx) ; }
        return ( SKIP_BODY) ;
    }
    public int doEndTag( ) {   return EVAL_PAGE; }
}
```

创建 TLD 文件时，右击项目名，在弹出的快捷菜单中选择“其他”命令，然后在弹出的对话框中设置“类别”为 Web，“文件类型”为“标记库描述符”，如图 2-36 所示。

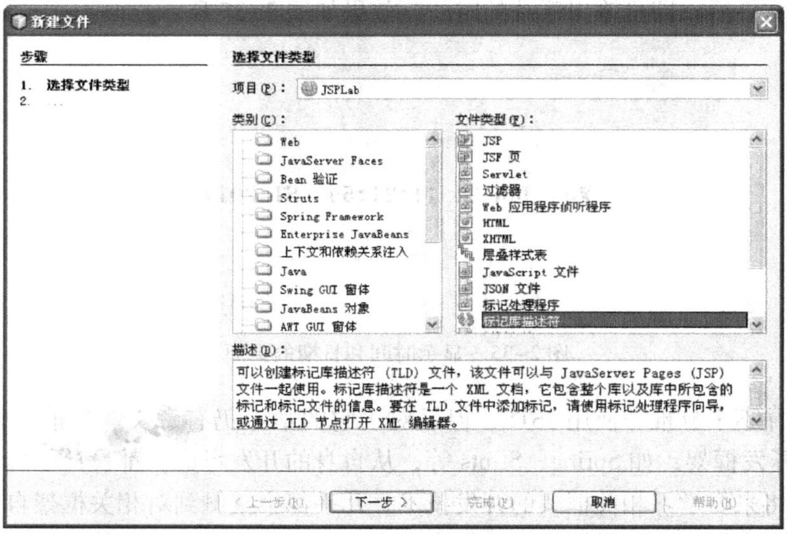

图 2-36　选择文件类型

单击“下一步”按钮，在弹出的对话框做进一步设置。在“TLD 名称”文本框中输入 firstlib。请读者注意，NetBeans 工具默认会把此类文件保存在/WEB - INF/tlds 文件夹下，如图 2-37 所示。完成设置后，单击“完成”按钮，创建完毕。

完成后，系统会自动打开这个 TLD 文件，请在打开的文件中加入下列代码。

```
<tag>
<name>sayHi</name>
<tag-class>cy. tag. SayHi</tag-class>
<body-content>empty</body-content>
<small-icon></small-icon>
```

```
<large-icon></large-icon>
<description></description>
<example></example>
</tag>
```

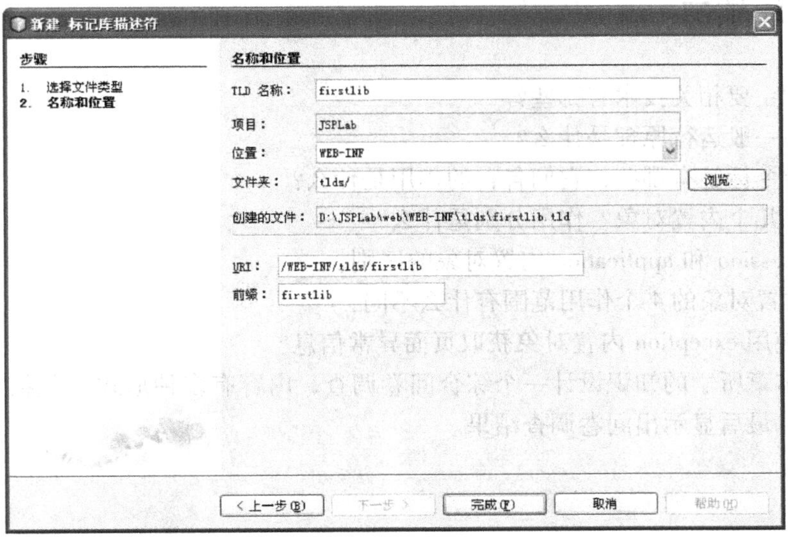

图 2-37　确定名称和位置

最后，创建一个页面文件 hi. jsp 来调用这个标签。

【例 2-36】 hi. jsp 文件。

```
<%@ taglib uri="/WEB-INF/tlds/firstlib.tld" prefix="hi" %>
<html>
<head><title>Hello Tags Page</title></head>
<body>
<center>
<h1>直接引用标记库示例</h1>
<hi:sayHi/>
</center>
</body>
</html>
```

最后的运行结果如图 2-38 所示。

图 2-38　对自定义标签的调用

上面仅仅是一个简单的调用实例。读者可以尝试在 Java 文件中，加入更多的处理程序，再通过页面来进行调用。在实际工作中，自定义标签所能做的事情很多。由于篇幅所限，这里就不再详细展开，有兴趣的读者可以自行查阅相关的资料。

2.7 思考与练习

1）JSP 的主要相关技术有哪些？

2）JSP 的一般运行原理是什么？

3）JSP 指令标签有哪些，它们各自的作用是什么？

4）JSP 有几个内置对象？作用分别是什么？

5）简述 session 和 application 内置对象的区别。

6）JSP 内置对象的 4 个作用范围有什么不同？

7）如何使用 exception 内置对象获取页面异常信息？

8）利用本章所学的知识设计一个综合问卷调查，内容有多种形式（包括单选、多选和输入文字等），最后显示出问卷调查结果。

第 3 章　JavaBean

JavaBean 是描述 Java 的软件组件模型，类似于 Microsoft 的 COM 组件。在 Java 模型中，通过 JavaBean 可以无限扩充 Java 程序的功能，通过 JavaBean 的组合可以快速生成新的应用程序。对于程序员来说，JavaBean 最大的优点就是可以实现代码的重复利用，另外对于程序的易维护性等也有重大意义。

3.1　JavaBean 概述

3.1.1　JavaBean 简介

JavaBean 是一个 Java 组件模型，它为使用 Java 类提供了一种标准格式，在用户程序和可视化管理工具中可以自动获得这种具有标准格式的类的信息，并能够创建和管理这些类。本节主要介绍 JavaBean 的概念，以及它的属性、事件和方法等。

1. JavaBean 产生的背景

软件组件就是指可以进行独立分离、易于重复使用的软件部分。JavaBean 就是一种基于 Java 平台的软件组件思想，也是一种独立于平台和结构的应用程序编程接口（API）。JavaBean 保留了其他软件组件的技术精华，并增加了被其他软件组件技术忽略的技术特性，使得它成为完整的软件组件解决方案的基础，并在可移植的 Java 平台上方便地用于网络世界中。

2. JavaBean 的基本概念

JavaBean 是用 Java 语言描述的软件组件模型，其实际上是一个类。这些类遵循一个接口格式，便于开发者完成函数命名、类的继承或实现等行为，相当于把类看作标准的 JavaBean 组件来进行构造和应用。

JavaBean 一般分为可视化组件和非可视化组件两种。可视化组件可以是简单的 GUI 元素（如按钮或文本框），也可以是复杂的元素（如报表组件）；非可视化组件没有 GUI 表现形式，用于封装业务逻辑、数据库操作等。其最大的优点在于可以实现代码的可重用性。

虽然 JavaBean 和 Java 之间已经有了明确的界限，但是在某些方面 JavaBean 和 Java 之间仍然存在容易混淆的地方，例如重用，Java 语言可以为用户创建可重用的对象，但它没有管理这些对象相互作用的规则或标准；用户可以使用在 Java 中预先建立好的对象，但这要求程序员必须在代码层次上接口编程，这需要具备比较丰富的知识。而对于 JavaBean，用户可以在应用程序构造器工具中使用各种 JavaBean 组件，而无须编写任何代码。JavaBean 同时使用多个组件而不考虑其初始化情况的功能是对当前 Java 模型的重要扩展，即 JavaBean 是在组件技术上对 Java 语言的扩展。

JavaBean 是可复用的平台独立的软件组件，开发者可以在软件构造器工具中对其直接进行可视化操作。在上面的定义中，软件构造器可以是 Web 页面构造器、可视化应用程序构造器、GUI 设计构造器或服务器应用程序构造器。而 JavaBean 可以是简单的 GUI 要素，如按钮和滚动条；也可以是复杂的可视化软件组件，如数据库视图。有些 JavaBean 是没有 GUI 表现形式的，但这些 JavaBean 仍然可以使用应用程序构造器可视化地进行组合。

一个 JavaBean 和一个 Java Applet 很相似，是一个非常简单的遵循某种严格协议的 Java 类。JavaBean 具有 Java 语言的所有优点，如跨平台等，但它又是 Java 在组件技术方面的扩展，所以说在很多方面它与 Java Applet 很像，同时也是 Java 在浏览器端程序方面的扩展。此外，它们都是严格遵循某种协议的 Java 类，它们的存在都离不开 Java 语言的强大支持。

3. JavaBean 的属性、事件和方法

基本上 JavaBean 可以看成是一个黑盒子，即只需要知道其功能而不必理会其内部结构的软件设备。黑盒子只介绍和定义其外部特征，以及与其他部分的接口，如按钮、窗口、颜色和形状等。作为一个黑盒子的模型，可以把 JavaBean 看成是用于接受事件和处理事件以便进行某个操作的组件建筑块。一个 JavaBean 由属性、方法和事件 3 部分组成。

（1） 属性（Properties）

JavaBean 提供了抽象层次更高的属性概念，这不同于普通类中的成员属性的概念。此外，它通过进一步的封装，对于属性的读取与写入也采取了通用方法。属性值通过对应的 bean 方法进行调用。例如，某个 bean 属性的值，一般需要调用 String getName( ) 方法来进行读取，类似的，如果要写入属性值也需要调用 void setName（String str）的方法来完成。

JavaBean 属性都有简单的方法命名规则，这样应用程序的构造器和最终用户才能找到 JavaBean 提供的对应属性，然后通过给定的通用方法来查询或修改属性的值，完成对 bean 的编辑。

（2） 方法（Method）

JavaBean 中的方法与普通类中的方法是一样的，它可以从其他组件或在脚本环境中调用。一般情况下，所有 bean 的公有方法都必须可以被外部调用。当然，JavaBean 本身也是一个 Java 的对象，通过调用这个对象的初始化方法和相关的公用方法是与其交互作用的唯一途径。此外，JavaBean 严格遵守面向对象的类设计逻辑，通过 private 的私有化封装，不让外部世界直接访问它的成员属性。所以，公用方法的调用就是接触 bean 的唯一途径。

（3） 事件（Event）

bean 与其他软件组件进行数据交互的主要手段是发送和接收事件。这里的事件指的是为 JavaBean 组件提供一种发送通知给其他组件的方法。在 AWT 事件模型中，事件源通过注册，完成事件监听器对象的创建。当事件源检测到发生了某种事件时，与它对应的事件监听器对象会选择一个适当的事件处理方法来处理这个事件。

3.1.2 JavaBean 的特征

JavaBean 指定的组件模型规定了 bean 的如下特征。

1） 内省：使组件可以发表其支持的操作和属性的机制，也是支持在其他组件中（如 bean 的开发工具）发现这种机制的机制。

2） 属性：在设计 bean 时可以改变的外观和行为特征。开发工具通过对 bean 进行内省来获知其属性，进而发布其属性。

3）定制：bean 通过发布其属性使其可以在设计时被定制。有两种方法支持定制：通过使用 beans 的属性编辑器，或者是使用更复杂的 bean 定制器。

4）通信：bean 之间通过事件互相通信。开发工具可以检测一个 bean 接收和引发的事件。

5）持续：使 bean 可以存储和恢复其状态。一个 bean 的属性被修改以后，可以通过对象的持续化机制保存下来，并可以在需要时恢复。

3.1.3 JavaBean 的特征实现

JavaBean 是一个 Java 模型组件，为使用 Java 类提供了一种标准格式，在用户程序和可视化管理工具中可以自动获得这种具有标准格式的类的信息，并能够创建和管理这些类。JavaBean 可以使应用程序更加面向对象，可以把数据封装起来，把应用的业务逻辑和显示逻辑分离开。

（1）属性

bean 的属性用于描述其外观或者行为特征，如颜色、大小等。属性可以在运行时通过 get/set 方法取得和设置。最终用户可以通过特定属性的 get 和 set 方法对其进行改变。例如，对于 bean 的颜色属性，最终用户可以通过 bean 提供的属性对话框改变这个颜色属性。颜色的改变实际上是通过下面的方法实现的。

```
public Color getFillColor( );
public void setFillColor( Color c);
```

这种基本的 get 和 set 方法命名规则定义的属性称为简单属性。简单属性中有一类用 boolean 值表示的属性，称为布尔属性。

JavaBean API 还支持索引属性，这种属性与传统 Java 编程中的数组非常类似。索引属性包括几个数据类型相同的元素，这些元素可以通过一个整数索引值来访问，因此称为索引属性。属性可以索引成支持一定范围的值，这种属性属于简单属性。索引用 int 指定。索引属性有 4 种访问方式，其数值数组可以一个元素访问，也可以整个数组访问。

```
public void setLabel( int index,String label);
public String getLabel( int index);
public void setLabel( String [ ]labels);
public String [ ]getLabels( );
```

与标准的 Java 数组类似，索引值可能会在索引属性数组的范围之外。这时，用于操作索引属性的访问者方法一般是抛出一个 ArrayIndexOutOfBoundsException 运行环境异常，这个异常与标准 Java 数组索引超出范围时执行的行为相同。

与简单属性相对的是关联属性和限制属性。这两种属性在运行或者设计时被修改后，可以自动地通知外部世界，或者有能力拒绝被设置为某个数值的属性。关联属性在属性发生改变时向其他 beans 和容器发出通知。关联属性在发生改变时产生一个 PropertyChangeEvent 事件，传递给所关联的注册了 PropertyChangeListener 的听众。可以通过下述方法注册或撤销多路广播事件听众。

```
public void addPropertyChangeListener( PropertyChangeListener l);
public void removePropertyChangeListener( PropertyChangeListener l);
```

PropertyChangeListener 是一个接口，当相关的外部部件需要与一个属性相关联时，它必须调用 addPropertyChangeListener( )方法提供一个合适的实现了 PropertyChangeListener 接口的对象。PropertyChangeListener 接口用于报告关联属性的修改，尤其是当一个关联属性值发生变化时，就调用所有注册的 PropertyChangeListener 接口上的 propertyChange( )方法。这个方法接受一个 PropertyChangeEvent 对象，这个对象包含了关于要修改的特定属性的信息，以及其新值和旧值。

JavaBean API 还支持另一种方法用于注册监听器与特定的关联属性。如果一个 bean 开发者要在单个属性基础上提供监听器注册，他必须为每个这样的属性提供一对方法：add< PropertyName> Listener( )和 remove< PropertyName> Listener( )。这对方法工作起来类似于前面介绍的那对全局事件监听器注册方法，只是这两个方法仅用于特定的属性。下面的例子中定义了一个名为 Name 的关联属性的这两个方法。

```
public void addNameListener( PropertyChangeListener l) ;
public void removeNameListener( PropertyChangeListener l) ;
```

当 bean 外部相关部件要将其本身注册到 Name 属性上时，只需简单地调用 addNameListener( )方法来注册它本身。当 Name 属性修改时，会通过调用 propertyChange( )方法发送一个通知给事件监听器。这种情况与前面介绍的一样，只是这里的监听器只接收关于 Name 属性的通知。

限制属性是内部验证的，如果不合格会被拒绝。用户可以通过异常获知拒绝的属性。限制属性用 VetoableChangeListener 接口验证改变。可以用下列方法注册或撤销该接口。

```
public void addVetoableChangeListener( VetoableChangeListener v) ;
public void removeVetoableChangeListener( VetoableChangeListener v) ;
```

限制属性和关联属性的处理机制很类似，当属性的修改值到达监听器时，监听器可以通过抛出 PropertyVetoException 异常选择拒绝属性的修改。如果抛出了一个异常，这个 bean 就要负责处理这个异常并恢复这个限制属性的原来的值。

与关联属性类似，限制属性也支持单个属性的事件监听方法。举例如下

```
public void addNameListener( VetoableChangeListener l) ;
public void removeNameListener( VetoableChangeListener l) ;
```

（2）内省和定制

bean 通常被开发成一般化的组件，由开发人员在建立应用程序时配置。这是通过 JavaBeans API 伴随的两种 Java 技术来实现的。一种是 Java 反映 API，是一组用于透视类文件和显示其中的属性和方法的类。另一种是 Java 串行化 API，用于生成类的永久存储，包括其当前状态。这两种技术使 beans 可以用建立工具探索和显示，并修改和存放起来供特定应用程序使用。

JavaBean 的内省过程显示 bean 的属性、方法和事件。内省过程实际上很简单，如果有设置或取得属性类型的方法，则假设 bean 有该属性，可以采用如下方法。

```
public &lt;PropertyType&gt; get&lt;PropertyName&gt;( ) ;
public void set&lt;PropertyName&gt;( &lt;PropertyType&gt; p) ;
```

如果只发现了一个 get 和 set 方法，则确定 PropertyName 为只读或只写。

除了上述这种内置的内省和定制方法外，JavaBean API 还提供了显示的接口 BeanInfo，

用于显示 bean 的属性、事件、方法和各种全局信息。可以通过实现 BeanInfo 接口定义自己的 bean 信息类。

```
public class myBeanInfo implements BeanInfo. .
```

BeanInfo 接口提供了一系列访问 bean 信息的方法，bean 开发者还可以提供 BeanInfo 类用于定义 bean 信息的专用描述文件。

（3）持续

JavaBean 是依赖于状态的组件，状态可能因为运行时或开发时的一些动作而发生改变。当 bean 的状态改变时，设计人员可以保存改变的状态，这种机制称为 JavaBean 的持续。

JavaBean 状态的持续可以通过 Java 对象的串行化机制自动保存，也可以由设计者通过定制其串行化控制 bean 对象的状态的保存。

（4）事件

JavaBean 通过传递事件在 bean 之间通信。bean 用一个事件告诉另一个 bean 采取一个动作或告诉其状态发生了改变。事件从源听众注册或发表，并通过方法调用传递到一个或几个目标听众。

JavaBean 的事件模型类似 AWT 的事件模型。JavaBean 中的事件模型是用事件源和事件目标定义的。事件源就是事件的启动者，由它触发一个或多个事件目标。事件源和事件目标建立一组方法，用于事件源调动事件听众。

3.1.4 创建一个 JavaBean 文件

前面已经介绍过，JavaBean 其实就是一个类，只不过这个类的内部有比较规范的要求和规定，其目的是提高类的封装性。所以创建一个 JavaBean 也比较容易，只要符合几个规则即可。

首先，这个类的所有成员属性必须是私有的；其次这些成员属性的读取与设置必须通过 get 和 set 方法来完成；最后，它的构造函数不带任何参数。只要符合这 3 个条件，就可以把一个类当作 JavaBean 来使用。

创建一个新的 JavaWeb 项目，名为 JavaBeanLab，然后在这个项目下创建一个 Java 类文件，名为 StaffInfo. java。创建文件的同时创建一个存放 Java 文件的包，名为 cy. bean。在创建好的文件中添加以下几个成员属性。

```
private String staffID;
private String name;
private int age;
private boolean sex;
private String branch;
```

接下来需要创建对应的 get 与 set 方法。使用 NetBeans 工具无须手动完成这些内容的编码，只需要把鼠标放到文件的编码区域并右击，在弹出的快捷菜单中选择“插入代码”命令，如图 3-1 所示。

然后会弹出一个菜单，选择“getter 和 setter”选项，如图 3-2 所示。此时会弹出“生成 getter 和 setter”对话框，选中所有的选项，如图 3-3 所示，然后单击“生成”按钮。

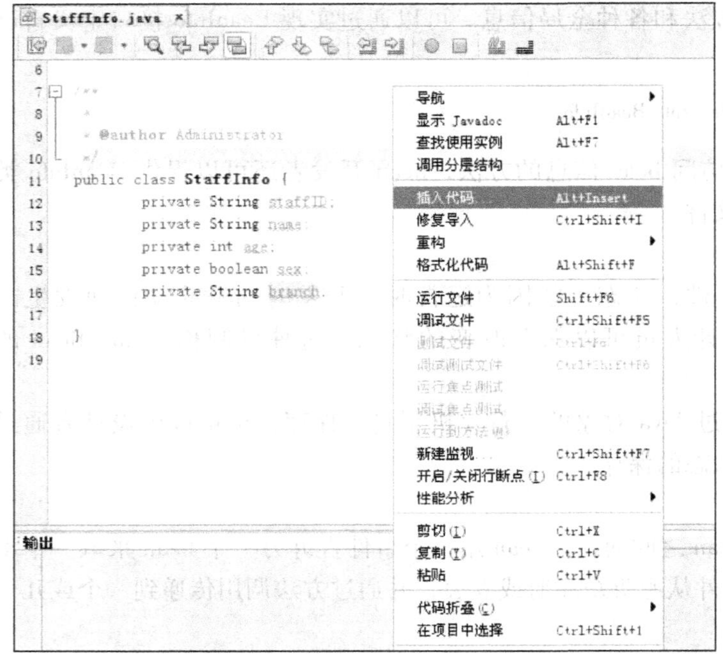

图 3-1　选择“插入代码”命令

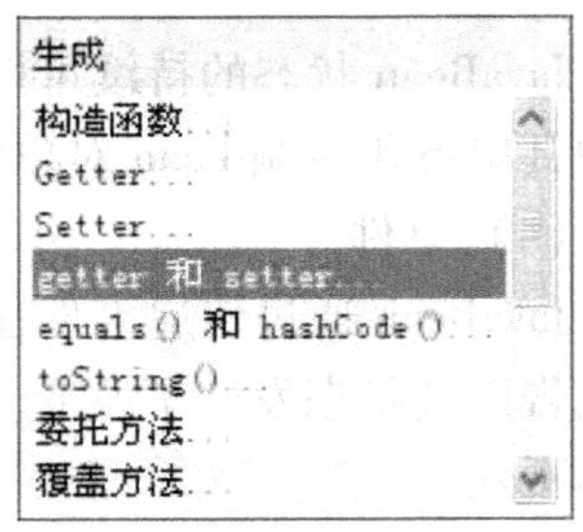

图 3-2　选择生成的方法

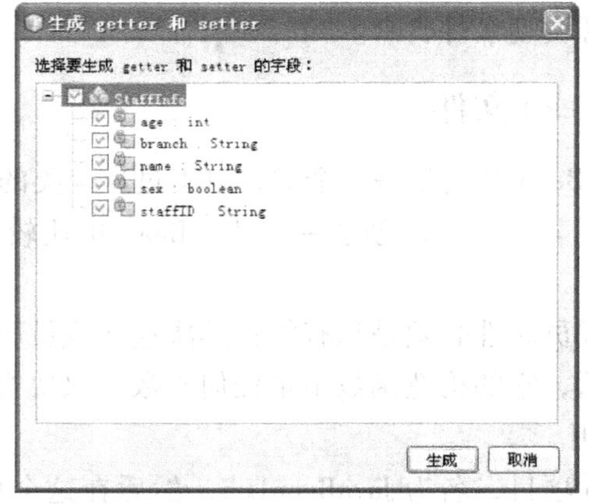

图 3-3　“生成 getter 和 setter”对话框

至此，一个符合 JavaBean 要求的类文件就创建完毕了，不带参数的构造函数无须专门创建。因为系统默认就会给这个类创建一个不带参数的构造函数。不过，为了便于学习和测试，在这些代码的最后加入了一个不带参数的构造函数，里面初始化了成员属性的值，并添加了一个 main( )方法。其主要目的是测试创建的效果。该文件的完整代码如下。

【例 3-1】 StaffInfo. java 文件。

```
public class StaffInfo {

        //创建员工基本属性信息
        private String staffID;
        private String name;
```

```
    private int age;
    private boolean sex;
    private String branch;

    //构造访问员工属性的 getter 和 setter 方法
    public int getAge() {
        return age;
    }

    public void setAge(int age) {
        this.age = age;
    }

    public String getBranch() {
        return branch;
    }

    public void setBranch(String branch) {
        this.branch = branch;
    }

    public String getName() {
        return name;
    }

    public void setName(String name) {
        this.name = name;
    }

    public boolean isSex() {
        return sex;
    }

    public void setSex(boolean sex) {
        this.sex = sex;
    }

    public String getStaffID() {
        return staffID;
    }

    public void setStaffID(String staffID) {
        this.staffID = staffID;
    }
    //通过不带参数的构造函数初始化信息
    public StaffInfo() {
        name = "崔舒扬";
        sex = true;
        age = 25;
        branch = "无";
    }
```

```
    //创建一个 main()方法,实例化一个类对象
    public static void main(String[] args)
    {
        StaffInfo a = new StaffInfo();
            a.setAge(27);
            a.setStaffID("1001");
            a.setName("杜鹏");
            a.setSex(false);
            a.setBranch("时政部");
        String sSex;
            System.out.println("员工信息为: ");
            System.out.println("姓名:" + a.getName());
            if(a.isSex())sSex = "男";
            else sSex = "女";
            System.out.println("性别:" + sSex);
            System.out.println("部门:" + a.getBranch());
            System.out.println("年龄:" + a.getAge());
    }
}
```

直接运行这个文件，可以在 NetBeans 窗口下方的服务器输出窗口中看到上面代码中的输出语句，如图 3-4 所示。

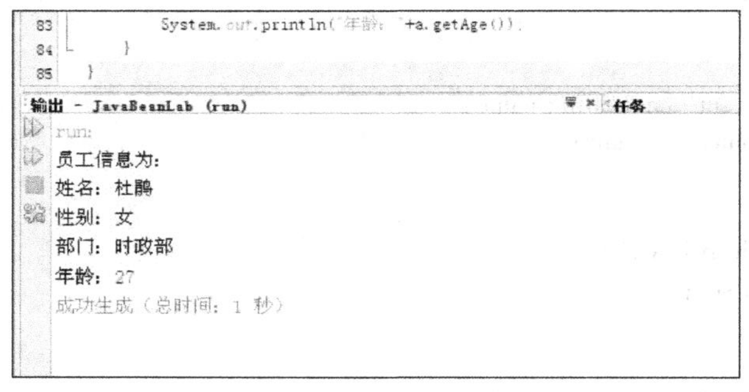

图 3-4　运行文件的输出信息

3.2　JavaBean 在 JSP 中的应用

3.2.1　JSP 的标签

到目前为止，已经创建好了一个 JavaBean 文件。那么如何调用它？由于本书是关于 Java EE 范畴内的技术，假设开发类型是基于 Web 应用的项目，所以这里只讨论在动态页面即 JSP 文件中如何调用 JavaBean。

JSP 技术提供了 3 个关于 JavaBean 组件的动作元素，分别为 <jsp:useBean>标签、<jsp:setProperty>标签和<jsp:getProperty>标签。

（1）<jsp:useBean>标签

<jsp:useBean>标签用于在 JSP 页面中查找或实例化一个 JavaBean 组件。

```
<!-- 实例化一个 bean -->
<jsp:useBean id="person" class="cn.itcast.Person"
scope="page"></jsp:useBean>
<%
    System.out.println(person.getName());
%>
```

其中 scope 用于指定域，可以指定 request、session、page（pageContext）和 application 这 4 个域，默认是 page，即 pageContext 域。而 JavaBean 一般通过 request 域传递 JSP 文件。其常用语法如下。

```
<jsp:useBean id="beanName" class="package.class" scope="request"/>
```

id 属性用于指定 JavaBean 实例对象的引用名称和其存储在域范围中的名称。class 属性用于指定 JavaBean 的完整类名（必须带包名），最终会被翻译到 servlet 中去。

带标签体的 <jsp：useBean> 标签如下所示。

```
<jsp:useBean>
    body
</jsp:useBean>
```

这种情况下，body 部分的内容只在此标签创建 JavaBean 的实例对象时才执行，创建 JavaBean 之后则表示 JavaBean 已存在，body 内容也就不会显示了。

（2） <jsp:setProperty> 标签

<jsp:setProperty> 标签用于在 JSP 页面中设置一个 JavaBean 组件的属性。其语法格式如下。

```
<jsp:setProperty name="beanName"
{
    property="propertyName" value="{String|<%=expression%>}"或
    property="propertyName"[param="parameterName"]或
    property="*"
}/>
```

其中 name 属性用于指定 JavaBean 对象的名称；property 属性用于指定 JavaBean 实例对象的属性名；value 属性用于指定 JavaBean 对象的某个属性的值，value 的值可以是字符串，也可以是表达式。如果 value 的值是字符串，该值会自动转化为 JavaBean 属性相应的类型；如果 value 的值是一个表达式，那么该表达式的计算结果必须与所有要设置的 JavaBean 属性的类型一致。举例如下。

```
<jsp:setProperty name="person" property="name" value="xxx"/>
<jsp:setProperty name="person" property="age" value="123"/> <!-- 自动将字符串
转换成了 int -->
```

param 属性用于将 JavaBean 实例对象的某个属性值设置为一个请求参数值，该属性值同样会自动转换成要设置的 JavaBean 属性的类型。可以将 8 种基本数据类型和字符串相互转换，但是对于复杂类型则不能转换，举例如下。

```
<jsp:setProperty name="person" property="birthday" value="2017-6-24"/>
<!--不能自动将字符串转换成了 Date 型 -->
```

但是可以通过以下方式完成日期型数据的转换。

```
<jsp:setProperty name = "person" property = "birthday" value = "<% = new Date() %>"/>
```

（3） <jsp:getProperty>标签

<jsp:getProperty>标签用于在 JSP 页面中获取一个 JavaBean 组件的属性，举例如下。

```
<jsp:getProperty name = "person" property = "name"/>
<jsp:getProperty name = "person" property = "birthday"/>
```

该语句运行时，将输出 birthday。

3.2.2 调用的基本形式

在 3.1.4 节中已经创建了一个 JavaBean 文件，这里就调用这个文件中的有关信息。创建一个 JSP 文件，名为 useJavaBean.jsp。通过这个页面文件实例化 JavaBean，生成类对象后，显示有关的信息，并做一定的修改。这个 JSP 文件的代码核心部分如下。

【例 3-2】 useJavaBean.jsp 文件的核心代码。

```
 …
 <html>
 <head>
 <meta http-equiv = "Content-Type" content = "text/html; charset = UTF-8">
 <title>调用 JavaBean</title>
 </head>
 <body>
 <!--实例化一个 JavaBean 的类-->
 <h2><jsp:useBean id = "staff" scope = "page" class = "cy.bean.StaffInfo" />
通过标记获取 JavaBean 中的属性:<br>
员工编号:<jsp:getProperty name = "staff" property = "staffID"/><br>
员工姓名:<jsp:getProperty name = "staff" property = "name"/><br>
员工部门:<jsp:getProperty name = "staff" property = "branch"/><br>
员工年龄:<jsp:getProperty name = "staff" property = "age"/><br><br>

 <!--通过标记修改 JavaBean 的属性值-->
 <jsp:setProperty name = "staff" property = "staffID" value = "1001" />
 <jsp:setProperty name = "staff" property = "name" value = "杜鹃" />
 <jsp:setProperty name = "staff" property = "branch" value = "时政部" />
 <jsp:setProperty name = "staff" property = "age" value = "27" />
修改后的信息:<br>
员工编号:<jsp:getProperty name = "staff" property = "staffID"/><br>
员工姓名:<jsp:getProperty name = "staff" property = "name"/><br>
员工部门:<jsp:getProperty name = "staff" property = "branch"/><br>
员工年龄:<jsp:getProperty name = "staff" property = "age"/></h2>
 </body>
 </html>
 …
```

运行该文件，会得到如图 3-5 所示的效果。

在上面的 JSP 文件中，通过 <jsp:useBean id = "staff" scope = "page" class = "cy.bean.StaffInfo"/>语句完成了类的实例化，生成了一个名为 staff 的对象。这里等价于 Java 语句中的“cy.bean.StaffInfo staff = new StaffInfo();”。标签中第一次获取的员工的编号

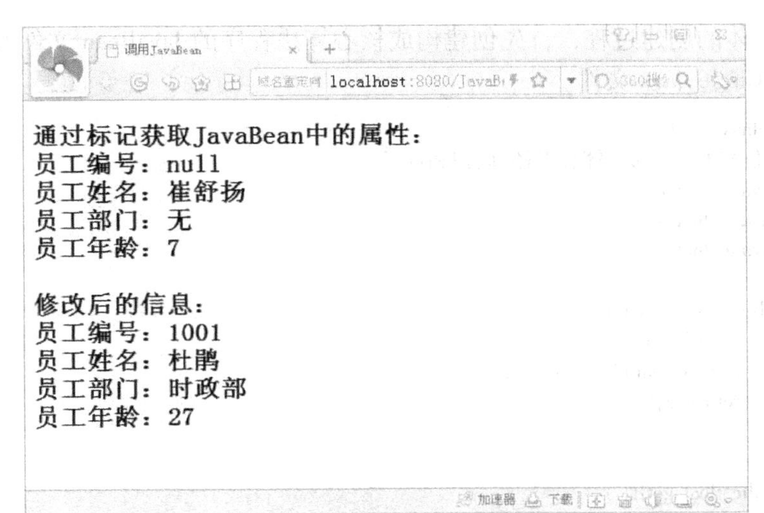

图 3-5　运行后显示的信息

为空，是因为 JavaBean 文件中的构造函数并没有初始化这个属性，因此得到的是 null 值。

请读者考虑一个问题，既然在上面的文件中已经实例化了一个 staff 对象，那么可否使用表达式或 Java 的输出语句完成对页面的输出呢？例如下面的代码。

```
<% =staff.getName()% >
<% out.println(staff.getName()); % >
```

答案是肯定的。虽然 JavaBean 的调用是以标记的方式出现的，但实质上就是实例化了一个类。所以，前面学过的有关于类对象调用的方式，这里也都可以用。那么，既然有了前面的输出方法，为什么还要通过标签的方式调用，还要定义 JavaBean 文件呢？

这主要是基于 MVC 编程模式的思想。在第一章中已经做了相关介绍，在企业开发中，表示层与业务层及数据持久层的分离是一个基本的原则。JSP 技术中，引入动作标记的目的是为了让 JSP 作为表示层的文件，尽量保持一个简洁、统一风格的编程形式。JavaBean 的引入，可以让完全不懂 Java 语言的网页工程师通过标记语言的形式，完成对 Java 类文件的调用，这就是它存在的主要意义之一。因此，在能够使用标记语言调用 JavaBean 文件的情况下，JSP 页面编程要尽量使用上面的语法格式。此外，也对学习 JavaBean，以及将来要学习的 Spring 框架提供一个很好的基础。

3.2.3　JavaBean 与 JSP 的参数传递

前面介绍的是一个基本的调用过程。这里再举一个例子，把一个简单计算圆半径与周长的计算业务定义成一个 JavaBean 文件，然后通过 JSP 页面文件由用户输入半径值，再由另一个 JSP 页面文件负责把参数传递给 JavaBean 文件，然后获得最后计算的结果，并显示出来。

设计这个例子时首先要注意，JavaBean 文件中有 3 个私有成员属性：半径、面积和周长。需要实现半径的存取方法，而由于面积和周长是需要计算出来的而不是直接获取的，所以在它们的 get()方法中实现公式的计算。因此，无须给它们添加 set()方法。其次，第一个页面提交参数后，第二个 JSP 页面要把半径的值传递给 JavaBean 文件，使用的属性值不是 value 而是 param，英文传递的不是具体的值，而是变量名。

下面介绍具体的创建过程，首先创建构成核心算法程序的 JavaBean 文件 Circle. java。

【例 3-3】 Circle. java 文件。

```
public class Circle {
    //创建私有成员属性,半径、面积和周长
    private float r;
    private float s;
    private float c;

    public float getC() {
        //计算周长
        c = (float)Math.PI * 2 * r;
        return c;
    }

    public float getR() {
        return r;
    }

    public void setR(float r) {
        this.r = r;
    }

    public float getS() {
        //计算面积
        s = (float)Math.PI * r * r;
        return s;
    }
}
```

请读者注意上面有关于面积和周长的 get()方法，返回之前先按照公式进行计算。接下来创建输入参数的 JSP 文件 setR. jsp。这个文件比较简单，就是通过一个 Form 来提交半径的值。

【例 3-4】 setR. jsp 文件的核心代码。

```
<html>
<head>
<meta http-equiv="Content-Type" content="text/html; charset=UTF-8">
<title>输入半径值</title>
</head>
<body>
<h2>根据半径计算周长和面积</h2>
<form method = "post" action = "circle.jsp">
<input type = "text" name = "r" >
<input type = "submit" value = "提交" >
<input type = "reset" value = "重置" >
</body>
</html>
```

最后，创建一个接收半径值，并调用 JavaBean 文件，最后显示结果的页面文件 circle. jsp。

【例 3-5】 circle. jsp 文件的核心代码。

```
<html>
<head>
<meta http-equiv="Content-Type" content="text/html; charset=UTF-8">
<title>JSP Page</title>
</head>
<!--获取表单提交的半径值-->
<% String r = (String)request.getParameter("r");%>

<!--创建实例化对象 cc-->
<jsp:useBean id="cc" scope="page" class="cy.bean.Circle" />

<!--设置半径的值-->
<jsp:setProperty name="cc" property="r" param="r" />
<body>
<h2>
得到的半径值为:<jsp:getProperty name="cc" property="r"/><br>
它的面积为:<jsp:getProperty name="cc" property="s"/><br>
它的周长为:<jsp:getProperty name="cc" property="c"/><br>
</h2>
</body>
</html>
```

请读者注意设置半径值时使用的语句如下。

```
<jsp:setProperty name="cc" property="r" param="r" />
```

这里使用 param 传递的是参数，但等号后面虽然是参数名，但也一样需要使用双引号把参数名括起来。

完成上述文件的创建后，首先运行 setR. jsp 文件，会看到提示输入半径的页面，如图 3-6 所示。

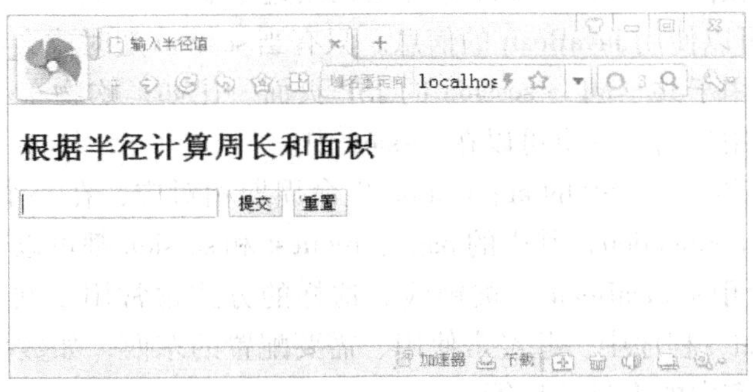

图 3-6 输入半径值

假设输入 10，单击“提交”按钮后，就会显示出最后的计算结果，如图 3-7 所示。

3.2.4 JavaBean 的生命周期

通过前面的介绍，读者应该发现，JavaBean 的调用过程实际上是 JSP 技术的一部分。JavaBean 被调用到页面中来，那么这个类对象的生命周期（作用域）是与调用它的 JSP 页面相关的。

在第 2 章中介绍过 JSP 的 4 个生命周期，而 JavaBean 的生命周期与 JSP 一样，也存在于

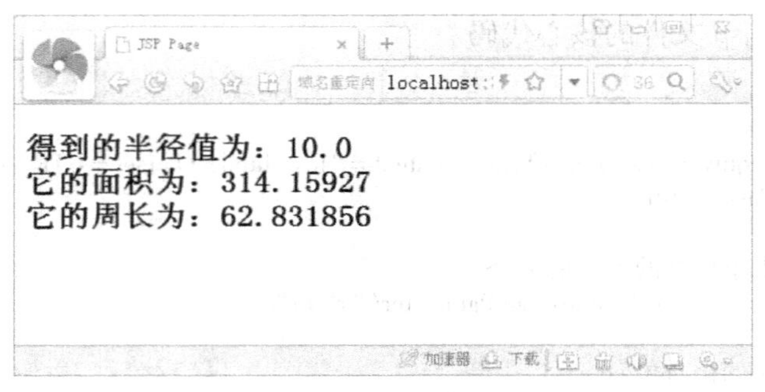

图 3-7　最后的计算结果

4 个范围中，分别为 Page 范围、Request 范围、Session 范围和 Application 范围。它们通过 <jsp:userBean>标签中的 Scope 属性进行设置，与 JSP 页面中的 Page 范围、Request 范围、Session 范围和 Application 范围相对应。

1）Page 范围：与当前 JSP 页面相对应，JavaBean 的生命周期存在于一个页面之中，当页面关闭时 JavaBean 的实例对象也被销毁。Page 范围的 JavaBean 常用于进行一次性操作的应用，这一类 bean 也是使用频率相对最高的。比如，大部分的表单提交、JavaBean 的一些计算处理等都可以使用 Page 范围的 JavaBean。

2）Request 范围：与 JSP 的 Request 生命周期相对应，JavaBean 的生命周期存在于 request 对象之中，也就是说，它存在于任何相同的请求之内。只有当 request 对象销毁时或页面执行完毕向客户端发挥响应时 JavaBean 才会被销毁。可以理解为 Request 范围可以跨越多个页面（Page）。比如，判断用户登录时，如果用户名和密码合法就可以跳转到一个成功页面中，否则就跳转到一个出错页面，而转发前后的页面仍然能够得到用户的输入信息。

3）Session 范围：与 JSP 的 session 生命周期相对应，JavaBean 的生命周期存在于 session 会话之中，任何使用相同 session 的文件都可以调用这个 JavaBean。在这个 session 内，所有的 page 和 request 都可以使用 JavaBean 的信息。只有当 session 超时或会话结束时 JavaBean 才被销毁。这种方式常用于共享同一 session 的 JSP 页面。比如，购物车一般就是放在 session 中的，或者登录后的用户信息等也可以在 session 中。

4）Application 范围：与 JSP 的 application 生命周期相对应，在一个 Web 应用服务之内共享，只要是相同的 application，其中的 page、request 和 session 都可以使用 JavaBean 中的信息。只有当服务器关闭时 JavaBean 才被销毁。这样的方式常常用于共享同一 application 的 JSP 页面文件中。例如，程序中一些经常使用、需要配置的东西，如数据库连接 URL、全局的计数器或者是聊天室中的人员信息等。

当某个文件调用 JavaBean 时，并通过 <jsp:setProperty>标签与 <jsp:getProperty>标签调用其中的数据时，系统将会按照 page、request、session 和 application 的顺序来查找这个 JavaBean 实例，直到找到一个实例对象为止，如果都找不到，则抛出异常。下面通过一个例子让读者来体会一下这 4 个周期之间的区别。

设计一个页面文件 scope.jsp，该文件调用前面的 JavaBean 文件 StaffInfo.java。实例化一个对象，读取其中姓名属性的值，再给姓名属性设置一个新的值；然后在该文件中加入一个 include 动作，再加入页面文件 scope2.jsp。scope2.jsp 文件也读取姓名的值并显示出来。通过设定不同的生命周期，刷新页面后观察结果。

调用姓名属性的 scope. jsp 文件的代码如下。

【例 3-6】 scope. jsp 文件。

```
<html>
<head>
<meta http-equiv="Content-Type" content="text/html; charset=UTF-8">
<title>生命周期测试</title>
</head>
<body>
<jsp:useBean id="staff2" scope="page" class="cy.bean.StaffInfo" />
<h2>当前文件读取到的姓名:
<jsp:getProperty name="staff2" property="name"/><br><br>
<jsp:setProperty name="staff2" property="name" value="崔悠扬" />
<!--通过动作组件,加入另一个文件读取姓名属性的值-->
<jsp:include page="scope2.jsp"/>
</h2>
</body>
</html>
```

这里加入了一个 include 动作，引入另一个文件的目的是为了验证当周期为 request 时，JavaBean 的范围是否会达到 scope2. jsp 中。页面文件 scope2. jsp 的内容很简单，就是读取姓名属性并显示在页面中。

【例 3-7】 scope2. jsp 文件。

```
<html>
<head>
<meta http-equiv="Content-Type" content="text/html; charset=UTF-8">
<title>JSP Page</title>
</head>
<body>
        scope2 读取到的姓名:
<jsp:getProperty name="staff2" property="name"/><br>
</body>
</html>
```

此时实例化的对象名为 staff2，它的生命周期被设定为 page。运行 scope. jsp 文件，观察结果，如图 3-8 所示。

为什么第一次运行会出现“HTTP Status 500”错误，请读者注意里面的一条信息“org. apache. jasper. JasperException：PWC6049：Attempted a bean operation on a null object.”。这里的意思是，当系统编译 JSP 文件时发现尝试操作了一个空对象。为什么会有空对象呢?

这是因为加入了一个 scope2. jsp 文件。此时的生命周期为 page，也就意味着对象 staff2 的作用范围仅仅在当前页面之内，虽然动作组件 include 加入了另一个文件，但是对于 staff2 来说，已经不在作用范围之内了。因此，scope2. jsp 文件要读取的对象 staff2 还是一个不存在的对象，所以系统报错。

暂时注释掉 scope. jsp 文件中的动作，不要引入 scope2. jsp 的内容。文件正常运行，结果如图 3-9 所示。

此时显示的姓名是 JavaBean 文件中构造函数初始化的值：崔舒扬。单击浏览器工具栏中的刷新按钮，发现页面的内容没有变化，仍然是崔舒扬。这是因为目前的周期是 page，虽然显示完姓名后，执行了重新给姓名属性赋值的操作。但是，由于页面执行完毕，Jav-

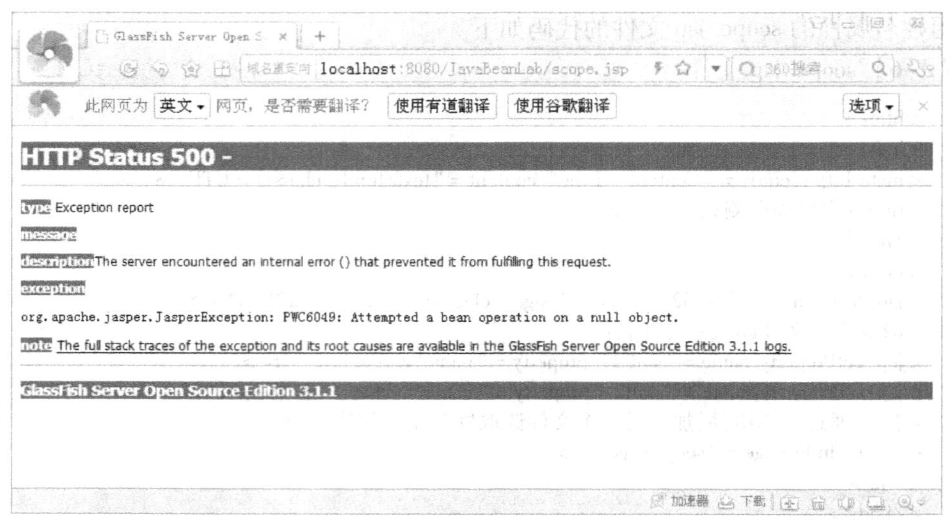

图 3-8　运行 scope. jsp 文件 1

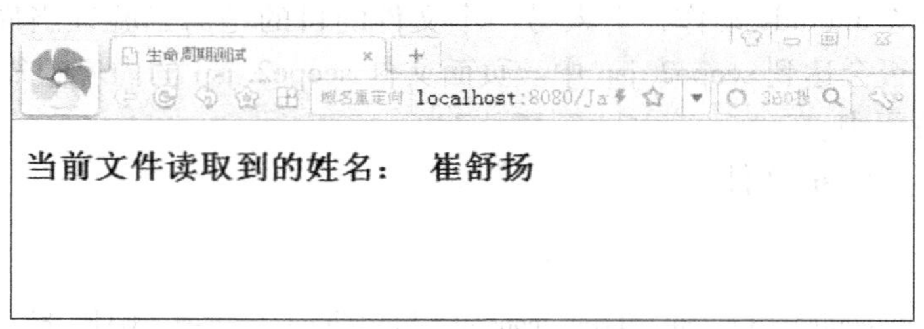

图 3-9　运行 scope. jsp 文件 2

aBean 对象的生命周期也已经结束，所以再次刷新后，读取到的仍然是初始化的值“崔舒扬”。

再次修改程序，将 scope. jsp 中的周期改成 request，并去掉加在 include 动作的注释，再次运行文件，查看结果，如图 3-10 所示。

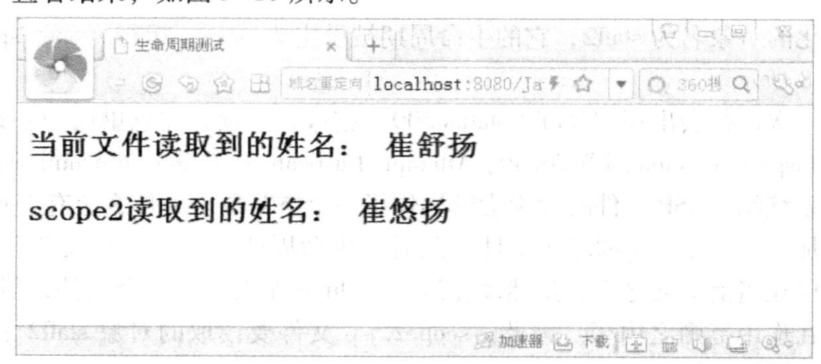

图 3-10　运行 scope. jsp 文件 3

首先，这次运行文件并没有报错，说明 scope2. jsp 文件读取到的对象不再是空的。这也证明，当把 JavaBean 的生命周期改成 request 时，它的范围扩大到它所 include 的文件中来，而且在 scope2. jsp 文件中读取到的姓名为修改后的值：崔悠扬。

再次单击刷新按钮，会发现当前页面的内容没有任何变化。这是因为刷新就意味着一个新的 request 了。因此，上一个 JavaBean 的对象已经结束，重新实例化的对象展现出了与上一次一样的结果。

再次修改 scope. jsp 文件中的生命周期，这一次改为 session。运行文件，第一次运行的结果与图 3-10 相同，即 include 动作引入的 scope2. jsp 文件显示了修改后的姓名。再次单击刷新按钮，观察结果，如图 3-11 所示。

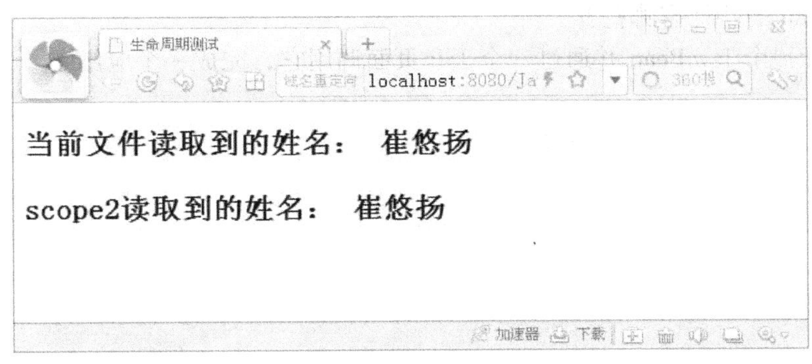

图 3-11　运行 scope. jsp 文件 4

再次运行的结果与前面几次都不一样，两个文件读取到的姓名都变成了崔悠扬。这是因为两个文件都处在同一个 session 会话中，所以第二次运行时 scope. jsp 读取到了修改后的姓名值。

关闭浏览器，再打开一个新的浏览器，在地址栏中输入以下访问地址："http://localhost:8080/JavaBeanLab/scope. jsp"。这时会发现，页面显示的效果又和第一次运行时一样，为如图 3-10 所示的效果。关闭浏览器，意味着客户端的一次 session 会话结束了，所以它的对象也结束了。重新打开浏览器运行文件，就显示出了第一次运行的效果。

再一次修改 scope. jsp 文件的生命周期为 application。修改后读者会发现，除了第一次运行的结果，显示的两个姓名不一样。之后无论是刷新页面还是关掉浏览器打开新的浏览器，显示出来的两个姓名都是一样的。出现这个结果的原因是因为 application 的作用域是一个 Web 应用，也就是说服务器当前应用只要一直运行，那么对象 staff2 就一直存在，对它姓名属性值的修改是长期有效的。

那么，如果要清理这个对象，重新运行应该如何处理呢？当然是重启服务器。这里不必关掉 NetBeans 工具，只需要选择界面中的 GlassFish Server 3.1 选项卡，在窗口的左侧单击按钮，即可重启服务器，如图 3-12 所示。

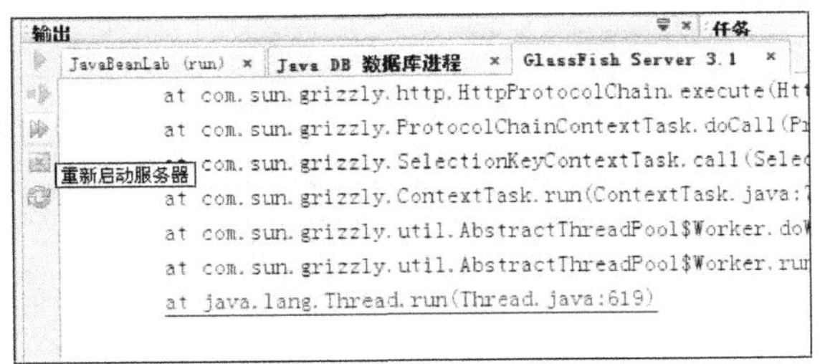

图 3-12　单击"重新启动服务器"按钮

3.3 思考与练习

1）JavaBean 与 Java 类有什么区别？

2）调用一个 JavaBean 实例的属性都有哪些方式？

3）JavaBean 的特征有哪些？

4）请设计一个 JavaBean 并通过一个 JSP 页面调用它，完成一个应用。

第 4 章　Servlet

Servlet 是运行在 Web 服务器端的 Java 程序。在 J2EE 架构中，客户端与服务器的互动，界面部分主要是由前面介绍过的 JSP 来负责，而内部业务的控制与响应则主要由 Servlet 来完成。因此，在业务控制层，Servlet 是主要的实现手段。对于初学者来说，这部分内容的了解和掌握至关重要，也给将来学习基于某种框架的 J2EE 高级编程奠定了一个坚实的基础。

本章的重点内容为 Servlet 的原理、创建 Servlet 程序、提交表单与参数传递、会话跟踪技术及过滤器。

4.1　Servlet 概述

4.1.1　Servlet 简介

从本质来看，Servlet 就是用 Java 语言编写出来的程序。它运行在服务器端，主要任务是负责基于请求/响应模式的服务端功能。从应用的角度来看，它就是负责响应客户通过页面向服务器发起的各种请求，做出对应的控制动作，有必要的话会把处理的结果发送到客户端。

如果把一个基于 J2EE 开发的软件系统看作一家餐厅，那么负责接待客户的服务员和他们手里拿的菜单就像是 JSP 页面部分所做的工作。当客户下单后，服务员把点菜信息传给后厨，厨师根据菜单进行配菜、炒菜，到最后通过传菜口，把菜肴传给服务员的这个过程，就是由 Servlet 负责的工作。

实际开发中，所有的 Servlet 都来源于 Java 语言定义的 3 个接口：javax. servlet. Servlet、javax. servlet. ServletConfig 和 java. io. Serializable。通过 javax. servlet. GenericServlet 类实现了这 3 个接口。这个类几乎可以响应任何类型的协议。在通常的应用级网络通信中，基于 Web 的应用程序是最主要的交互方式。也就是说 Servlet 主要响应 HTTP 协议，因此，又通过一个 javax. servlet. HTTPServlet 类继承了 GenericServlet 类。目前基于 Web 的开发所生成的 Servlet 类都继承了 HTTPServlet 类。开发者可以根据具体需要重载里面所带的方法，实现自己的特定业务。Servlet 类的继承关系如图 4-1 所示。

实际上，Sun 公司在 JSP 之前就推出了 Servlet。当时推出 Servlet 的目的是以 Java 语言的形式来编写前段的网页界面和控制程序。但是在开发过程中，这种在 Java 代码中嵌入标记语言的形式编写和修改 HTML 非常不方便。因此，之后才推出了 JSP，以标记语言的形式把 Java 代码嵌入其中，这样就大大简化了页面的设计。Servlet 与 JSP 没有本质区别，但在实现过程上，Servlet 是 JSP 的基础。因为 Java 的虚拟机只可以识别符合 Java 语法的代码文件，Servlet 文件的编译可以直接通过虚拟机完成，而 JSP 文件则不能直接编译，需要 Web 服务器充当翻译的中间件，把 JSP 文件转换成 Servlet 文件，然后再通过 Java 虚拟机进行编译。

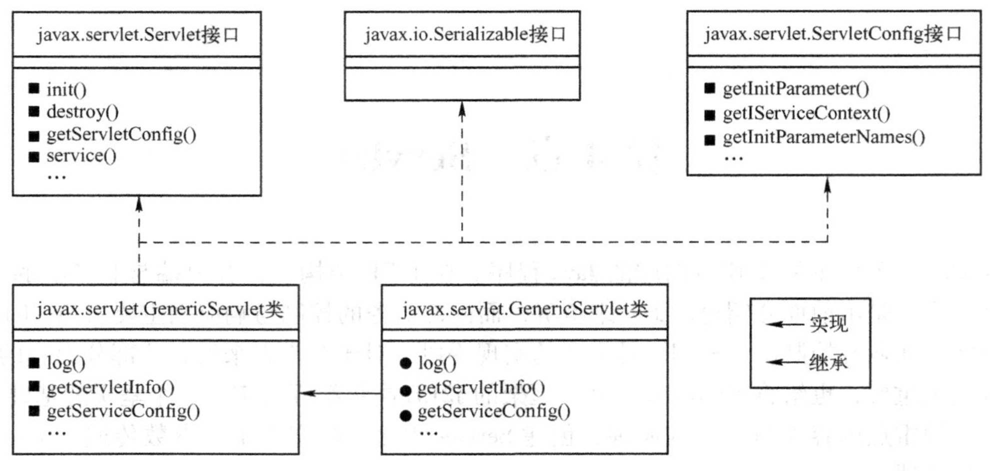

图 4-1　Servlet 关系类图

从人机页面的实现到后台业务控制、数据处理及访问等 Web 应用，单独使用 Servlet 或 JSP 几乎都可以达到相同的效果。但是根据这两种技术的特性和实现的难易程度，在项目开发中，JSP 更偏重于对表示层，即前端用户页面的设计与实现；而 Servlet 更多地集中在业务层，负责数据的计算、数据库业务的处理等工作。

4.1.2　Servlet 的工作原理与生命周期

当用户在客户端的页面中向服务器发出请求后，服务器检测到这个请求，如果含有对 Servlet 文件的请求，则会通过 Web 容器根据请求的路径信息调度相应的 Servlet 对象来进行处理。

在实际的 Web 应用中，服务器不可避免地会遇到不同用户在同一时间请求同一个 Servlet 对象的情况。Java 是真正的多线程语言，因此，如果出现并发情况，Web 服务器会采用线程机制来给客户端分配资源。所以，在大多数情况下无论有多少用户请求同一个 Servlet，服务器内存中都是一个 Servlet 实例。通过多线程运行来支持每个客户的请求，避免了相同的请求重复创建多个 Servlet 实例的系统开销。这样就节省了内存，使得页面的访问和处理变得更加高效。

Servlet 具体的工作流程及原理如下。

1）客户端通过对 URL 地址的访问，向服务器发出请求。

2）Web 服务器根据请求内容将其转发给相应的 Servlet。如果该 Servlet 还没有被实例化，则服务器会将该文件放到 Java 虚拟机上进行实例化。Servlet 会调用 init( )方法进行初始化（该方法只在创建 Servlet 时被调用）。

3）Servlet 接收请求并进行相应的业务处理。此时，Web 容器会产生一个新的线程调用 Servlet 的 service( )方法。根据 HTTP 请求的类型（GET、POST 等），service( )方法会调用相应的 doGet( )、doPost( )等方法进行处理。

📖 GET 和 POST 这两种类型的请求都是客户端向服务器端发出的资源请求。但它们有明显区别，GET 类型的请求会通过把参数附加在 URL 地址后直接传递给服务器，用户是可以看到的；而 POST 类型的请求会把参数打包在 HTML 的 Header 中，交给服务器。所以通过 POST 类型来传递参数更加安全。从应用的

角度来看，GET 类型适合查询服务器端的资源，而 POST 类型适合对服务器资源进行内容更新。

4）业务处理完毕后，Servlet 向 Web 服务器返回信息，Web 服务器将得到的应答发送给客户端进行响应。

5）结束 Servlet 实例。如果长时间没有请求某个 Servlet 实例，Web 容器将会把该实例移出内存。通过容器调用 Servlet 的 destroy( ) 方法来完成这个动作。当然，如果是 Web 程序被关闭，也会通过 destroy( ) 方法来结束这个实例。

通过上面的介绍，读者应该对 Servlet 的工作原理有了一定的认识，那么对 Servlet 的生命周期也就不难理解了。首先，Servlet 被加载，这里有可能是通过客户端的访问要求加载，也有可能是已经在 Web 配置文件中直接定义了 Web 服务器初始化时加载该文件；其次，通过 init( ) 方法初始化。这个方法在整个生命周期中只会在第一次加载时被调用一次；然后通过 service( ) 方法调用相应的方法提供服务响应；最后，通过 destroy( ) 方法终止 Servlet 服务，释放服务器相关资源，结束 Servlet 的生命周期。

4.1.3 创建第一个 Servlet

一个 Servlet 文件一般应该保存在一个项目内，所以在创建第一个 Servlet 之前，首先要创建一个项目。

前面章节中已经介绍过新建项目的方法，这里不再赘述。假设已经建好一个名为 servletlab 的项目，下面开始创建 Servlet 文件。

打开 NetBeans 后，在左边导航栏中右击项目名，然后在弹出的快捷菜单中选择“新建”→Servlet 命令，如图 4-2 所示。

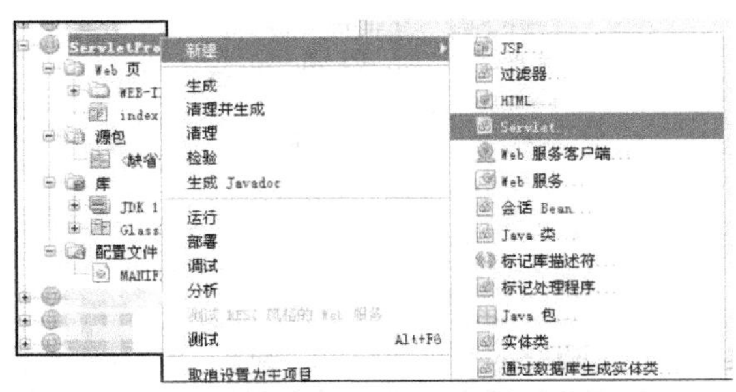

图 4-2　选择 Servlet 命令

在弹出的“新建 Servlet”对话框中，设置“类名”为 FirstSerlet，在“包”文本框中输入 Servlet 所在的包名。如果还没有创建存放 Servlet 的包，可以在这里直接创建一个新的包名，创建 Servlet 的同时，也会创建这个存放 Servlet 的包。这里输入的包名为“cy. servlet”，如图 4-3 所示。

单击“下一步”按钮，进入“配置 Servlet 部署”界面，如图 4-4 所示。这部分的配置主要是对 Servlet 的名称及 URL 模式名称进行设置。“Servlet 名称”与“URL 模式”名称可以设置成不同的名字。这里的 URL 模式名称是代表客户端在访问服务器时所请求的字符串内容。Web 容器会根据字符串内容来匹配转发到某一个 Servlet 组件中来进行处理和响应。在“Servlet 名称”文本框中输入 FirstServlet，在“URL 模式”文本框中输入“/FirstServlet”。

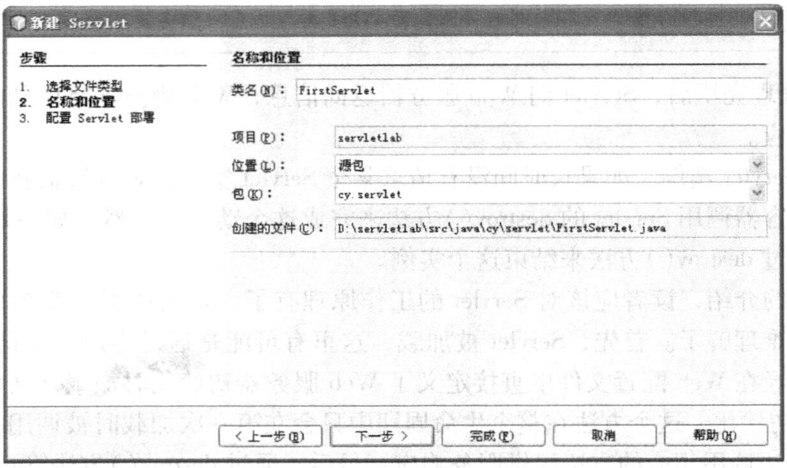

图 4-3 “新建 Servlet”对话框

还有一个重要操作，就是选择“将信息添加到部署描述符（web.xml）”复选框，如图 4-4 所示。这样在创建 Servlet 的同时，该 Servlet 组件的信息才可以添加到部署描述符当中去。单击“完成”按钮，系统将自动生成一个 Servlet 文件。

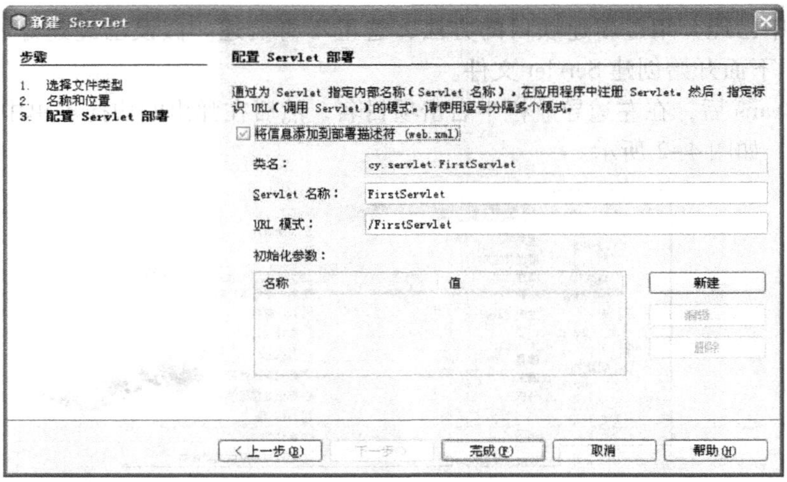

图 4-4 Servlet 部署界面

完成创建后，在右侧的工作区会自动显示出该 Servlet 文件的源代码。找到代码中的 processRequest()方法，把里面 try{}那一部分代码的注释标记去掉，程序代码如下。

【例 4-1】 FirstServlet. java 文件。

```
protected void processRequest(HttpServletRequest request, HttpServletResponse response)
        throws ServletException, IOException {
    response.setContentType("text/html;charset = UTF-8");
    PrintWriter out = response.getWriter();
    try {
        /* TODO output your page here */
        out.println("<html>");
        out.println("<head>");
```

```
            out.println(" <title>ServletFirstServlet</title>");
            out.println("</head>");
            out.println("<body>");
            out.println(" <h1>ServletFirstServlet at " + request.getContextPath () + "</h1>");
            out.println("</body>");
            out.println("</html>");
        }
    }
```

接下来可以运行一下这个 Servlet 程序。有两种方法运行这个文件。第一种方法，打开浏览器，在地址栏中输入“http://localhost:8080/ch04/ FirstServlet”，按〈Enter〉键确认即可；第二种方法，在 NetBeans 中 Servlet 源代码的编辑区域任意位置右击，或者在左侧导航栏中右击 Servlet 文件名；在弹出的快捷菜单中选择“运行文件”命令，此时会弹出一个对话框，如图 4-5 所示。

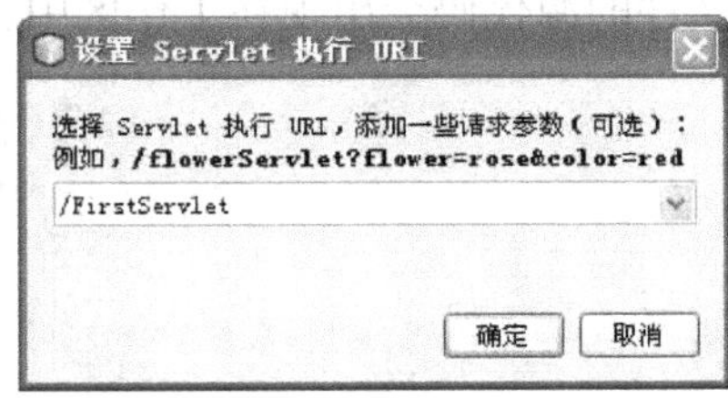

图 4-5　选择执行的 Servlet

这个设置是确认访问哪个 Servlet 文件的 URL 地址，以及是否要添加一些参数传递给这个 Servlet 文件，以便于平时的程序调试。这里不做任何修改，单击“确定”按钮即可。系统会自动打开浏览器，请求访问该 Servlet 文件。运行结果如图 4-6 所示。

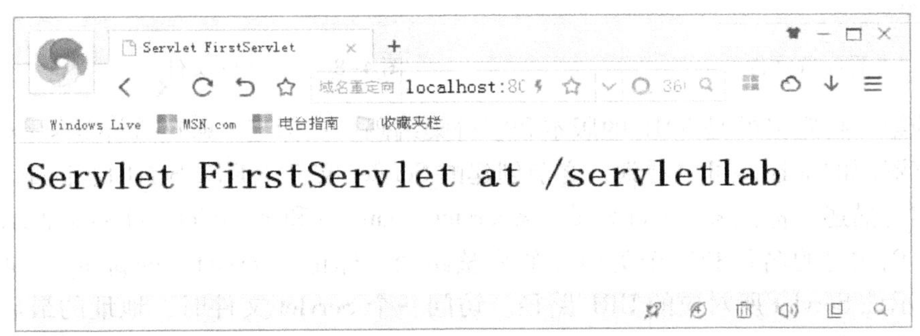

图 4-6　运行结果

系统通过一个 getContextPath()方法返回一个字符串，在浏览器中显示该 Servlet 文件处于哪个项目之下。这个字符串称为上下文信息。服务器就是根据此上下文信息来映射对应 Web 应用中的文件的。浏览器地址前面的部分“http://localhost:8080”是指请求访问本机中的 Java EE 服务器。localhost 代表本地机器；8080 为服务器的通信端口号；“/ch04”的作用是通知服务器要在该项目下的配置文件 web.xml 中查找“/FirstServlet”的映射文件；最后调用相应的 Servlet 文件，即 FirstServlet。

特别需要提醒读者的是，无论是在浏览器中输入的访问地址，还是通过 NetBeans 运行这个 Servlet 文件。所输入地址的最后部分都不是 Servlet 文件本身的名称，而是这个文件的 URL 路径。在 Web 服务器中，容器并不是通过 Servlet 文件的名称来映射该文件，而是以 Servlet 的 URL 路径来映射或调用该 Servlet 文件。因此，开发者在在编写对某个 Servlet 文件的调用程序时，一定要写它的 URL 路径。那么如何查看一个 Servlet 文件的 URL 路径地址呢？这就需要先了解部署文件 web.xml。

4.1.4 web.xml 文件

在图 4-4 所示的“配置 Servlet 部署”窗口中提到的 web.xml 文件，是一个非常重要的文件，是 Web 应用程序的核心。web.xml 文件进行整个项目 Web 应用资源及相关信息的部署和描述。

打开 NetBeans，在左侧导航栏中查看刚才创建的项目，可以看到 web.xml 文件。双击该文件，在右侧工作区会出现 web.xml，如图 4-7 所示。在工作区顶端的标记中单击 XML 后，该文件的源代码会出现在工作区中，如图 4-8 所示。

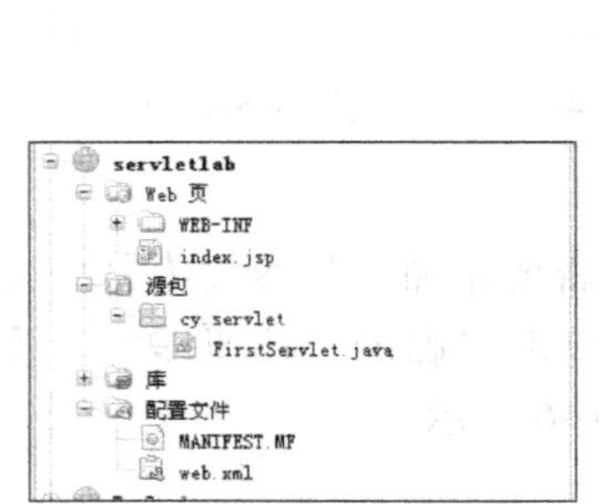

图 4-7　查看配置文件

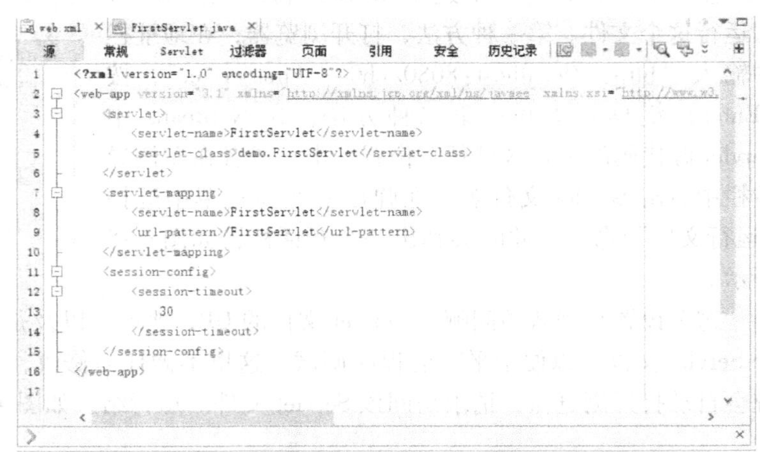

图 4-8　web.xml 文件

文件的第一行定义的是 XML 的版本和字符集编码。在标记 <web - app> </web - app> 中是对所有资源的描述。可以看到，之前创建的 Servlet 文件（First Servlet、java）已经在这里有了具体的描述。标记 <servlet> 通过 <servlet - name> 和 <servlet - class> 表示 Servlet 文件在容器中创建时的名称和这个类所在的完整路径。标记 <servlet - mapping> 通过 <url - pattern> 表示该 Servlet 所对应的 URL 路径。访问一个 Servlet 文件时，地址的最后部分应该输入该文件的 url - pattern。

4.2 请求与响应

很多情况下，从浏览器到 Web 服务器需要传递一些信息，最终到后台程序。浏览器使用两种方法可将这些信息传递到 Web 服务器，分别为 GET 方法和 POST 方法。

（1）GET 方法

GET 方法向页面请求发送已编码的用户信息。页面和已编码的信息中间用“?”字符分隔，如下所示。

```
http://www.test.com/hello? key1 = value1&key2 = value2
```

GET 方法是默认的从浏览器向 Web 服务器传递信息的方法，它会产生一个很长的字符串，出现在浏览器的地址栏中。如果要向服务器传递的是密码或其他的敏感信息，不要使用 GET 方法。GET 方法有大小限制，请求字符串中最多只能有 1024 个字符。

这些信息使用 QUERY_STRING 头传递，并可以通过 QUERY_STRING 环境变量访问，Servlet 使用 doGet( )方法处理这种类型的请求。

(2) POST 方法

另一个向后台程序传递信息且比较可靠的方法是 POST 方法。POST 方法打包信息的方式与 GET 方法基本相同，但是 POST 方法不是把信息作为 URL 中“?”字符后的文本字符串进行发送，而是把这些信息作为一个单独的消息来发送。消息以标准输出的形式传到后台程序，开发者可以解析和使用这些标准输出。POST 方法的消息没有最多传输 1024 个字符的限制，因此在实际开发中更为常用一些。Servlet 使用 doPost( )方法处理这种类型的请求。

4.2.1 处理表单的参数

表单（Form）是实现网页上数据传输的基础，一般要和 JSP、CGI 等文件结合起来使用。对于 JSP 和 CGI，需要专门的程序员来完成，并在后台服务器调用。Web 程序设计中，处理表单提交的数据是获取 Web 数据的主要方法。

表单数据的提交方法有两种：Post 方法和 Get 方法。当使用 Post 方法时，数据由标准的输入设备读入；当使用 Get 方法时，数据由 CGI 变量 QUERY_STRING 传递给表单数据处理程序。

Servlet 有一个比较好的功能，就是可以自动处理表单提交的数据。只需要调用 Http Servlet Request. getParameter（String name），就可以获得指定参数的值（String）。注意此方法是区分小写的，其返回值（String）与其对应的 URL 编码一致。当参数 name 存在但没有值的时候，会返回一个空串（“”）；当参数 name 不存在时，会返回 null。当某一个参数有多个值时，可以调用方法 getParameterValues(String name)，返回字符串数组。当指定参数不存在时，getParameterValues(String name) 返回 null；当指定参数只有一个值时，返回一个只有一个元素的数组（String）。

尽管大部分时候，Servlet 都只需要获取指定参数的值。不过在调试时，获取整个参数列表也是一个不错的选择。调用方法 getParameterNames( )可以获取表单参数名的枚举列表，每一条目都会强制转换为 String，可以用于 getParameter（String name） 和 getParameterNames( )。需要注意的是，所返回的枚举列表在任何情况下都不能保证各个元素的排列顺序。

- getParameter( )：可以调用 request. getParameter( )方法来获取表单参数的值。
- getParameterValues( )：如果参数出现一次以上，则调用该方法，并返回多个值，例如复选框。
- getParameterNames( )：如果想要得到当前请求中的所有参数的完整列表，则调用该方法。

下面通过一个例子来演示一下 Servlet 是如何使用不同的方法接收不同类型的参数的。通过页面文件传递 3 个参数给一个 Servlet 文件，然后通过该文件显示接收的内容。

首先，创建一个页面文件 userinfo. jsp。这个页面做了一个关于姓名、年龄和爱好的问卷调查，效果如图 4-9 所示。

其中通过 form 表单提交页面中的 3 组参数，通过 action 属性指定了文件提交的 URL 地址，这里的值为 GetUserInfo，表示提交到一个 URL 模式为 GetUserInfo 的 Servlet 文件。核心代码如下。

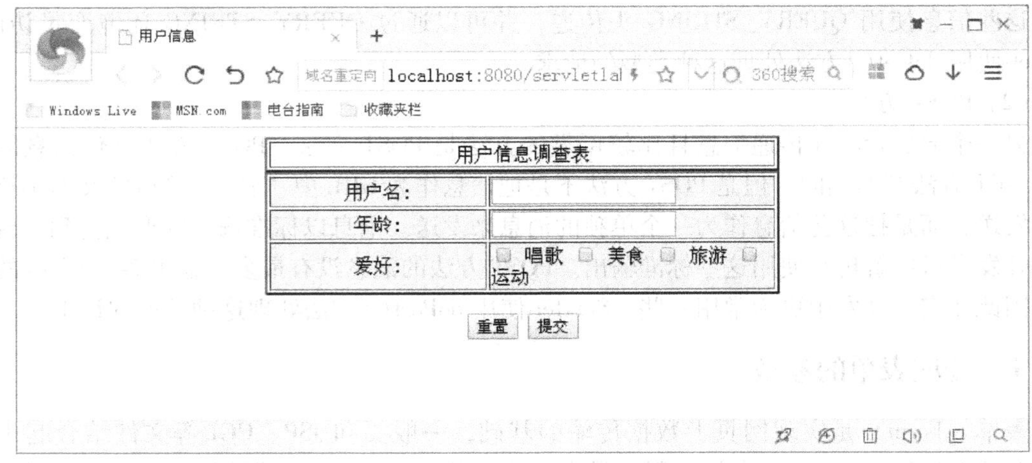

图 4-9　调查问卷的页面

【例 4-2】 userinfo. jsp 文件的核心代码。

```
<body>
<form action = "GetUserInfo" method = "post" >
<table width = "52%" border = "2" align = "center" >
<tr bgcolor = "#FFFFCC" >
<td align = "center" > <div align = "center" >用户信息调查表</div> </td>
</tr> </table>
<table width = "52%" border = "2" align = "center" >
<tr bgcolor = "#CCFF99" >
<td align = "center" width = "43%" > <div align = "center" >用户名:</div> </td>
<td width = "57%" > <div align = "left" >
<input type = "text" name = "username" >
</div> </td>
</tr>
<tr bgcolor = "#CCFF99" >
<td align = "center" width = "43%" > <div align = "center" >年龄:</div> </td>
<td width = "57%" > <div align = "left" >
<input type = "text" name = "age" >
</div> </td>
</tr>
<tr bgcolor = "#CCFF99" >
<td align = "center" width = "43%" > <div align = "center" >爱好:</div> </td>
<td width = "57%" > <div align = "left" >
<input type = "checkbox" name = "checkbox1" value = "唱歌" >
唱歌
<input type = "checkbox" name = "checkbox1" value = "美食" >
美食
<input type = "checkbox" name = "checkbox1" value = "旅游" >
旅游
<input type = "checkbox" name = "checkbox1" value = "运动" >
运动
</div> </td>
</tr>
```

```
</table>
<p align="center">
<input type="reset" name="Reset" value="重置">
<input type="submit" name="Submit2" value="提交">
</p>
</form>

</body>
```

📖 在 action 属性中，如果所请求的是 Servlet 文件，则写的是文件的 URL 模式地址，不是 Servlet 的文件名，所以没有扩展名。如果是网页文件，则必须提供该文件的全名。

接下来，在项目的包 cy. servlet 中创建一个 Servlet 文件：GetUserInfo. java，用它来接收参数。在创建时一定要注意设置它的 URL 模式为 GetUserInfo。

【例 4-3】 GetUserInfo. java 文件的核心代码。

```
protected void processRequest(HttpServletRequest request, HttpServletResponse response)
            throws ServletException, IOException {
    response.setContentType("text/html;charset=UTF-8");
    request.setCharacterEncoding("UTF-8");//解决编码问题
    PrintWriter out = response.getWriter();
    out.println("<BODY BGCOLOR=\"#FDF5E6\">\n" +
    "<H1 ALIGN=CENTER>" + "采集用户信息" + "</H1>\n" +
    "<UL>\n" +
    "  <LI><B>您的名字</B>: "
    + request.getParameter("username") + "\n" +
    "  <LI><B>您的年龄</B>: "
    + request.getParameter("age") + "\n");
    //创建一个接收复选框参数的数组
    String[] paramValues = request.getParameterValues("checkbox1");
    String temp = new String("");
    for(int i=0;i<paramValues.length;i++)temp+=paramValues[i]+" ";
    out.println("  <LI><b>你的爱好有:</b>" + temp + "。" +
    "</BODY></HTML>");
}
```

这里通过两种方式接收了参数，主要是因为第 3 个参数为一个变量名对应了多个值，所以在使用方法上就有所区别。可以看到，通过“request. getParameter()”方法接收了前两个参数，使用“request. getParameterValues()”方法接收了第 3 个复选框的参数。

虽然 Servlet 文件是运行于服务器的，其主要作用是进行业务处理和控制，但它也可以通过向客户端发送脚本的方式来显示页面内容。上面的代码中就是通过“out. println()”方法来输出内容。

在如图 4-9 所示的页面中输入测试内容，如图 4-10 所示，单击“提交”按钮，在浏览器中会显示接收到的参数的内容，如图 4-11 所示。

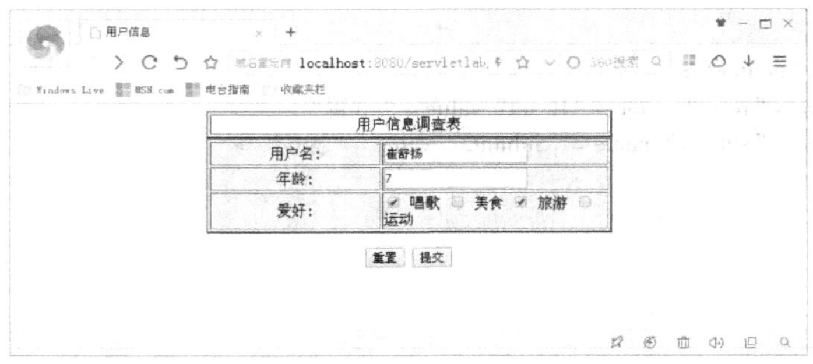

图 4-10　输入测试内容

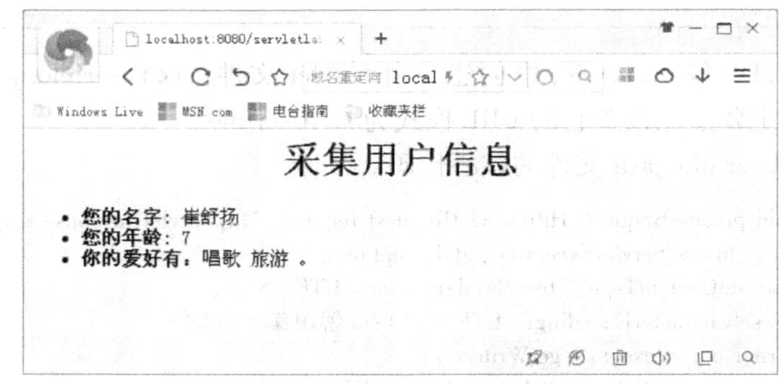

图 4-11　提交后显示的结果

4.2.2　Header 与初始化参数

当一个客户端（通常是浏览器）向 Web 服务器发送一个请求时，它要发送一个请求的命令行，一般是 GET 命令或 POST 命令。当发送 POST 命令时，还必须向服务器发送一个名为 Content-Length 的请求头（Request Header），用以指明请求数据的长度。除了 Content-Length 之外，还可以向服务器发送其他一些 Headers，列举如下。

- Accept：浏览器可接受的 MIME 类型。
- Accept-Charset：浏览器支持的字符编码。
- Accept-Encoding：浏览器支持的数据编码类型（如 gzip）。Servlets 可以预先检查浏览器是否支持 gzip 并可以对支持 gzip 的浏览器返回 gzipped 的 HTML 页面，并设置 Content-Encoding 响应头（Response Header）来指出发送的内容是已经 gzipped 的。在大多数情况下，这样做可以加快网页下载的速度。
- Accept-Language：浏览器指定的语言，当 Server 支持多语种时起作用。
- Authorization：认证信息，一般是对服务器发出的 WWW-Authenticate 头的回应。
- Connection：是否使用持续连接。如果 Servlet 发现这个字段的值是 Keep-Alive，或者由发出请求的命令行发现浏览器支持 HTTP 1.1（持续连接是它的默认选项），使用持续连接可以使保护很多小文件的页面下载时间减少。
- Content-Length：使用 POST 方法提交时，传递数据的字节数。
- Cookie：很重要的一个 Header，用来进行与 Cookie 有关的操作，有关它的详细信息将在后面的教程中进行介绍。

● Host：主机和端口。

● If－Modified－Since：只返回比指定日期新的文档，如果没有，将会返回 304 " Not Modified"。

● Referer：URL。

● User－Agent：客户端的类型，一般用来区分不同的浏览器。

在 Servlet 中读取 Request Header 的值非常简单，只要调用 HttpServletRequest 的 getHeader 方法即可。当指定了要返回的 Header 的名称，该方法就会返回 String 类型的 Header 的内容；如果指定的 Header 不存在，则返回 null。调用 getHeaderNames 可以返回包含所有 Header 名称的 Enumeration.

下面这个例子是一个读取所有 Request Header 值的 Servlet 程序。

【例 4-4】 RequestHeaderExample. java 文件。

```
import java. io. * ;
import java. util. * ;
import javax. servlet. * ;
import javax. servlet. http. * ;
…
public class RequestHeaderExample extends HttpServlet {
    protected void doGet( HttpServletRequest request, HttpServletResponse response)
        throws ServletException, IOException {
    response. setContentType( " text/html" ) ;
    PrintWriter out = response. getWriter( ) ;
    Enumeration e = request. getHeaderNames( ) ;
    //构造一个循环,遍历每一个元素的值
    while ( e. hasMoreElements( ) ) {
        String name = ( String) e. nextElement( ) ;
        String value = request. getHeader( name) ;
        //向页面输出每次获取到的参数值
        out. println( name + " = " + value + " <br > " ) ;
        }
    }
}
…
```

运行该文件，效果如图 4-12 所示。

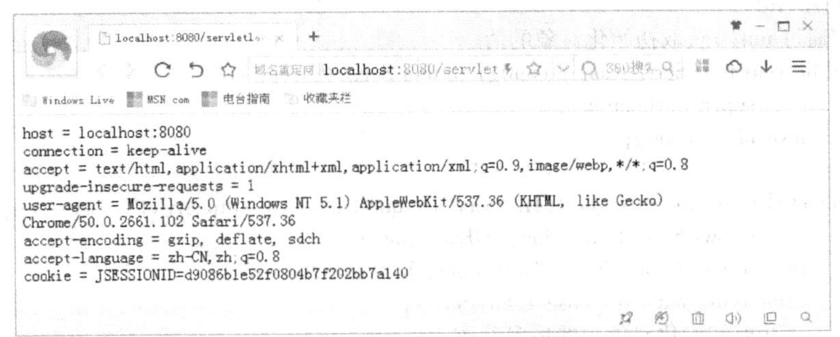

图 4-12　显示 Header 中的内容

客户端向服务器端发出 request 请求的同时在 Herder 中加入了一些附属信息，这相当于一些初始信息。除此之外，Servelt 文件本身也可以通过在 init( ) 方法中加入信息来完成文件初始化信息的配置。

前面已经介绍过，Servlet 文件与 Applet 文件类似，没有构造函数，实例化时是通过 init( )方法来实现的。这个方法获取了 ServletConfig 对象，然后再通过对象的 getInitParameter( )方法来获取参数（如果有初始化参数的话）。也可以不获取 ServletConfig 对象，直接通过 getInitParameter( )方法来获取参数。

这样做的好处是，通过配置信息来初始化 Servlet 可以有效避免硬编码信息，提高 Servlet 的可移植性。

下面通过一个例子演示一下如何在初始化时配置一个参数，并且读取这个参数。创建一个 Servlet 并设置文件名为 InitParam. java。在创建该文件时，一定要在设置了“Servlet 名称”和“URL 模式”后，在下面添加参数，如图 4-13 所示。单击“新建”按钮，然后添加参数名称和参数值。设置完毕后，单击“完成”按钮。

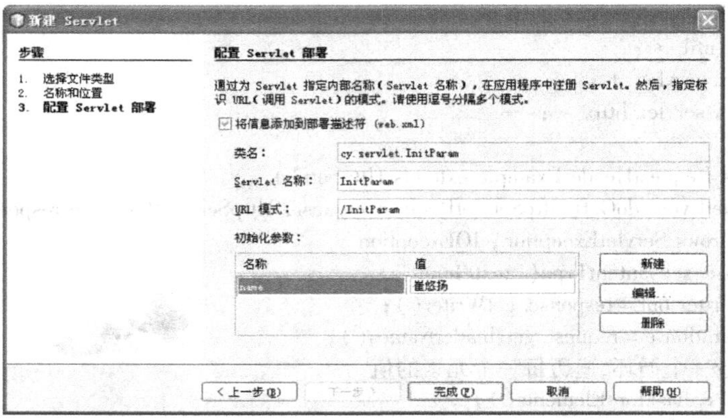

图 4-13　设置初始化参数

在打开的文件脚本框中，改写文件内容，核心代码如下。

【例 4-5】 InitParam. java 文件的核心代码。

```
public class InitParam extends HttpServlet {
…
    //声明一个 ServletConfig 类型的变量
ServletConfigmyconfig;
    @ Override
    //通过 init( )获取初始化对象的值
    public void init( ServletConfig config) throws ServletException {
            super. init( config) ;
        myconfig = config;
    }
    protected void processRequest( HttpServletRequest request, HttpServletResponse response)
            throws ServletException, IOException {
        response. setContentType( " text/html; charset = UTF - 8" ) ;
        PrintWriter out = response. getWriter( ) ;
        //获取初始化对象中的更多参数
        String initName = myconfig. getInitParameter( " name" ) ;
        try {
            / * TODO output your page here * /
            out. println( " <html >" ) ;
```

```
                out.println("<head>");
                out.println("<title>读取 Servlet 的初始化参数</title>");
                out.println("</head>");
                out.println("<body>");
                out.println("<h1>通过 myconfig 对象读取到的参数值为:  " + initName + "</h1
                        >");
                out.println("<h1>直接通过 getInitParameter()读取到的参数值为:  " + getInitPa-
                        rameter("name") + "</h1>");
                out.println("</body>");
                out.println("</html>");
            } finally {
            out.close();
            }
        }
    ...
    }
```

例 4-5 通过两种方法来显示读取到的参数，就如前面介绍的两种方式，读者可以自行比较。读取 Servlet 的初始化参数如图 4-14 所示。

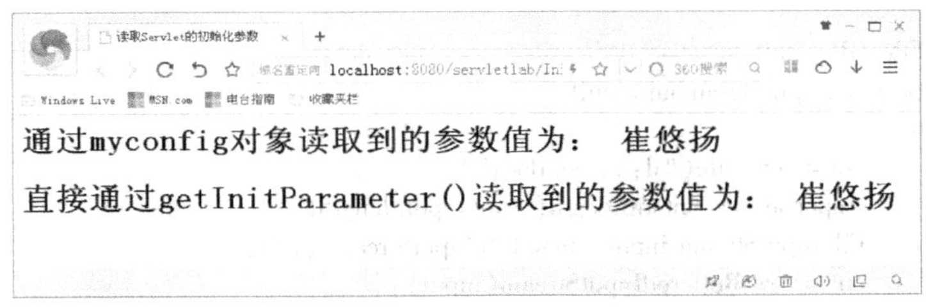

图 4-14　读取 Servlet 的初始化参数

4.2.3　发送非网页文档

通常 Servlet 编程是将 HTML 文件发送到客户端浏览器。然而许多站点还允许访问非 HTML 格式的文档，包括 Adobe PDF、Microsoft Word 和 Microsoft Excel 等。Servlet 也支持这些非 HTML 文档的发送，其实现方式是通过 MIME（多用途网络邮件扩展）协议利用 Servlet 来发送；发送的工作过程与普通页面的发送类似，只要将文件写到 Servlet 的输出流中，就可以利用 Servlet 在浏览器中打开或下载这些文件。

客户端浏览器通过 MIME 类型来识别非 HTML 文件和决定用什么容器来呈现这个数据文件。插件能够通过 MIME 类型来决定用什么方式打开这些文件，所以，人们常常能在浏览器中看到其他类型的文件。

MIME 类型很有实用性，它允许浏览器通过内置技术处理不同的文件类型。因此，MIME 类型似乎可以发送任何格式的文件，只要这个文件可以加入到 Servlet 的输出流中。

要实现发送非网页文档这一功能，必须在 Servlet 的 respense 对象中设置需要打开文件的 MIME 类型。主要介绍 3 种文件的发送方式：Adobe PDF、Microsoft Word 和 Microsoft Excel。需要将 response 对象中 Header 的 content 类型设置成相应的 MIME 标志，具体形式如下。

```
res.setContentType("application/pdf")              //发送 Adobe PDF 文件
res.setContentType("application/msword")           //发送 Microsoft Word 文件
res.setContentType("application/vnd.ms-excel")     //发送 Microsoft Excel 文件
```

通过下面这个例子，读者可以更好地理解发送非网页文档的过程。先在 D 盘根目录下创建一个名为 test. docx 的文档，将该文档作为被发送的文档。然后创建一个名为 WordServlet. java 的 Servlet 文件。当运行该文件时，它会向浏览器发送一个 Word 文档。

【例 4-6】 WordServlet. java 文件的核心代码。

```
...
import java.io.*;
import javax.servlet.ServletException;
import javax.servlet.ServletOutputStream;
import javax.servlet.http.HttpServlet;
import javax.servlet.http.HttpServletRequest;
import javax.servlet.http.HttpServletResponse;

protected void processRequest(HttpServletRequest request, HttpServletResponse response)
        throws ServletException, IOException {
    //设置发送文件为 word 文档
    response.setContentType("application/msword");
    ServletOutputStream out = response.getOutputStream();
    //response.setHeader("Content-disposition", "attachment;filename=test.docx");

        File pdf = null;
        BufferedInputStreambuf = null;
        try{
            pdf = new File("d:\\test.docx");
            response.setContentLength((int) pdf.length());
            FileInputStream input = new FileInputStream(pdf);
            buf = new BufferedInputStream(input);
            int readBytes = 0;

            //读取文件的内容,并写入到 ServletOutputStream 中
            while((readBytes = buf.read()) ! = -1)
                out.write(readBytes);
        }
        catch(IOException e){
                System.out.println("file not found!");
        }finally {

                //close the input/output streams
                    if (out ! = null)
                        out.close();
                    if (buf ! = null)
                        buf.close();
        }
    }
...
```

运行 Word Servlet 文件，结果如图 4-15 所示。

4.2.4 转发与重定向

转发和重定向都能让浏览器获得另外一个 URL 所指向的资源，但两者的内部运行机制有着很大的区别。

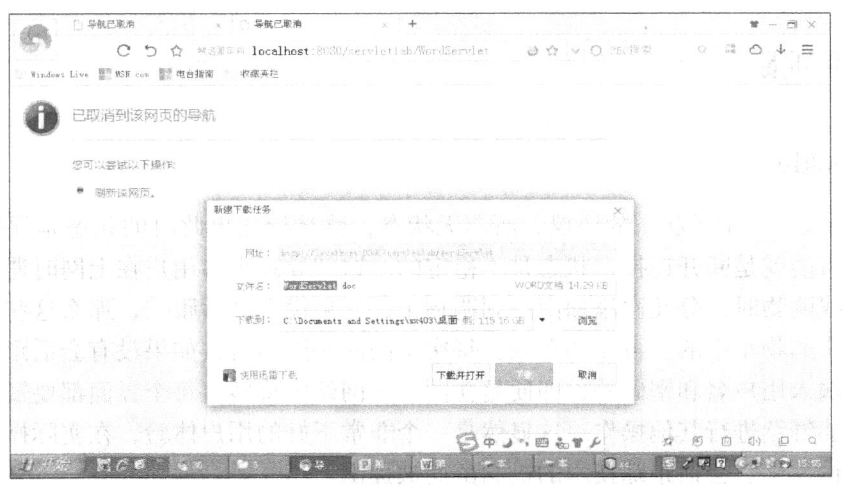

图 4-15　打开 Word 文档

1. 转发

有两种方法可获得转发对象（RequestDispatcher）：一种是通过 HttpServletRequest 的 getRequestDispatcher( )方法获得，另一种是通过 ServletContext 的 getRequestDispatcher( )方法获得。request 范围中存放的变量不会失效，就像把两个页面拼到了一起，举例如下。

```
request. getRequestDispatcher ("demo. jsp"). forward(request, response);//转发到 demo. jsp
```

假设浏览器访问 Servlet1，而 Servlet1 想让 Servlet2 为客户端服务。此时 Servlet1 调用 forward( )方法，将请求转发给 Servlet2。但是调用 forward( )方法对于浏览器来说是透明的，浏览器并不知道为其服务的 Servlet 已经换成 Servlet2，它只知道发出了一个请求，获得了一个响应，浏览器 URL 的地址栏不变。在实现效果上，转发有点类似 JSP 中的 forward 动作。

2. 重定向

当文档移动到新的位置，向客户端发送这个新位置时，就需要用到网页重定向。当然，也可能是为了负载均衡，或者只是为了简化映射关系，这些情况都有可能用到网页重定向。服务器会根据 HttpServletResponse 的 sendRedirect( )方法，请求寻找资源并发送给客户，它可以重定向到任意 URL，但不能共享 request 范围内的数据。举例如下。

```
response. sendRedirect("demo. jsp");//重定向到 demo. jsp
```

同样，假设浏览器访问 Servlet1，而 Servlet1 想让 Servlet2 为客户端服务。此时 Servlet1 调用 sendRedirect( )方法，将客户端的请求重新定向到 Servlet2。接着浏览器访问 Servlet2，Servlet2 对客户端请求做出反应。浏览器 URL 的地址栏改变。

📖 sendRedirect( )方法不但可以在位于同一主机上的不同 Web 应用程序之间进行重定向，而且可以将客户端重定向到其他服务器上的 Web 应用程序资源。而 forward( )方法只能将请求转发给同一 Web 应用的组件。转发时浏览器 URL 的地址栏不变。

这两种方法实现起来都比较简单，这里不再举例，在后面的应用中会涉及页面转发和重定向的操作。

4.3 会话跟踪

4.3.1 Cookie

HTTP 协议是一个无状态的协议，所谓无状态，就是指如果此时的状态是保持连接，下一刻的状态可能就是断开连接，状态是不稳定的。这就导致很多用户在上网时遇到问题，比如当用户在线购物时，分几次添加商品到购物车，如果没有会话跟踪，那么这些商品是没办法添加到一个购物车中的。再比如登录，每次访问同一网站时，如果没有会话跟踪，用户除了每次都要输入用户名和密码外，即便是在同一个网站中跳转，每个界面都要输入一次用户名和密码才能继续进行其他操作。这显然是一个非常不好的用户体验，在实际操作中绝不允许这样的事情发生。会话跟踪技术的机制由此被提出。

Cookie 是在 HTTP 协议下，服务器或脚本可以维护客户工作站信息的一种方式。Cookie 是由 Web 服务器保存在用户浏览器（客户端）上的小文本文件，可以包含有关用户的信息。无论何时用户链接到服务器，Web 站点都可以访问 Cookie 信息。

目前有些 Cookie 是临时的，有些则是持续的。临时的 Cookie 只在浏览器上保存一段规定的时间，一旦超过规定时间，该 Cookie 就会被系统清除。

持续的 Cookie 则保存在用户的 Cookie 文件中，下一次用户返回时，仍然可以对它进行调用。有些用户担心 Cookie 中的用户信息会被一些别有用心的人窃取，而造成用户信息泄露。其实，网站以外的用户无法跨过网站来获得 Cookie 信息。如果因为这种担心就屏蔽 Cookie，肯定会因此拒绝访问许多站点页面。因为，现在许多 Web 站点开发人员都使用 Cookie 技术，如 Session 对象的使用就离不开 Cookie 的支持。

表 4-1 所示为 Cookie 类的方法列表。

表 4-1　Cookie 类的方法列表

方　法	描　述
public void setDomain(String pattern)	该方法设置 Cookie 适用的域，如 w3cschool. cc
public String getDomain()	该方法获取 Cookie 适用的域，如 w3cschool. cc
public void setMaxAge(int expiry)	该方法设置 Cookie 过期的时间（以秒为单位）。如果不这样设置，Cookie 只会在当前 Session 会话中持续有效
public int getMaxAge()	该方法返回 Cookie 的最大生存周期（以秒为单位），默认情况下，-1 表示 Cookie 将持续下去，直到浏览器关闭
public String getName()	该方法返回 Cookie 的名称，名称在创建后不能改变
public void setValue(String newValue)	该方法设置与 Cookie 关联的值
public String getValue()	该方法获取与 Cookie 关联的值
public void setPath(String uri)	该方法设置 Cookie 适用的路径。如果不指定路径，与当前页面相同目录下的（包括子目录下的）所有 URL 都会返回 Cookie
public String getPath()	该方法获取 Cookie 适用的路径
public void setSecure(boolean flag)	该方法设置布尔值，表示 Cookie 是否应该只在加密的（即 SSL）连接上发送
public void setComment(String purpose)	该方法规定了描述 Cookie 目的的注释。该注释在浏览器向用户呈现 Cookie 时非常有用
public String getComment()	该方法返回了描述 Cookie 目的的注释，如果 Cookie 没有注释，则返回 null

下面通过一个例子来了解 Cookie。打开 NetBeans，创建一个新的 Servlet 类 CookieExample。这个文件将判断本地 Cookie 是否存在一个指定名称的 Cookie，如果没有，则创建这个 Cookie 并且显示出来。具体代码如下。

【例 4-7】CookieExample. java 文件。

```
package cy. servlet;

import java. io. IOException;
import javax. servlet. ServletException;
import javax. servlet. http. Cookie;
import javax. servlet. http. HttpServlet;
import javax. servlet. http. HttpServletRequest;
import javax. servlet. http. HttpServletResponse;

protected void processRequest( HttpServletRequest request, HttpServletResponse response)
            throws ServletException, IOException {
        response. setContentType( "text/html;charset = gb2312" );
        Cookie cookie = null;
        //创建一个 Cookie 类型的数组,用于获取本地 Cookie
        Cookie[ ] cookies = request. getCookies( );
        boolean newCookie = false;

        //判断 Cookie 是否存在
        if ( cookies ! = null) {
            for ( int i = 0; i < cookies. length; i ++ ) {
                if ( cookies[ i]. getName( ). equals( "cyCookie" ) ) {
                    cookie = cookies[ i];
                }
            }
        }
            //判断 Cookie 是否为空,如果为空则创建这个 Cookie
        if ( cookie == null) {
            newCookie = true;
            int maxAge = 5;
            //生成 Cookie 对象
            cookie = new Cookie( "cyCookie", "The first cookie!" );
            //设置 Cookie 的路径
            cookie. setPath( request. getContextPath( ) );
            //设置 Cookie 的生命周期
            cookie. setMaxAge( maxAge);
                //创建这个 Cookie
            response. addCookie( cookie);
        }//end if
        //显示信息
        response. setContentType( "text/html" );
        java. io. PrintWriter out = response. getWriter( );
        out. println( "<html>" );
        out. println( "<head>" );
        out. println( "<title>Cookie Info</title>" );
        out. println( "</head>" );
        out. println( "<body>" );
        out. println(
```

```
            "<h3>这是有关于第一个 cookie 的信息:</h3>");
        out.println("Cookie 的值为:" + cookie.getValue() + "<br>");

            //判断 Cookie 是否是第一次创建,如果是则输出下面的内容
        if (newCookie){
            out.println("<br>这里的信息只有第一次运行可以看到! <br>");
            out.println("Cookie 的生存周期为:" + cookie.getMaxAge() + "<br>");
            out.println("Cookie 的名字为:" + cookie.getName() + "<br>");
            out.println("Cookie 的路径为:" + cookie.getPath() + "<br>");
        }
        out.println("</body>");
        out.println("</html>");

    }
```

上面的程序中有一个设置 Cookie 声明周期的方法"setMaxAge(maxAge)",请读者注意,Cookie 也是有有效期的,这里的单位是按秒来计时的。比如上面设置为"5",即为这个 Cookie 的生命周期为 5 s,5 s 以后,这个 Cookie 就不存在了。运行这个程序,首先会看到所有的输出信息,如图 4-16 所示。

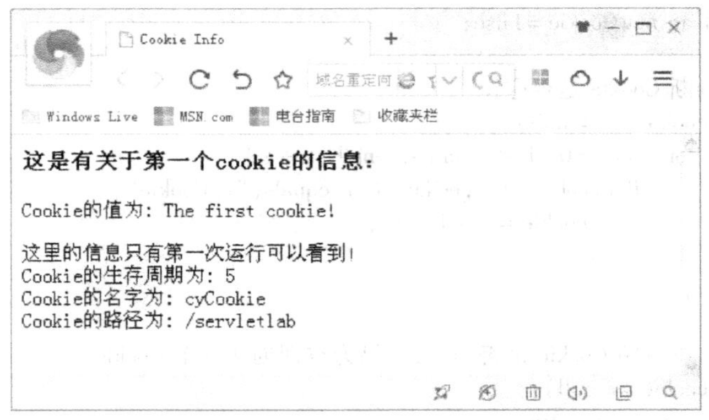

图 4-16　第一次运行的效果

如果在 5 s 钟之内单击浏览器的刷新按钮,就会发现显示的内容少了一些,如图 4-17 所示。这是因为刷新时这个 Cookie 仍然存在,按照程序中"if (newCookie)"的判断,只有新的 Cookie 才会显示后几条内容,因此就少了。如果 5 s 以后再刷新,看到的结果将与第一次一样,即如图 4-16 所示。

图 4-17　有效期之内的运行效果

📖 读者可以回想一下在自己上网时，是不是有些网站在登录时用户名会一直存在，但如果长时间不登录，用户名就不存在了。如果排除管理工具定期清理 Cookie 的因素，Cookie 的声明周期是出现这个现象的主要原因。

4.3.2　URL 参数传递与重写

经常上网的人一定会发现，很多情况下，浏览器的地址栏中除了显示正常的网页地址外，总会在后面跟一个“?”或“!”，然后还有一串字符构成的表达式。比如当打开百度，在搜索栏中输入“机械工业出版社”的字样，单击“搜索”按钮。在地址栏中的 URL 为“https://www.baidu.com/s? ie = utf - 8&f = 8&rsv_bp = 0&rsv_idx = 1…”。这里就使用了 URL 参数传递的技术。

这个技术与前面的 Cookie 技术类似，都是一种保持状态传递信息的技术。由于 Cookie 技术是把上网信息保存在客户端的硬盘中，有一定的安全隐患，所以现在很多浏览器产品或服务器都不支持 Cookie 保存状态信息，而通过 URL 传递参数就成为一个很好的替代。在网页跳转的同时，给下一个文件传递一些参数，使用 URL 的方式更为简单、便捷，相对于使用 Form 表单方式提交，编码量小很多。

不同的开发平台，对于 URL 参数传递的写法是有差异的，本书只介绍基于 Java EE 平台的语法形式，其基本形式如下。

```
http://www.npumd.edu.cn/file.htm? id = 12345&pw = 6669
```

URL 地址后的“?”代表要在 URL 后面加入的参数，如果是多个参数的传递，则通过“&”符号连接这些参数。这些参数传递到相关文件后，可通过 request.getParameter( ) 方法获取。

下面通过一个例子来阐述它们的使用方式，创建一个名为 SetParam.java 的 Servlet 文件，这个文件负责通过在 URL 地址后加参数的方式传递两个参数。然后通过另一个文件 PlayerInfo.java 接收这个参数，但不做任何处理，只是发送到页面显示出来，证明参数确实被传递过来了。首先创建 SetParam.java 文件。

【例 4-8】 SetParam.java 文件。

```
…
protected void processRequest(HttpServletRequest request, HttpServletResponse response)
        throws ServletException, IOException {
    response.setContentType("text/html;charset = UTF - 8");
    PrintWriter out = response.getWriter();
    try {
        String uname = "杜兰特";
        String uage = "28";
        //给 URL 加参数
        String encodedUrl =   response.encodeURL(request.getContextPath() +
            "/PlayerInfo? name = " + uname + "&age = " + uage);
        out.println(" <html > ");
        out.println(" <head > ");
```

```
                out.println("<title>URL Rewriter</title>");
                out.println("</head>");
                out.println("<body>");
                out.println("<h2>查看球员信息请点击<a href=\"" + encodedUrl +
                    "\">这里</a>.</h2>");
            } finally {
                out.close();
            }
        }
    ...
```

上面的代码中，通过“request.getContextPath()”获取了当前上下文的路径，然后是URL的文件。当单击链接后，系统就会向这个路径的URL发起请求，同时会把name和age两个参数传递给文件。下面创建接收参数的文件PlayerInfo.java。

【例4-9】 PlayerInfo.java文件。

```
    ...
    protected void processRequest(HttpServletRequest request, HttpServletResponse response)
                throws ServletException, IOException {
            response.setContentType("text/html;charset=UTF-8");
            request.setCharacterEncoding("UTF-8");//解决编码问题
            PrintWriter out = response.getWriter();
            try {
                /* TODO output your page here */
                out.println("<html>");
                out.println("<head>");
                out.println("<title>利用URL传递参数</title>");
                out.println("</head>");
                out.println("<body>");
                //接收参数,并显示出来
                out.println("<h1>球员的名称:" + request.getParameter("name") + "</h1>");
                out.println("<h1>球员的年龄:" + request.getParameter("age") + "</h1>");
                out.println("</body>");
                out.println("</html>");
            } finally {
                out.close();
            }
        }...
```

运行SetParam.java文件，效果如图4-18所示。

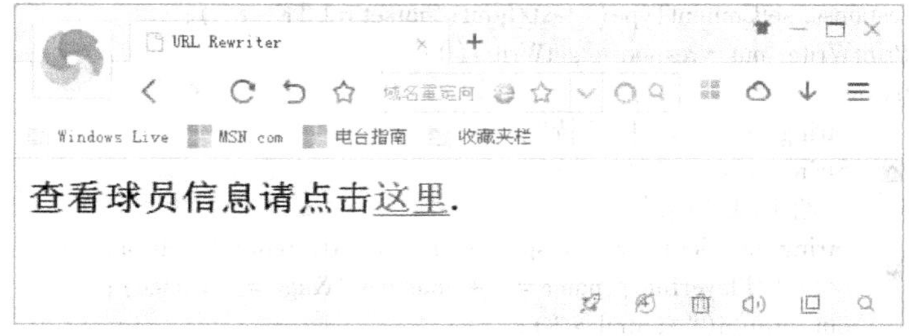

图4-18　运行SetParam.java文件的效果

单击页面中的“这里”链接后，会跳转至 SerParam. java 文件。此时会看到，参数已经被传递过来了，效果如图 4-19 所示。

在文件 PlayerInfo. java 中，name 和 age 是通过赋值的方式给出的。这里只是为了试验效果，其实实际工作中这些值应该都是变量，根据用户的操作来确定。

通过 URL 附带参数的方式传递信息还有一个好处，就是在测试一个业务程序时，一般需要一个页面文件输入参数，然后调用这个业务程序才可以测试，而使用 URL 传递参数就不用前驱的页面文件了，可直接调用业务程序，在地址后面带参数即可。比如上例中，实际上可以不编写 PlayerInfo. java 文件，而直接调用 SerParam. java 文件，只需在调用的时候，在地址后面加上如图 4-20 所示的代码即可。

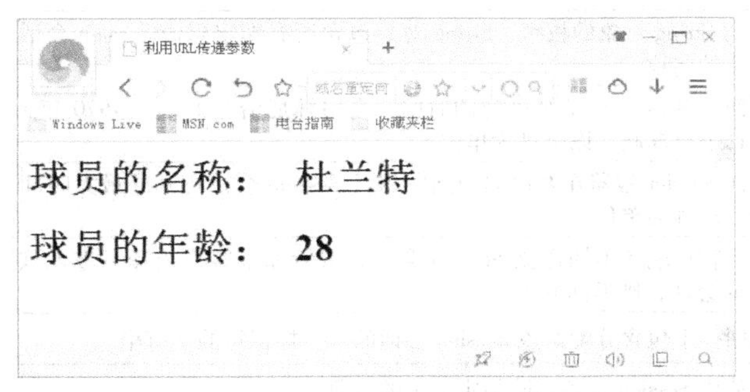

图 4-19　显示传递的参数

图 4-20　直接调用 PlayerInfo. java 文件的方法

URL 附带参数的方式很简单，而且几乎可以给所有出现 URL 地址的地方附加参数，使用适用范围很广。读者在平时的练习中可以尝试给所有出现 URL 的地方添加参数。

虽然 URL 附带参数的方式很好用，但是也存在一定的问题，例如，地址栏显示出传递的参数，甚至是参数的值，这样是存在安全隐患的。读者虽然在实际上网过程中看到了 URL 地址后面的“?”，但后面的内容似乎都看不太懂。这是因为 Java EE 给出了一种名为 URL 重写的技术。这个技术不是传递参数，而是获得一个进入的 URL 请求，然后把它重新写成网站可以处理的另一个 URL。例如，将/PlayerInfo. java? id = 100111 重写，重写后可以用/PlayerInfo. html 表示。

URL 重写有以下几点好处。

1）让原有的 URL 采用另一种规则的方式来显示，方便用户访问的同时也屏蔽了一些重要信息。

2）实际开发中的页面，大部分数据都是动态显示的。而搜索引擎一般都比较难抓取这些动态信息。通过 URL 重写，可以把动态的页面变成静态的，有利于搜索引擎的识别抓取。

3）提高重用性，加强网站的移植能力。例如，系统更改了后端控制程序访问的方法，而通过 URL 重写定义的前端地址可以不用改，这样就提高了网站的移植性。

对于初学者来说，建议先从参数传递的角度来学习。本书也主要介绍这方面的功能，有关 URL 重写更深入的学习和了解，建议读者查阅相关技术资料。

4.3.3　Session

Session 是一个高级接口，是建立在 Cookie 和 URL 重写这两种技术之上的。它是针对会话跟踪的底层实现机制，对用户是透明的，也就是说用户可以不关心这部分的技术细节。

Session 作为一种会话跟踪技术，可以连续跨越多个用户的连接。开发者可以通过 Servlet 来查看和管理会话的信息，使用起来比较方便，也更加安全。

通过调用 HttpServletRequest 的 getSession( )方法来获取 HttpSession 对象，代码如下。

```
HttpSession session = request. getSession( );
```

表 4-2 所示为 HttpSession 对象中的几个常用方法。

表 4-2　HttpSession 的常用方法列表

方　法	描　述
public Object get Attribute （String name）	返回在该 Session 会话中具有指定名称的对象，如果没有指定名称的对象，则返回 null
public Enumeration getAttributeNames( )	返回 String 对象的枚举，String 对象包含所有绑定到该 Session 会话的对象的名称
public long getCreationTime( )	返回该 Session 会话被创建的时间，自格林尼治标准时间 1970 年 1 月 1 日午夜算起，以毫秒为单位
public int getMaxInactiveInterval( )	返回 Servlet 容器在客户端访问时保持 Session 会话打开的最大时间间隔，以秒为单位
public boolean isNew( )	如果客户端还不知道该 Session 会话，或者如果客户选择不进入该 Session 会话，则返回 true
public String getId( )	返回一个包含分配给该 Session 会话的唯一标识符的字符串
public void removeAttribute （String name）	将从该 Session 会话移除指定名称的对象
public void setAttribute （String name，Object value）	使用指定的名称绑定一个对象到该 Session 会话
public void setMaxInactiveInterval （int interval）	当前会话的有效时间，以秒为单位。如果为零或负数，则表示永远有效

使用 Session 来存储会话信息的步骤如下。

1）获取一个 HttpSession 的对象资源。

2）判断是否存在指定的 Session 属性，如果存在则获取这个属性的值，如果不存在则创建这个属性。

3）使用这个 Session 对象的属性。

4）如果不再需要这个对象，手动停止它，或者什么都不做，等待系统自动回收。

📖 Session 是一个对象，它相当于系统分出一部分特定的数据缓存区来保存这个逻辑上的 Session 资源。保存在 Session 中的信息，是以类似于它的属性的方式存在。读者可以认为 Session 是一家“旅馆”，每个信息是临时租住在旅馆某个房间的“房客”。

要实现上述4 个步骤，就需要用表4-2 中的方法来完成。下面通过实例来了解一下。创建一个名为 SessionExample. java 的 Servlet 文件。该文件创建一个 Session 对象，并且打印输出该对象的基础信息。同时增加一个统计访问网页次数的变量，显示出统计本页面被访问的次数。

【例 4-10】 SessionExample. java 文件。

```
…
//扩展 HttpServlet 类
public class SessionExample extends HttpServlet {
…
```

```
protected void processRequest( HttpServletRequest request, HttpServletResponse response)
        throws ServletException, IOException {
    response. setContentType( " text/html;charset = UTF - 8" ) ;
    PrintWriter out = response. getWriter( ) ;
    //获取一个 Session 对象资源
    HttpSession session = request. getSession( true) ;
    //生成两个时间变量,标记创建和上次访问这个 Session 对象的时间
    Date crtTime = new Date( session. getCreationTime( ) ) ;
    Date lastAccessTime = new Date( session. getLastAccessedTime( ) ) ;

    //创建统计访问次数的变量
    Integer visitCount = new Integer(0) ;

    String visitCountKey = new String( " visitCount" ) ;
    String userIDKey = new String( " userID" ) ;
    String userID = new String( " ABCD" ) ;

    //判断当前的 Session 对象的属性是否为空
    if ( session. isNew( ) ) {
        //创建一个新的 Session 属性及值
        session. setAttribute( userIDKey, userID) ;
    } else {
        //如果 Session 对象不为空,则获取名为 visitCountKey 对应的值
        visitCount = ( Integer) session. getAttribute( visitCountKey) ;
        //如果值不为空,则做 + 1 的操作
        if ( visitCount ! = null) {
            visitCount = visitCount + 1 ;
        }
        if ( session. getAttribute( userIDKey) ! = null) {
            userID = ( String) session. getAttribute( userIDKey) ;
        }
    }
    session. setAttribute( visitCountKey,   visitCount) ;

    //设置输出文件的内容类型
    response. setContentType( " text/html" ) ;
    String title = " Welcome SessionExample Page" ;
    String docType =
    " < ! doctype html public \" -//w3c//dtd html 4. 0 " +
    " transitional//en\" > \n" ;
    out. println( docType +
        " < html > \n" +
        " < head > < title > " + title + " </title > </head > \n" +
        " < body bgcolor = \" #FFFFFF\" > \n" +
        " < h1 align = \" center\" > " + title + " </h1 > \n" +
        " < h2 align = \" center\" > session: </h2 > \n" +
        " < table border = \" 1\" align = \" center\" > \n" +
        " < tr bgcolor = \" #F3F3F0\" > \n" +
        "    < th > session: </th > < th > value </th > </tr > \n" +
        " < tr > \n" +
        "    < td > id </td > \n" +
        "    < td > " + session. getId( ) + " </td > </tr > \n" +
```

```
                "<tr>\n" +
                "    <td>Creation Time </td>\n" +
                "    <td>" + crtTime +
                "    </td> </tr>\n" +
                "<tr>\n" +
                "    <td>Time of Last Access </td>\n" +
                "    <td>" + lastAccessTime +
                "    </td> </tr>\n" +
                "<tr>\n" +
                "    <td>User ID </td>\n" +
                "    <td>" + userID +
                "    </td> </tr>\n" +
                "<tr>\n" +
                "    <td>Number of visits </td>\n" +
                "    <td>" + visitCount + "</td> </tr>\n" +
                "</table>\n" +
                "</body> </html>");
    }
...
```

程序最后的运行结果如图 4-21 所示。

图 4-21　Session 示例

在例 4-10 中，是当前文件自己调用本身所创建的 Session 对象中的值。前面介绍过，Session 的信息是可以跨越多个用户连接的。那么其他的文件如何获取这里的 Session 值呢？其实方法是类似的，先获取 Session 对象的资源，然后再申请获取里面对应的属性值即可。创建一个名为 GetSession. java 的 Servlet 文件，该文件的作用就是获取例 4-10 程序中 userID 属性对应的值。

【例 4-11】 GetSession. java 文件的核心代码。

```
    ...
protected void processRequest(HttpServletRequest request, HttpServletResponse response)
            throws ServletException, IOException {
        response.setContentType("text/html;charset = UTF-8");
        HttpSession session = request.getSession();
        String info = (String)session.getAttribute("userID");
        PrintWriter out = response.getWriter();
```

```
        try {
            /* TODO output your page here */
            out.println(" <html > ");
            out.println(" <head > ");
            out.println(" <title > ServletGetSession </title > ");
            out.println(" </head > ");
            out.println(" <body > ");
            out.println(" <h1 > ServletGetSession at " + info + " </h1 > ");
            out.println(" </body > ");
            out.println(" </html > ");
        } finally {
            out.close();
        }
    }
...
```

读者会发现，其他文件获取 Session 的方式都是通过 getAttribute( ) 方法。但在此之前一定要先申请获取 Session 对象资源 “HttpSession session = request. getSession( )” 才可以。最后的显示效果如图 4-22 所示。

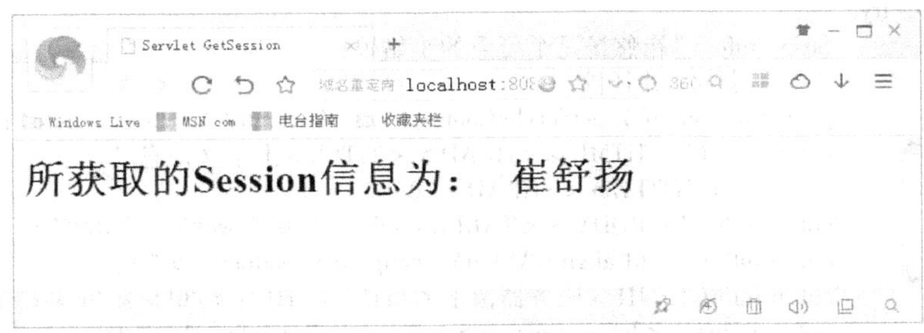

图 4-22　获取 Session 对象的信息

4.3.4　Servlet 的上下文

运行在 Servlet 服务器中的 Web 应用都会有一个全局的、储存信息的对象，设置这个对象的初衷是为了保存一些项目的背景环境信息。这个对象称为 Servlet 的上下文，可以使同一个 Web 应用中不同资源之间进行信息的共享。这就好像是一家酒店的前台，如果把酒店看成是一个 Web 应用，那么酒店的前台就起到了一个共享信息的作用。比如可以在前台暂存行李，或者是给朋友留一个口信让前台转达等。一些商家也会把宣传资料放在前台，让有兴趣的顾客阅读等。这里的前台在功能上就起到了类似上下文的作用。

Javax. Servlet. ServletContext 接口就是对上下文对象进行有关操作的。通过它的 getServletContext( ) 方法，可以获得当前运行的 Servlet 的上下文对象。从功能的角度来看，可以通过上下文对象保存一些具有全局性的、公共的、安全的数据。

Servlet 可以通过名称将对象属性绑定到上下文。任何绑定到上下文的属性都可以被同一个 Web 应用的其他 Servlet 使用。获取上下文实例及添加信息的主要方法如下。

1) getServletContext( ) 方法：通过 ServletConfig 接口获得上下文实例。这里的上下文实例对象并不是创建一个新的对象，而是去获取每个 Web 应用都唯一对应的上下文对象，所以这里没有新建一个对象。

2）getInitParameter( )及 getInitParameterNames( )方法：访问 Web 应用的初始化参数和属性。

3）setAttribute( )及 getAttribute( )方法：添加并获取上下文对象中的信息。

4）getAttributeNames( )及 removeAttribute( )方法：获取上下文信息的名称，并移除上下文中保存的信息。

下面通过一个例子介绍一下调用上下文信息的过程。创建一个名为 GetMessage. java 的文件，这个文件负责申请获得上下文对象，并在里面保存一个信息。为了显示保存的信息的内容，通过页面把这个信息显示出来。再创建一个文件名为 ShowMessage. java 的文件，这个文件负责获取上下文对象，读取第一个文件所存储的信息，并在页面中显示出来。首先创建第一个文件，核心部分代码如下。

【例 4-12】 GetMessage. java 文件的核心代码。

```
public class SetServletContext extends HttpServlet {
…
    protected void processRequest(HttpServletRequest request, HttpServletResponse response)
    throws ServletException, IOException {
        response.setContentType("text/html;charset=UTF-8");
        PrintWriter out = response.getWriter();
        try {
            String info = "崔悠扬是个可爱的小姑娘!";
            //将信息放入上下文
            getServletConfig().getServletContext().setAttribute("Message",info);
            out.println("<HTML><HEAD><TITLE>上下文信息"
                +"</TITLE></HEAD>");
            out.println("<BODY><TABLE border=\"0\" width=\"100%\"><tr>");
            out.println("<td align=\"left\" valign=\"bottom\">");
            out.println("<H1>服务器留下的口信:</H1></td></tr></TABLE>");
            out.println("<h2><center><strong>"+info+"</strong></center></h2
>");
        } finally {
            out.close();
        }
    }
…
}
```

运行该文件后，显示出参数 info 中的字符串内容，效果如图 4-23 所示。

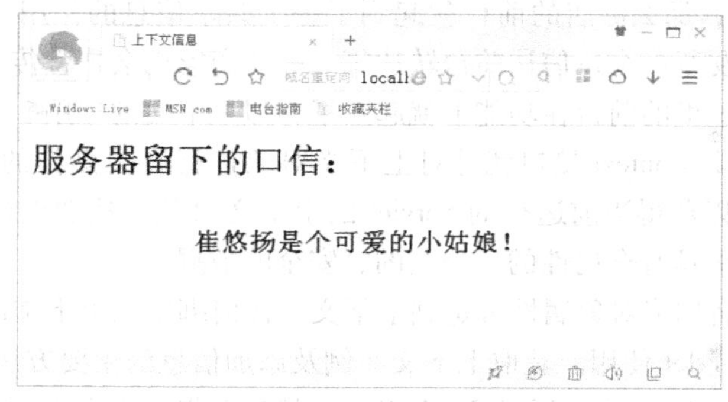

图 4-23　在上下文对象中保存信息

接下来创建第二个文件，核心部分代码如下。

【例 4-13】ShowMessage. java 文件的核心代码。

```
public class ShowMessage extends HttpServlet {
...
    protected void processRequest(HttpServletRequest request, HttpServletResponse response)
            throws ServletException, IOException {
        response.setContentType("text/html;charset = gb2312");
        PrintWriter out = response.getWriter();
        String getInfo = (String)getServletContext().getAttribute("Message");
        if(getInfo == = null){getInfo = new String("获取上下文信息失败!");
        }
        out.println("<HTML><HEAD><TITLE>获取上下文的信息"
            +"</TITLE></HEAD>");
        out.println("<BODY>");
        out.println("得到的口信是:" + getInfo);
        out.println("</BODY></HTML>");

    }
...
}
```

运行该文件后，得到的口信与第一个文件一样。说明这个上下文对象中保存的信息被读取了出来。运行效果如图 4-24 所示。

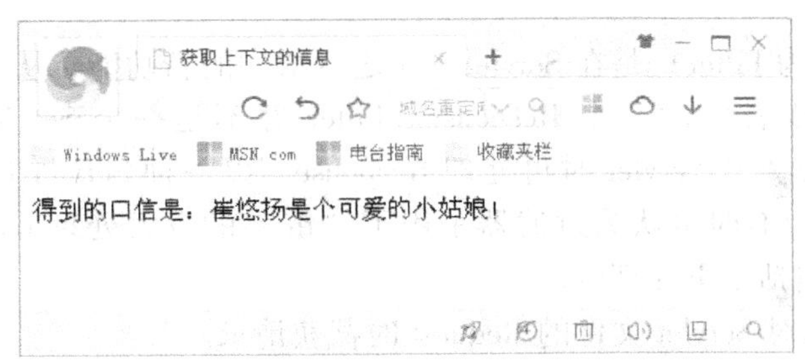

图 4-24　其他文件获取上下文对象中的信息

通过上面的实例，读者会发现，上下文信息的应用方式与 Session 的方式非常类似，就连具体的取值与赋值的方法也是一样的。那么，Session 与上下文对象有区别吗？答案是肯定的。

虽然这两种方式都可以保存信息，但是最根本的区别在于，它们具有不同的生命周期。对于 Session，每个用户都可以拥有一个，它的生存周期也是伴随着这个用户的周期存在的。而上下文对象则不是每个用户都可以拥有的。它是属于当前的 Web 服务应用的，而且是唯一一个，它的生命周期与 Web 应用的生命周期一致。

也就是说，当一个 Web 服务器开始运行后，这个应用就具备了唯一一个上下文对象，只要这个应用没有停止，这个上下文对象就一直存在。在这个期间，任何用户或 Request 都可以访问上下文对象中的信息。除非重启 Web 服务器，否则上下文对象会一直存在。

了解了它们之间的区别，读者就应该明白，它们虽然都可以保存信息，但是适用范围不同。Session 应该是局部的，与用户相关的信息；而上下文对象则是全局的，相对公共、更加安全的信息。

4.4 过滤器

4.4.1 过滤器简介

Servlet 过滤器是服务器与客户端请求和响应的中间层组件。在实际项目开发中 Servlet 过滤器主要用于拦截浏览器与服务器之间的请求和响应，根据过滤器内部的设置，查看、提取或修改交互的数据，之后再转给下一个资源。

Servlet 过滤器有非常强大的功能，在实际工作中也起到了很重要的作用。总的来说，体现在以下几个方面。

1）对请求的访问进行预处理，如防止乱码、添加必要的安全信息或安全处理等。

2）对被过滤资源进行身份验证，实现一定程度上的权限控制。

3）对请求进行合理的转发指派，降低服务器负载，提高服务器效率。

其实可以把过滤器看成是银行的大堂经理。当用户去银行办理业务时，大堂经理会询问用户需要做什么，然后根据业务内容引导用户办理业务。如果表格填写得不对，大堂经理会帮忙修正，如果用户去错了银行，经理也会马上提醒；或者用户只是查询折子上的余额，大堂经理会帮忙在自动查询机上查看余额，不需要用户抽号排队到柜台查询。以上的一系列事情，其实都与过滤器的功能近似。所以，在一个实际项目开发中，过滤器起到了很重要的作用。

过滤器（以下称为 Filter）是在 Servlet 2.3 之后增加的新功能，从工作原理上看，它可以改变一个 Request 或者修改一个 Response。Filter 并不是一个 Servlet，它不会生成 Response，只是在请求要离开 Servlet 时再处理 Response。以一种 Servlet Chaining（Servlet 链）的方式完成响应。所以有时也认为过滤器采用了“链”的方式处理 request 或 response。一个 Filter 的处理过程包括以下几部分。

1）在客户端发起对 Servlet 文件的 Request 时截获请求。

2）在 Servlet 被调用之前检查 Request。

3）根据 Filter 的设计，修改 Request 头和 Request 数据。

4）根据 Filter 的设计，修改 Response 头和 Response 数据。

5）在 Servlet 被调用之后截获这个对象。

Filter 的处理过程，如图 4-25 所示。

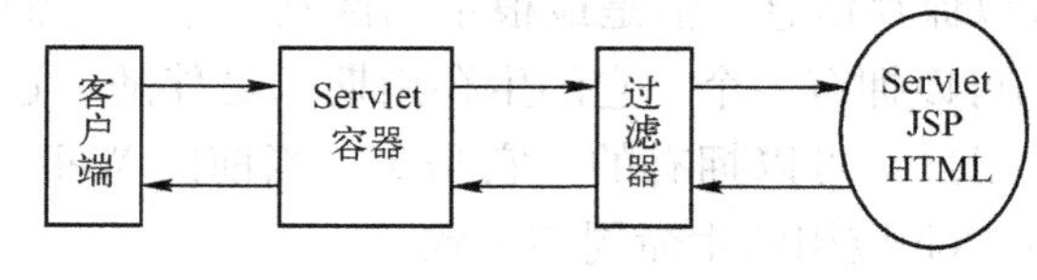

图 4-25　Filter 的处理过程

开发者在创建自己的 Filter 时，必须要实现一个接口：javax. servlet. Filter。该接口包含 3 种抽象方法：init()、doFilter()和 destroy()。根据它们的英文意思就可以理解，这 3 种方法分别是初始化 Filter、具体的过滤行为和 Filter 的销毁。大多数情况下，Filter 的销毁使用 Java 系统的自动回收机制；如果没有初始化配置的特殊要求，init()方法也不需要重载。因此，这里最重要的部分就是如何实现具体过滤行为的方法 doFilter( )。

4.4.2　创建过滤器

打开 NetBeans 后，在左边导航栏右击项目名，在弹出的快捷菜单中选择“新建”→“其他”命令，在弹出的对话框中设置“文件类型”为“过滤器”，如图 4-26 所示。

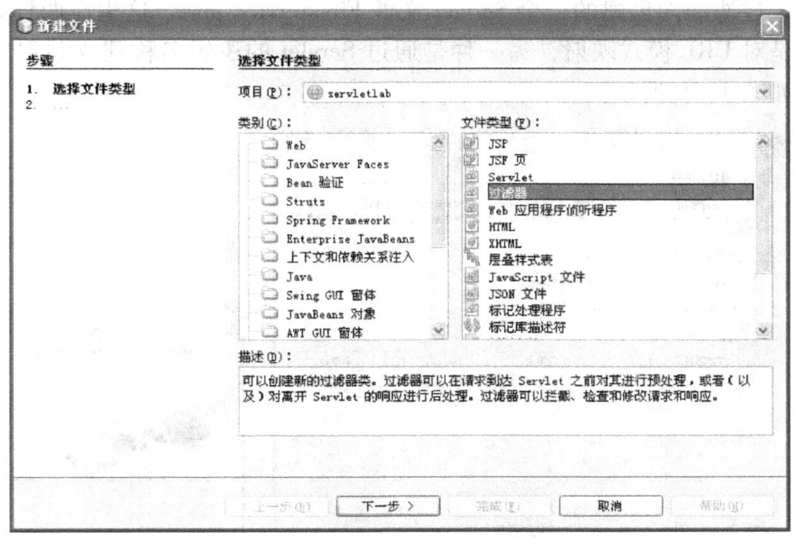

图 4-26　选择文件类型

单击“下一步”按钮，进入“新建过滤器”对话框，如图 4-27 所示。

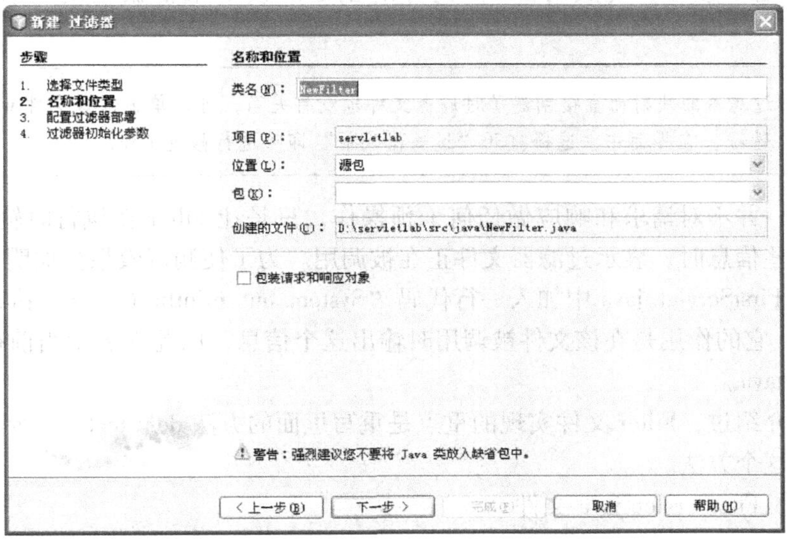

图 4-27　“新建过滤器”对话框

在“类名”文本框中输入 FilterExample，在“包”文本框中输入 Filter 所在的包名。这里创建一个名为“cy. filter”的包。完成输入后，单击“下一步”按钮，进入“配置过滤器部署”对话框，如图 4-28 所示。

这个步骤非常重要，它的作用是选择被 Filter 隔离的文件，请读者一定注意不要在这个步骤直接单击“完成”按钮，否则系统默认是对项目中所有的文件进行过滤。在图 4-28 中可以发现，在“过滤器映射”列表框中，“应用于”的默认设置为“/＊”，这意味着对所有文件过滤，整个项目都无法正常运行。所以，一定要在这里配置所过滤的具体文件。

在本例中，过滤前面创建的一个 Servlet 文件 FirstServlet. java。这里有两种方式建立过滤器映射，一种是对 URL 模式映射，另一种是通过 Servlet 的逻辑名称建立映射。本例中选择第二种方式，如图 4-29 所示。

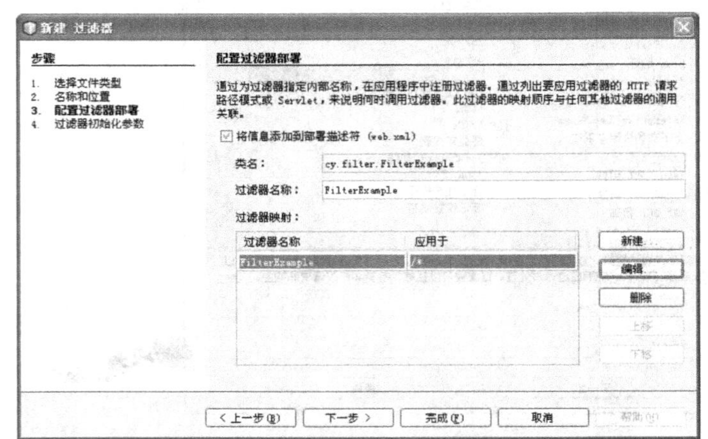

图 4-28　配置过滤器部署

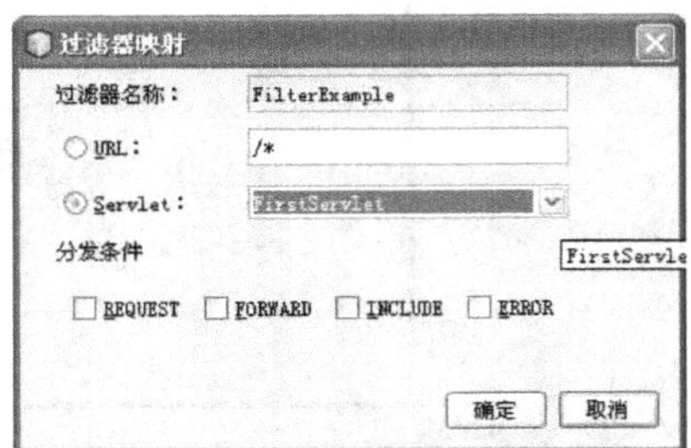

图 4-29　建立映射关系

单击“确定”按钮，完成对 Filter 文件的创建。接下来根据情况对程序内容进行修改。

📖 如果忘记编辑过滤器的映射而直接创建了过滤器文件也没有关系，可以单击部署文件 web. xml，然后选择“过滤器”选项，在界面中，选择打开“过滤器映射”即可进行修改工作。

在本例中，并不对请求和响应做任何干预操作，只是让 Filter 在执行时输出一段字符，当看到输出这些信息时，表示过滤器文件正在被调用。为了使测试效果更加明显，可以先在被过滤的文件 FirstServlet. java 中加入一行代码“System. out. println（" ＊＊执行当前的 Servlet 文件!"）”，它的作用是在该文件被调用时输出这个信息，以此来表示当前被调用的文件是 FirstServlet. java。

前面已经介绍过，Filter 文件实现的重点是重写里面的方法 doFilter( )。所以在此只是修改了文件中的这个方法。

【例 4-14】 FirstServlet. java 文件。

```
…
public void doFilter(ServletRequest request, ServletResponse response,
FilterChain chain)
        throws IOException, ServletException {
    //输出一条信息,表示拦截了 request,正在执行过滤器文件
```

```
        System.out.println(" ** 执行 doFilter()方法之前!");
        //允许请求调用 FirstServlet.java 文件
        chain.doFilter(request, response);
        //输出信息,表示拦截了 response
        System.out.println(" ** 执行 doFilter()方法之后!");
    ...
}
```

上面的代码中“chain.doFilter(request,response)”，表示允许客户端访问它原先所要请求的资源。这里还使用了“System.out.println()”这个方法。请读者注意，这个方法并不能让它其中的字符串在客户端浏览器中显示出来。它会作为服务器本地的输出，在本地服务器的输出端显示出来。使用 NetBeans 工具调试该程序时，注意观察该工具下半部分的输出窗口。选择“GlassFish Server 3.1”标签，该标签显示的是有关于服务器运行的输出信息。运行 FirstServlet.java 文件后，可以看到 GlassFish Server 3.1 标签有以下信息，如图 4-30 所示。

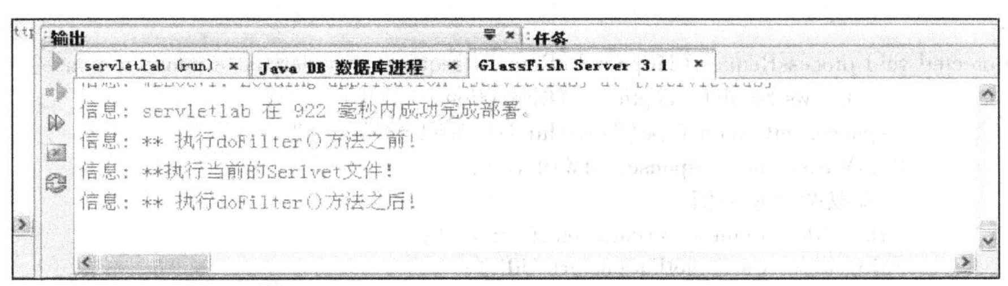

图 4-30　服务器输出的信息

从上面显示的信息可以看出，当客户端要求访问 FirstServlet.java 文件时，被过滤器截获，所以首先执行过滤器文件的内容，因此首先看到的信息是“ ** 执行 doFilter()方法之前!”，之后通过了用户的请求，于是此时 FirstServlet.java 文件被调用，此时输出了第二句话。当这个文件要响应客户端时，又被过滤器拦截，此时再次执行过滤器文件，因此看到了第三句话，之后才又继续中断的响应操作，向客户端发送了输出的内容。

虽然在例 4-14 中只是创建了一个过滤器文件，但实际上每次创建一个过滤器文件，NetBeans 工具都会自动在项目的配置部署描述文件 web.xml 中添加这个过滤器的相关配置信息。这个信息很重要，因为每次系统工作时都是参照这里的信息寻找对应的映射的。如果这里没有过滤器的信息，过滤器将无法工作。因此，对于这部分代码读者应该有一个了解。此外，并不是所有的集成开发工具都会自动生成有关过滤器的描述符。当读者使用其他工具时，可能需要手动添加相关的代码。以上面的过滤器文件为例，web.xml 文件中有关这个过滤器的代码如下。

```
<filter>
<filter-name>FilterExample</filter-name>
<filter-class>cy.filter.FilterExample</filter-class>
</filter>
...
<filter-mapping>
<filter-name>FilterExample</filter-name>
<servlet-name>FirstServlet</servlet-name>
</filter-mapping>
```

第一个标签 <filter> 中是对所有过滤器的定义，里面的 <filter-name> 标签是文件名称，<filter-class> 标签表示该文件的权限名称。<filter-mapping> 标签中的内容是对所有过滤器映射关系的定义，<servlet-name> 标签指过滤器过滤的是哪一个文件。

下面再举一个相对复杂一些的实例。实际上网中，会遇到这样的情况，在没有登录贴吧直接浏览帖子时，看到想回复的帖子单击了回复按钮，此时系统会弹出错误提示，提醒用户登录以后才可以回复。这个功能完全可以用过滤器的方式实现。

这里通过 3 个文件来模拟以上过程。创建一个 Servlet 文件，模拟回帖，它需要输入 title 和 id 两个参数，然后显示出来。创建一个过滤器文件，让它过滤第一个文件，依据是检查里面的参数 id 的值是否不为空且值为"cuiyan"。如果是，则不做任何处理，让 Servlet 文件向浏览器发送内容；如果不是，则拦截请求，直接重定向到一个错误文件。

首先创建回帖文件 sendInfo.java。

【例 4-15】 sendInfo.java 文件。

```
...
protected void processRequest(HttpServletRequest request, HttpServletResponse response)
        throws ServletException, IOException {
    response.setContentType("text/html;charset=UTF-8");
    PrintWriter out = response.getWriter();
    //获取两个参数值
    String title = request.getParameter("title");
    String id = request.getParameter("id");

    try {
        /* TODO output your page here */
        out.println("<html>");
        out.println("<head>");
        out.println("<title>ServletsendInfo</title>");
        out.println("</head>");
        out.println("<body>");
        out.println("<h1>一个测试的信息:"" + title + ""来自于" + id + "的信息。</
h1>");
        out.println("</body>");
        out.println("</html>");

    } finally {
        out.close();
    }
}
...
```

创建完毕后可以先运行一下文件，看一下效果。请读者注意，这个文件要运行，还需要先创建一个输入参数的页面文件。因为前面已经学过使用 URL 来传递参数，故运行 sendInfo.java 文件时只需要把参数值跟在 URL 后面即可，如图 4-31 所示。

测试的页面效果如图 4-32 所示。

确认上面的回帖文件可以运行后就可以创建过滤器文件了。过滤器文件名为 MyFilter.java，在创建过程中，设置过滤器映射为 sendInfo.java。生成文件后，修改 doFilter() 方法。

图 4-31　附带参数运行回帖文件

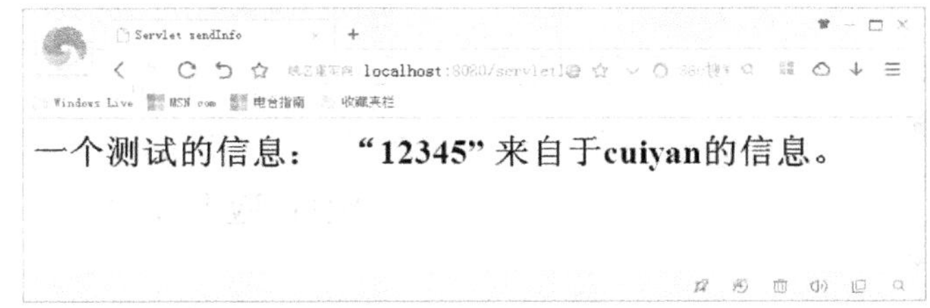

图 4-32　运行回帖页面效果

【例 4-16】 MyFilter. java 文件。

```
…
public void doFilter( ServletRequestreq, ServletResponse res,
FilterChain chain)
        throws IOException, ServletException {
        HttpServletRequesthreq = ( HttpServletRequest) req;
        HttpServletResponsehres = ( HttpServletResponse) res;
//获取客户端提交的 id 参数值
        String isLog = hreq. getParameter( "id" ) ;
        System. out. println( isLog) ;
        //判断 id 值是否为指定内容
        if ( (isLog !  = null) && ( (isLog. equals( "cuiyan" ) ) || (isLog == "cuiyan" ) ) ) { //检
查是否登录
            chain. doFilter( req, res) ;
            //return;
        } else {
            hres. sendRedirect( "/servletlab/error. jsp" ) ;//如果没有登录,把视图派发到登录
页面
        }
    }
…
```

在 doFilter( )方法中对参数列表里的两个参数做了强制类型转换。

```
HttpServletRequesthreq = ( HttpServletRequest) req;
HttpServletResponsehres = ( HttpServletResponse) res;
```

这是因为 doFilter( )方法本身的请求与响应的参数类型为“ServletRequ”和“ServletResponse”，而 Servlet 请求及响应的类型是“HttpServletRequest”和“HttpServletResponse”。为了让过滤器拦截请求的同时可以获取客户端传递过来的参数 id，则需要转换这个类型，从而通过 getParameter( )方法获取参数值。

在得到 id 值后，过滤器进行了内容有效性的判断。如果符合要求，则通过请求；如果不符合，则转向错误页面 error. jsp。

最后创建一个提示错误信息的页面文件 error. jsp。这是一个只有静态信息的文件，这里不给出代码，读者练习的时候可以自由发挥。

完成 MyFilter. java 和 error. jsp 两个文件的创建后，再次运行 sendInfo. java 文件，这次改变 id 的参数值为 rocky，会得到如图 4-33 所示的错误信息页面。

过滤器是一个非常重要的技术，在后面将要学习的一些框架技术中，也会使用过滤器来完成相关的应用。建议读者熟练掌握这部分内容，为将来 Java EE 编程能力的进阶打下基础。

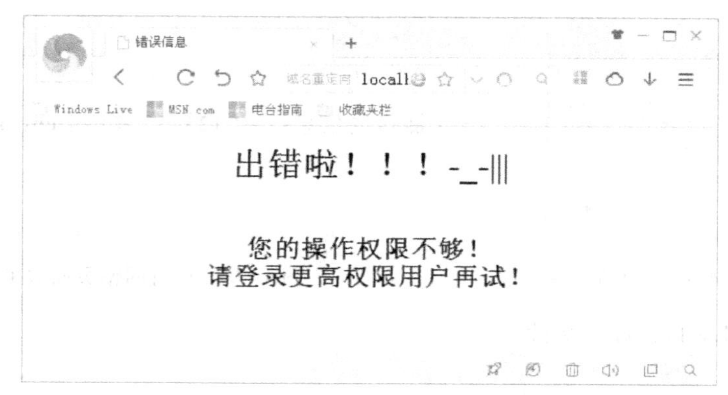

图 4-33　被过滤器拦截后的效果

4.5　侦听器

4.5.1　侦听器的工作原理

侦听器即 Listener，有时也翻译成监听器，是在 Servlet 2.4 规范之后增加的新特性，用于监听 Web 容器中的事件，并触发响应的事件。从侦听对象的角度划分，用于侦听的事件源分别为 ServletContext、HttpSession 和 ServletRequest 这 3 个域对象。

Listener 是基于观察者模式设计的，Listener 的设计对开发 Servlet 应用程序提供了一种快捷的手段，能够方便地从另一个纵向维度控制程序和数据。目前，Servlet 中提供了 3 类共计 8 种事件的观察者接口及对应的 6 种事件，具体如表 4-3 所示。

表 4-3　侦听器的接口与事件列表

域对象	侦听接口（Listener）	侦听事件（Event）
ServletContext	ServletContextListener	ServletContextEvent
	ServletContextAttributeListener	ServletContextAttributeEvent
HttpSession	HttpSessionListener	HttpSessionEvent
	HttpSessionActivationListener	
	HttpSessionAttributeListener	HttpSessionBindingEvent
	HttpSessionBindingListener	
ServletRequest	ServletRequestListener	ServletRequestEvent
	ServletRequestAttributeListener	ServletRequestAttributeEvent

1）源于 ServletContext 域对象的侦听。有关于这个对象的侦听，主要是对 Web 应用中上下文事件的侦听，以及基于上下文属性编辑动作的侦听。

① ServletContextEvent 接口表示上下文的事件，ServletContextListener 接口用于侦听这些事件。

ServletContextListener 接口的主要方法如下。

- void contextInitialized(ServletContextEvent se)：通知正在接收的对象，应用程序已经被加载及初始化。

- void contextDestroyed(ServletContextEvent se)：通知正在接收的对象，应用程序已经被销毁。

ServletContextEvent 的主要方法如下。

- ServletContext getServletContext()：取得当前的 ServletContext 对象。

② ServletContextAttributeEvent 接口表示上下文中的属性事件，对应的 ServletContextAttributeListener 接口表示对这些上下文属性的侦听。

ServletContextAttributeListener 接口的主要方法如下。

- void attributeAdded(ServletContextAttributeEvent se)：若有对象加入 Application 的范围，通知正在收听的对象。
- void attributeRemoved(ServletContextAttributeEvent se)：若有对象从 Application 范围移除，通知正在收听的对象。
- void attributeReplaced(ServletContextAttributeEvent se)：若在 Application 的范围中有对象取代另一个对象时，通知正在收听的对象。

ServletContextAttributeEvent 中的主要方法如下。

- getName()：返回属性名称。
- getValue()：返回属性的值。

2）源于 HttpSession 域对象的侦听，主要是针对 Session 相关行为的侦听。

① HttpSessionListener 接口用于侦听 Session 的声明周期，HttpSessionEvent 接口代表 Session 声明周期的事件。

HttpSessionListener 接口的主要方法如下。

- sessionCreated(HttpSessionEvent se)：当一个 Session 被创建时，该方法被调用。
- SessionDestroyed(HttpSessionEvent se)：当 Session 被销毁时，该方法被调用。

② HttpSessionAttributeListener 接口是用来侦听 Session 绑定属性的行为。HttpSessionBindingEvent 接口代表了 Session 中属性绑定行为的事件。另一个接口 HttpSessionBindingListener 代表侦听 Http 会话中对象的绑定信息。

HttpSessionAttributeListener 接口的主要方法如下。

- void attributeAdded(HttpSessionBindingEvent se)：监听 Http 会话中的属性添加操作。
- void attributeRemoved(HttpSessionBindingEvent se)：监听 Http 会话中的属性移除操作。
- void attributeReplaced(HttpSessionBindingEvent se)：监听 Http 会话中的属性更改操作。

HttpSessionBindingListener 接口的主要方法如下。

- getSession()：获取 Session 对象。
- getName()：返回 Session 增加、删除或替换的属性名称。
- getValue()：返回 Session 增加、删除或替换的属性值。

3）源于 ServletRequest 域对象的侦听。主要用于对有关客户端发起请求的侦听。

① ServletRequestListener 接口用于监听客户端的请求初始化和销毁事件。与前面类似，ServletRequestEvent 接口是指客户端发起的请求事件。

ServletRequestListener 接口的主要方法如下。

- requestInitialized(ServletRequestEvent)：通知当前对象请求已经被加载及初始化。
- requestDestroyed(ServletRequestEvent)：通知当前对象，请求已经被消除。

ServletRequestEvent 中的主要方法如下。

- getServletRequest( ): 获取 ServletRequest 对象。
- getServletContext( ): 获取 ServletContext 对象。

② ServletRequestAttributeListener 接口用于监听 Web 应用属性改变的事件，包括增加属性、删除属性和修改属性。ServletRequestAttributeEvent 接口代表对属性进行编辑的事件。

ServletRequestAttributeListener 接口的主要方法如下。

- void attributeAdded(ServletRequestAttributeEvent e): 向 Request 对象添加新属性。
- void attributeRemoved(ServletRequestAttributeEvent e): 从 Request 对象中删除属性。
- void attributeReplaced(ServletRequestAttributeEvent e): 替换对象中现有的属性值。

ServletRequestAttributeEvent 接口的主要方法如下。

- getName( ): 返回 Request 增加、删除或替换的属性名称。
- getValue( ): 返回 Request 增加、删除或替换的属性的值。

4.5.2 创建侦听器

打开 NetBeans 后，在左边导航栏中右击项目名，在弹出的快捷菜单中选择“新建”→ Listener 命令，弹出“新建文件”对话框，在其中设置参数，如图 4-34 所示。

单击“下一步”按钮，设置“类名”为 LisenerExample，请注意同时新建一个存放侦听器的包 cy. listener。不同类型的 Listener 需要实现不同的 Listener 接口，根据 Java 语言的特性，一个类可以实现多个接口，因此一个 Listener 也可以实现多个类型的 Listener 接口，这样就可以多种功能的监听器一起工作。本例中选择监听会话对象属性的变化，所以选择“HTTP 会话属性侦听程序”复选框。

另外，与 Servlet 文件的创建类似，一定要选择最下面的“将信息添加到部署描述符(web. xml)”复选框，如图 4-35 所示。

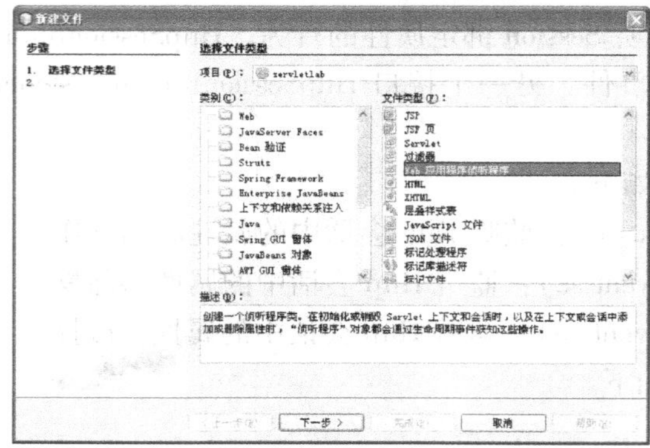

图 4-34　新建监听器文件 1

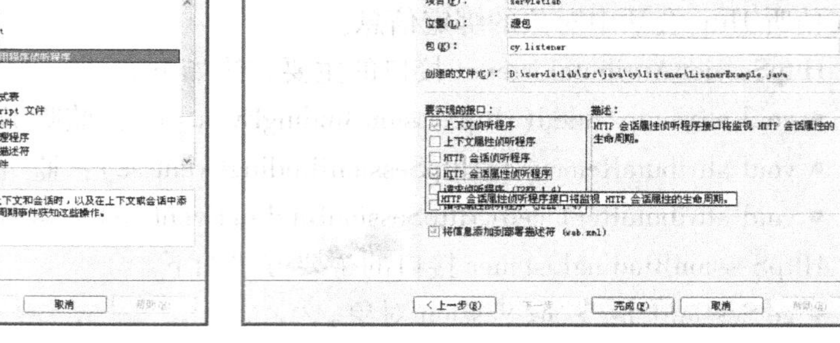

图 4-35　新建监听器文件 2

单击“完成”按钮后，系统自动生成文件，对其中的内容进行必要的修改。为其中的 3 个方法添加新的内容，具体代码如下。

【例 4-17】 ListenerExample. java 文件。

```
package cy.listener;

import javax.servlet.annotation.WebListener;
import javax.servlet.http.HttpSession;
import javax.servlet.http.HttpSessionAttributeListener;
```

```
import javax. servlet. http. HttpSessionBindingEvent;

/ * *
  * Web application lifecycle listener.
  * @ author CuiYan
  * /
@ WebListener( )
public class SessionLisenerExample implements HttpSessionAttributeListener {

    @ Override
    public void attributeAdded( HttpSessionBindingEvent event) {
        //throw new UnsupportedOperationException( " Not supported yet. " );
        //当侦听到一个 Session 的属性发生绑定,获取它的名称
            String name = event. getName( );
            System. out. println( " 新建 session 属性:" + name + " , 值为:" + event. getValue( ) );

    }

    @ Override
    public void attributeRemoved( HttpSessionBindingEvent event) {
        //throw new UnsupportedOperationException( " Not supported yet. " );
        //HttpSession session = event. getSession( );
        String name = event. getName( );
        System. out. println( " 删除 session 属性:" + name + " , 值为:" + event. getValue( ) );

    }

    @ Override
    public void attributeReplaced( HttpSessionBindingEvent event) {
        //throw new UnsupportedOperationException( " Not supported yet. " );
//获取修改后 Session 的值
        HttpSession session = event. getSession( );
        String name = event. getName( );
        Object oldValue = event. getValue( );
        System. out. println( " 修改 session 属性:" + name + " , 原值:" + oldValue + " , 新值:" +
session. getAttribute( name) );

    }
}
```

上面的程序中，当 Web 系统产生一个新的 Session 属性绑定了值之后，会通过程序中的 attributeAdded( )方法侦听，并获取这个属性的名称和值，再通过 System. out. println( )方法输出这些信息到服务器输出端。同样，当一个 Session 的属性值被修改后，则调用程序中的 attributeReplaced( )方法，并输出相关信息。如果删除一个 Session 的属性，将触发程序中的 attributeRemoved( )方法，侦听相关信息并在服务器端输出。

📖 这里介绍的 Session 属性的绑定，其实就是在“4. 3. 3 Session”一节中介绍的给 Session 添加属性并给这个属性赋值的动作。

与过滤器类似，NetBeans 工具会在 web. xml 文件中自动加载有关 Listener 的配置信息，具体代码如下。

```
<listener>
    <listener-class>demo.SessionAttributeListenerExample</listener-class>
</listener>
```

📖 配置 Listener 时需要注意以下两点：① <listener>标签与 <listener-class>配对使用；② <listener>一般配置在 <servlet>标签的前面。

完成以上的创建和编码工作后，就可以测试这个侦听程序了。测试过程很简单，选择之前做过的任何一个有关 Session 操作的文件来运行，这时会触发侦听程序。如果一切正常，则会在 NetBeans 工具的服务器输出窗口中看到侦听程序所输出的相关信息。

这里选择前面的 Servlet 文件 SessionExample. java 作为测试程序。这个文件的功能是获取一个名为"崔舒扬"的 Session 属性，并把访问该页面的次数保存在这个属性中显示出来。

第一次运行这个文件的效果如图 4-36 所示。

图 4-36　测试程序的运行界面

运行完毕后，查看 NetBeans 工具下方的服务器信息输出窗口，会发现如图 4-37 所示的内容。

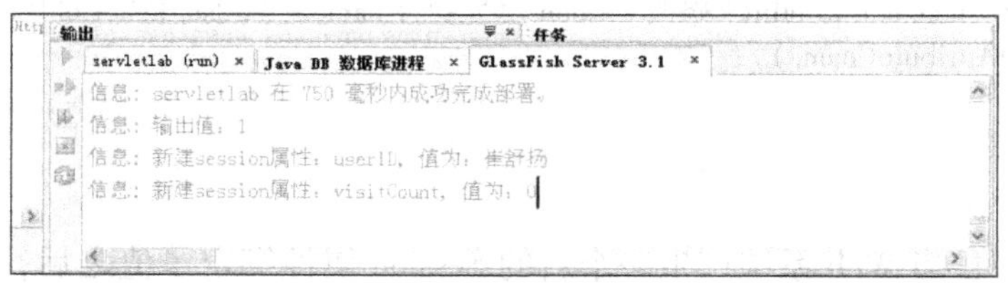

图 4-37　第一次运行文件侦听到的信息

这里输出的信息是由侦听程序中的 attributeAdded( )方法发出的信息，因为测试文件是第一次启动，创建了一个新的 Session 属性并赋值了。这时再单击浏览器中的刷新按钮，第二次刷新网页，会看到如图 4-38 所示的界面。

请再次查看 NetBeans 工具的服务器信息输出窗口，会看到有新的信息输出，内容如图 4-39 所示。

读者会发现，与第一次相比多了一条信息，这条信息是由侦听程序中的 attributeReplaced( )方法发出的，因为单击刷新页面后，累计的访问次数发生了变化。因此 Session 属性的值被修改，触发了 attribute Reploued( )方法的侦听动作，于是输出了上面的信息。

图 4-38　第二次运行的界面效果

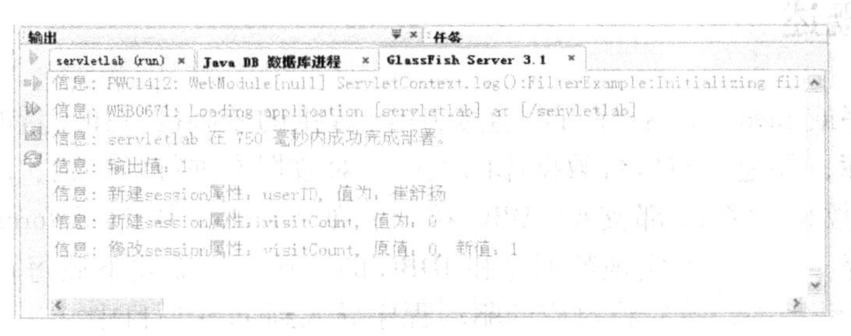

图 4-39　第二次运行文件侦听到的信息

当然，如果测试程序中有移除 Session 属性的操作，那么侦听程序中的 attributeRemoved( ) 方法也会被触发。读者有兴趣的话可以自己写一个测试文件，运行后查看效果。

侦听程序是对于一个项目活动内容的侦听，所以项目中的任何有关动作都会触发侦听程序的动作。在实际工作中，侦听程序是一个常用的技术，一般会用来判断用户是否重复登录、统计当前在线人数或登录人数等。

4.6　思考与练习

1）什么是 Servlet?

2）简述 Servlet 的工作原理。

3）简述 JSP 与 Servlet 的联系与区别。

4）什么是会话跟踪技术?

5）比较 Cookie 与 Session 的异同点。

6）如何理解 web. xml 文件在项目中所起的作用?

7）过滤器都可以完成什么应用?

8）按照表示层与业务层分离的原则，设计一个登录控制程序，由 JSP 负责表示，Servlet 负责业务控制，可以不访问数据库，通过验证给定字符串的方式（如用户名为 root，密码为 123456），完成登录的验证。

9）尝试利用会话跟踪技术实现一个简单的购物车程序，用户反复多次添加指定商品的数量时，购物车可以保留最后的余额。

第5章　JDBC

JDBC（Java Data Base Connectivity，Java 数据库连接）是一种用于执行 SQL 语句的 Java API，可以为多种关系数据库提供统一访问，由一组用 Java 语言编写的类和接口组成。JDBC 是使用 Java 语言访问数据库的解决方案，易学易用。本章将主要介绍如何使用 JDBC 所提供的 API 与数据库建立连接、发送操作数据库的 SQL 语句并处理相关操作结果。

5.1　JDBC 概述

Java 应用程序或 Java Web 程序可以通过 JDBC 提供的核心接口和少量的类，来访问各种不同类型的数据库，如建立与后台数据库的连接、对数据库进行增、删、改、查等操作。目前，几乎所有的数据库系统都支持 JDBC 接口，如 Oracle、Db2、Informix、MySQL、SQL Server 和 Sybase 等。当然，要实现数据库和 JDBC 的连接，还需要下载每一种类型数据库厂商提供的 JDBC 驱动程序，然后将对应的驱动程序导入到 Java 项目中。

JDBC 采用接口和实现分离的思想设计了 Java 数据库编程的框架，其接口包含在 java. sql. * 和 javax. sql. * 两个包中，其中 java. sql. * 属于 JavaSE，javax. sql. * 属于 Java EE。这些接口的实现类称为数据库驱动程序，一般由数据库厂商或其他机构提供。

JDBC 中包含的接口和类主要有 DriverManager、Connection、Statement、PreparedStatement 及 Resultset。使用时要引入 java. sql. *，下面分别进行介绍。

1）DriverManager：用于管理 JDBC 驱动程序的服务类。在程序中使用该类的主要功能是获取 Connection 对象，该类使用最多的方法是 getConnection()。该方法可以获得 URL 对应数据库的连接，其原型如下。

```
public static Connection getConnection(String url, String user, String password) throws SQLException
```

2）Connection：代表数据库的连接对象，每个 Connection 代表一个物理连接会话。应用程序要访问数据库，就必须先得到数据库连接对象。该接口的常用方法如下。

```
Statement createStatement() throws SQLException; //该方法返回一个 Statement 对象
PreparedStatement prepareStatement(String sql) throws SQLException; //该方法返回预编译的
Statement 对象,即将 SQL 语句提交到数据库进行预编译
CallableStatement prepareCall(String sql) throws SQLException;//该方法返回 CallableStatement 对
象,该对象用于调用存储过程
```

上面几个方法都返回用于执行 SQL 语句的 Statement 对象，PreparedStatement 和 CallableStatement 是 Statement 的子类，只有获得了 Statement 之后才可以执行 SQL 语句。除此之外，Connection 还有以下几个用于控制事务的方法。

```
Savepoint setSavepoint() throws SQLException; //创建一个保存点
Savepoint setSavepoint(String name) throws SQLException;//以指定名称来创建一个保存点
void setTransactionIsolation(int level) throws SQLException;//设置事务的隔离级别
```

```
void rollback( ) throws SQLException;//回滚事务
void rollback( Savepoint savepoint) throws SQLException;//将事务回滚到指定的保存点
void setAutoCommit( boolean autoCommit) throws SQLException;//关闭自动提交,打开事务
void commit( ) throws SQLException;//提交事务
```

3）Statement：用于执行 SQL 语句的工具接口。该对象既可以用于执行 DDL、DCL 语句，又可以用于执行 DML 语句，还可以用于执行 SQL 查询。当执行 SQL 查询时，返回查询到的结果集。

Statement 接口的常用方法如下。

```
ResultSet executeQuery( String sql) throws SQLException; //该方法用于执行查询语句,并返回查询结果对应的 ResultSet 对象。该方法只能用于执行查询语句
int executeUpdate( String sql) throws SQLException;//该方法用于执行 DML 语句,并返回受影响的行数;该方法也可用于执行 DDL 语句,执行该语句将返回 0
boolean execute( String sql) throws SQLException;//该方法可以执行任何 SQL 语句。如果执行后的第一个结果为 ResultSet 对象,则返回 true;如果执行后的第一个结果为受影响的行数或没有任何结果,则返回 false
```

4）PreparedStatement：预编译的 Statement 对象。PreparedStatement 是 Statement 的子接口，它允许数据库预编译 SQL 语句（这些 SQL 语句通常带有参数），以后每次只改变 SQL 命令的参数，避免数据库每次都需要编译 SQL 语句，无须再传入 SQL 语句，只要为预编译的 SQL 语句传入参数值即可。所以它比 Statement 多了以下方法。

```
void setXXX( int parameterIndex, Xxx value) ;//该方法根据传入参数值的类型不同,需要使用不同的方法。传入的值根据索引传给 SQL 语句中指定位置的参数
```

5）ResultSet：结果集对象。该对象包含访问查询结果的方法，ResultSet 可以通过列索引或列名获得列数据。它常用以下几个方法来移动记录指针。

```
void close( ) throws SQLException; //释放 ResultSet 对象
boolean absolute( int row ) throws SQLException; //将结果集的记录指针移动到第 row 行,如果 row 是负数,则移动到倒数第 row 行。如果移动后的记录指针指向一条有效记录,则该方法返回 true
boolean next( ) throws SQLException; //将结果集的记录指针定位到下一行,如果移动后的记录指针指向一条有效记录,则该方法返回 true
boolean last( ) throws SQLException; //将结果集的记录指针定位到最后一行,如果移动后的记录指针指向一条有效记录,则该方法返回 true
```

5.2 搭建 JDBC 环境

5.2.1 在 MySQL 中创建数据

MySQL 是一个常用的中小型关系数据库管理系统（Relational Database Management System，RDBMS），最早由瑞典 MySQL AB 公司开发，目前属于美国 Oracle 公司旗下的产品。MySQL 使用标准化的 SQL 语言进行数据库的操作和访问，由于其体积小、速度快、使用成本低，尤其是开放源码等特点，一般中小型 Web 网站的开发都选择 MySQL 作为网站的后台数据库系统。

下面以 MySQL Server 5.1 版为例，主要从 MySQL 数据库系统的安装及使用来进行介绍。

1. MySQL 的安装

首先到官方网站下载 MySQL 的安装包：mysql - essential - 5. 1. 48 - win32. msi，双击运行该安装包，如图 5-1 所示。在安装过程中可以修改安装路径，并设置 MySQL 数据库连接服务器的密码，如图 5-2 所示。牢记这个密码，因为后面在使用 MySQL 时需要输入该密码。特别说明一下，MySQL 数据库默认的用户名是 root，安装时将密码设置为 123456。安装成功后就可以使用 MySQL 创建数据库了。

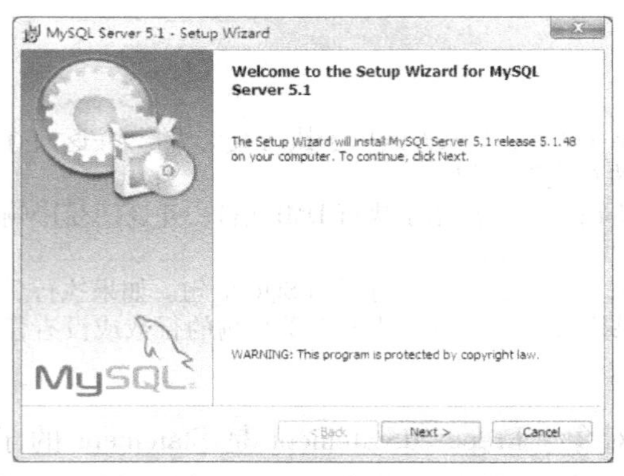

图 5-1　MySQL 安装

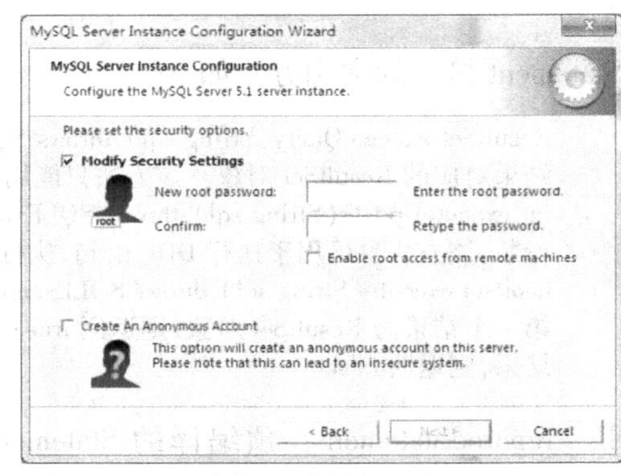

图 5-2　MySQL 安装设置密码

默认安装的 MySQL Server 5. 1 是字符界面的，单击“开始”按钮，选择“程序”→MySQL MySQL5. 1 命令即可启动，如图 5-3 所示，输入密码 123456 后，可以通过命令行的方式来进行数据库的操作；也可以在基本 MySQL 的基础上，再安装一个图形界面程序来对 MySQL 进行操作。

2. HeidiSQL 图形界面的安装

HeidiSQL 就是一种可以对 MySQL 进行图形界面操作的第三方软件，下面以 HeidiSQL 5. 1 为例进行安装，如图 5-4 所示。在将 MySQL 安装完成之后，继续双击安装 HeidiSQL_5. 1_Setup. exe，默认安装完成后，即可以从“开始”菜单运行 HeidiSQL。

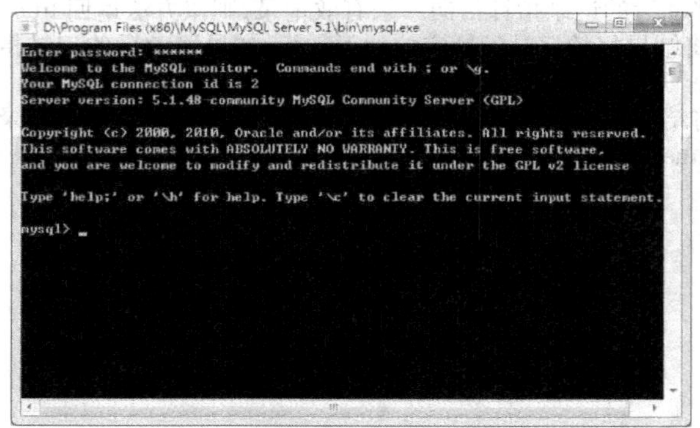

图 5-3　MySQL 命令行方式

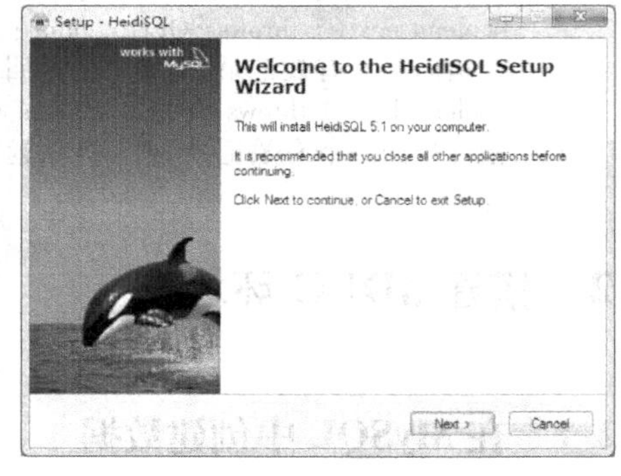

图 5-4　HeidiSQL 安装界面

启动 HeidiSQL 后，一般需要先新建（New）一个与 MySQL 的会话（Session）连接，如图 5-5 和图 5-6 所示，输入 User（用户名）为 root，Pssword（密码）为 123456，单击 Open（打开）按钮，即可进入 HeidiSQL 图形界面的 MySQL 数据库管理界面，如图 5-7 所示。

图 5-7 和图 5-8 给出了在 HeidiSQL 界面下创建数据库的方法，所创建的数据库 Name（名称）为 StuDB，Character set（字符集）为 utf 8。

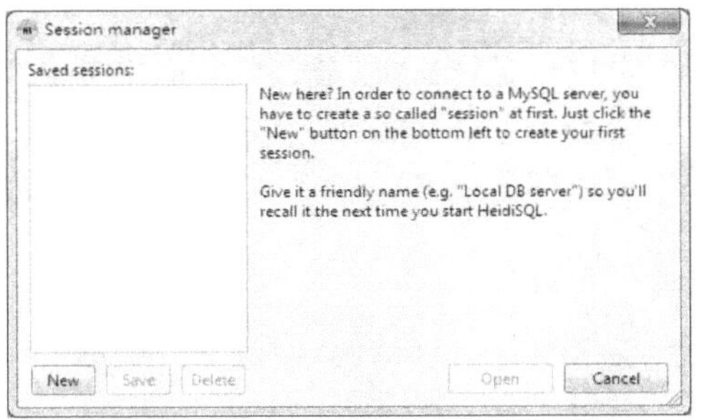

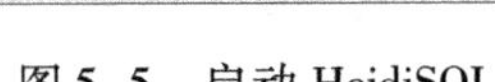
图 5-5　启动 HeidiSQL

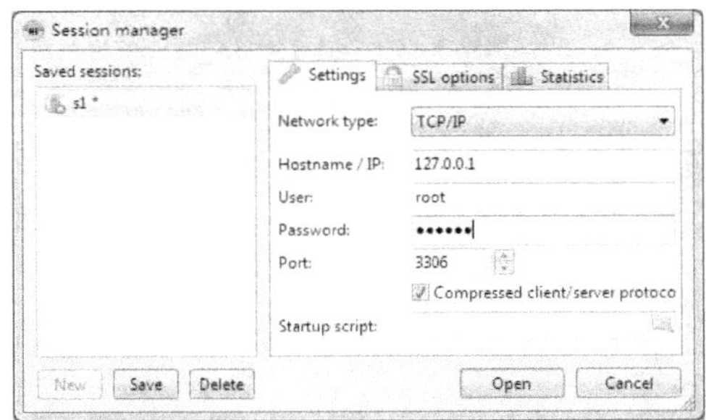

图 5-6　配置与 MySQL 的会话连接

📖 注意：将 MySQL 数据库 StuDB 的字符集设置为 utf 8 的主要目的是为了避免后期处理数据库时不支持中文字符的问题。

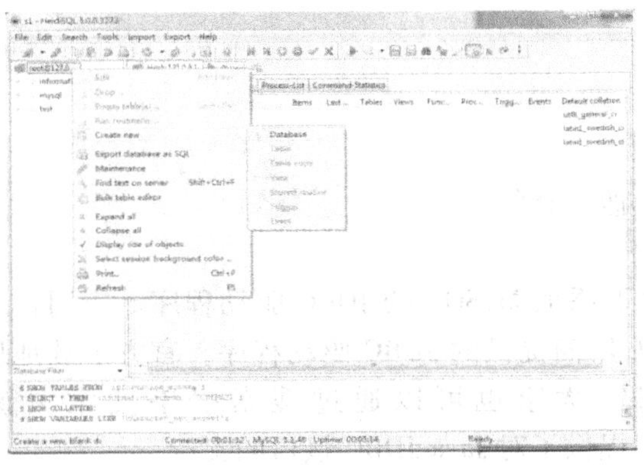

图 5-7　创建数据库

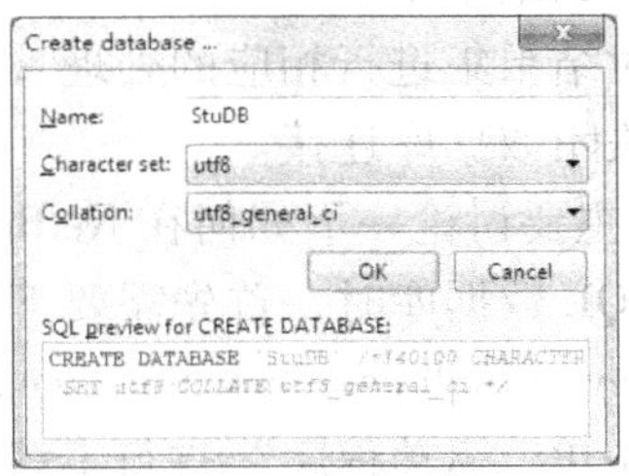

图 5-8　设置数据库名称及字符集

图 5-9 ~ 图 5-11 所示为在 StuDB 数据库中创建数据库表 student，并录入了 3 条记录。图 5-12 所示为对 student 表的一个简单查询。

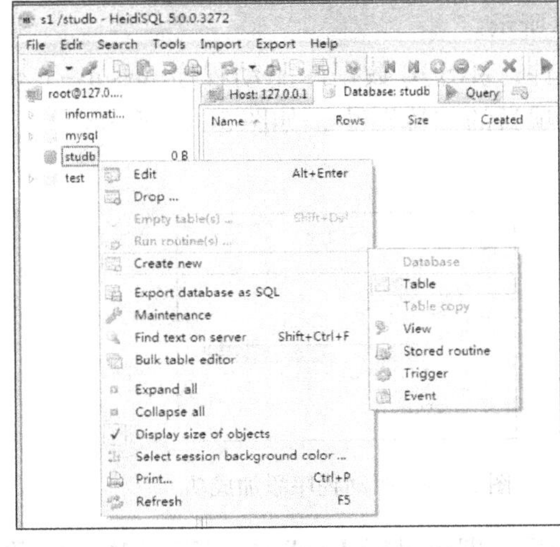

图 5-9　创建数据库表

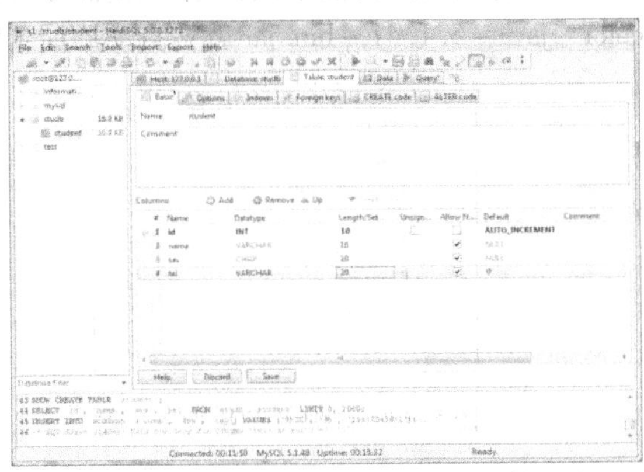

图 5-10　输入表结构

图 5-11　输入记录

图 5-12　简单查询

5.2.2　添加 JDBC 驱动

Java 应用程序或 Java Web 程序使用 JDBC 访问数据库的步骤如下。

1）加载数据库驱动程序。

2）创建数据库连接。

3）执行 SQL 语句。

4）得到结果集。

5）对结果集进行相应的处理（增、删、改、查等）。

6）关闭数据库连接。

下面主要讨论一下如何在 NetBeans 环境下添加 MySQL 的 JDBC 驱动程序。应用程序要访问 MySQL 数据库时，首先需要下载 MySQL 厂商提供的 JDBC 驱动程序，官方下载地址为 https://dev.mysql.com/downloads/connector/j/，大家也可以通过搜索引擎搜索关键字“MySQL JDBC 驱动程序”进行下载。该程序提供了对 Java JDBC 接口的支持。

具体步骤如下。

1）下载 MySQL 数据库驱动程序：mysql-connector-java-5.1.41-bin.jar，该驱动程序是一个 .jar 文件。

2）打开 NetBeans 中所创建的 Java 项目，选中所在项目的“库”并右击，在弹出的快捷菜单中选择“添加 JAR/文件夹”命令，如图 5-13 所示。

3）在弹出的对话框中选择刚才添加的 .jar 文件，MySQL 数据库驱动程序 mysql-connector-java-5.1.41-bin.jar 就被自动添加到所在项目的“库”中，如图 5-14 所示。

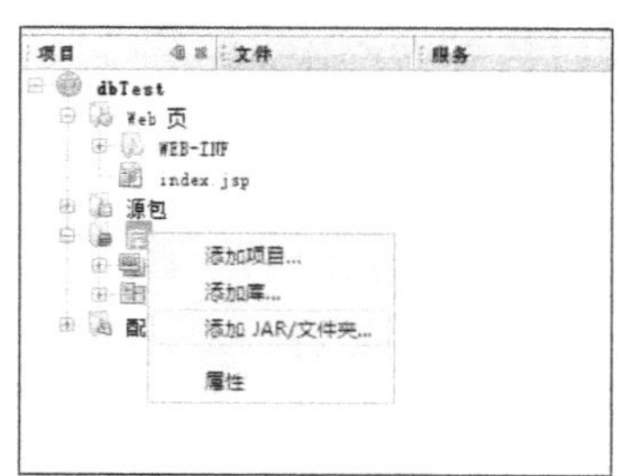

图 5-13　添加 MySQL 驱动程序

图 5-14　驱动程序添加成功

成功将 MySQL 驱动程序导入到 JavaWeb 项目中后，即可进行 JavaWeb 程序和 MySQL 数据库的连接了。

5.3 连接数据库

5.3.1 建立连接

在连接数据库时，可以在 JSP 页面中直接编写 Java 脚本代码进行连接，也可以将表示层（JSP 页面）和业务层（JavaBeans）分开。这里为了简化数据库连接过程，采用直接在 JSP 页面中连接数据库的方法。但在实际的 Java Web 项目中，还是采用后一种方法更好一些。

在进行数据库连接时，需要用到两个 JDBC 中的类：Connection 和 DriverManager，均包含在 java. sql. * 包中。典型的数据库连接代码如下。

```
//加载 mysql 驱动程序
Class. forName( " com. mysql. jdbc. Driver" ). newInstance( ) ;
//设置连接字符串(包括主机名、端口、数据库名、用户名和密码等)
String url = " jdbc:mysql://localhost:3306/studb? user = root&password = 123456" ;
//建立数据库连接
Connection conn = DriverManager. getConnection( url) ; ?
```

如图 5-15 所示，在 Java Web 项目中打开 index. jsp 页面，将连接数据库的脚本代码写在该页面中，即可建立与数据库的连接，只要 Connection 对象 conn 创建成功，即可说明数据库连接成功。运行 index. jsp 页面，数据库连接成功，界面如图 5-16 所示。

数据库连接成功后，就可以进一步使用 JDBC 的 Statement 和 ResultSet 接口进行数据库的其他操作了，如查询、插入及删除等。

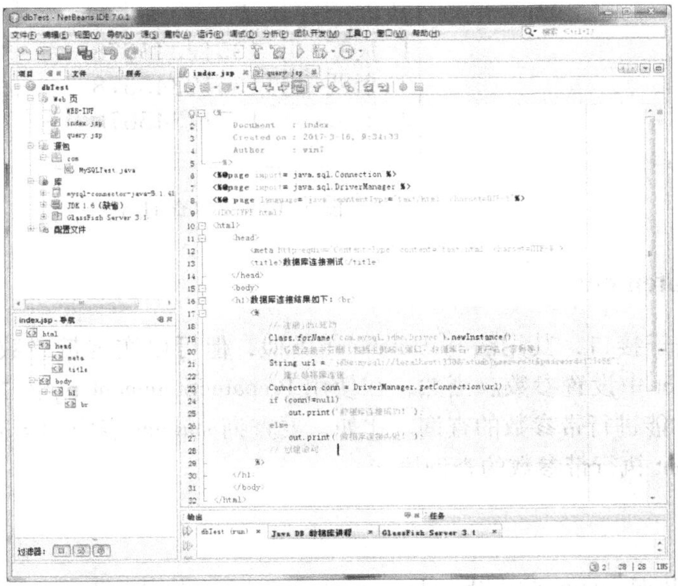

图 5-15　连接数据库

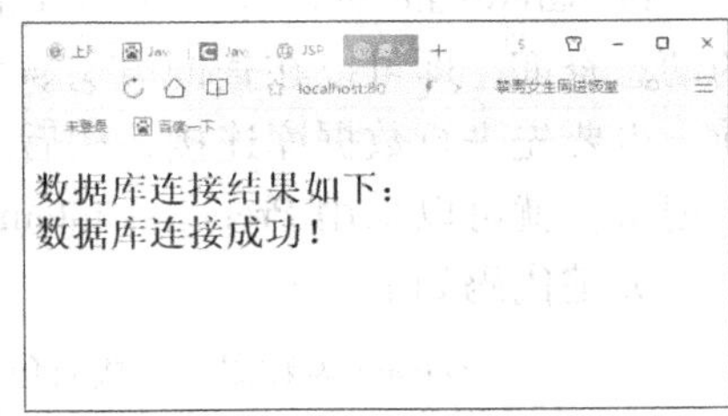

图 5-16　数据库连接成功

5.3.2 简单查询 Statement

在数据库连接成功后，即可进行简单的查询及插入等操作。简单查询操作的处理步骤如下。

1）根据连接对象创建一个 Statement 对象，具体代码如下。

```
Statement statement = conn. createStatement( ) ;  //conn 为已创建的 Connection 对象
```

2）调用 Statement 对象的 executeQuery( )方法执行查询语句，并将查询结果保存在 resultSet 对象中，具体示例代码如下。

```
ResultSet resultSet = statement. executeQuery( "SELECT * FROM student" ) ;
```

3）将查询到的结果集中的数据逐个显示在 JSP 页面上，具体示例代码如下。

```
//循环读取结果集
while( resultSet. next( ) ) {
out. print( resultSet. getString( 1 ) + "    " + resultSet. getString( 2 ) + "    " + resultSet. getString( 3 ) + "
    " + resultSet. getString( 4 ) + " <br > " ) ;
}
```

图 5-17 所示为 Query. jsp 页面中进行简单查询的代码示例，图 5-18 所示为查询的结果。

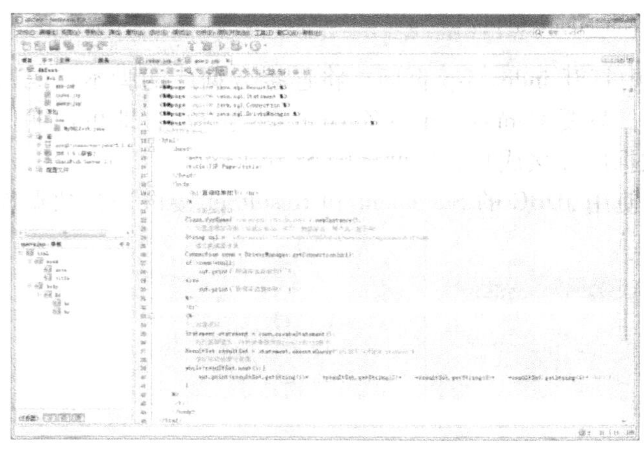

图 5-17　简单查询

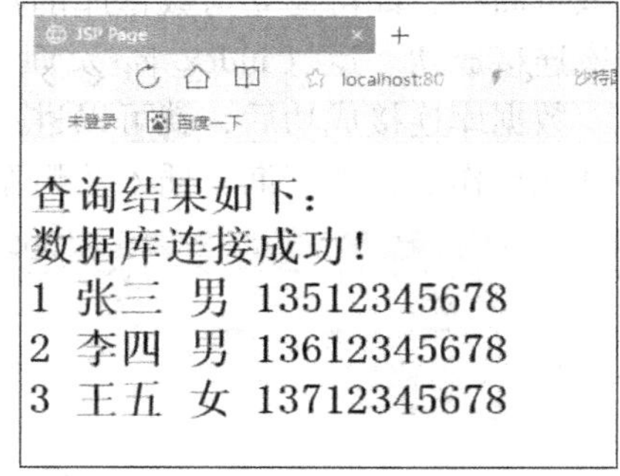

图 5-18　简单查询结果

5.3.3　带参数查询 PreparedStatement

PreparedStatement 是 Statement 的子接口，其用法与 Statement 类似，但可以实现带参数的动态查询，即可以在查询语句 select 中设置参数。当然，在使用 PreparedStatement 对象之前，也要先进行数据库连接，然后才能进行带参数的查询。比如，要查询 student 表中 id = 3 的记录，就可以采用 PreparedStatement 执行带参数的查询语句。

关键代码如下。

```
//conn 为数据库连接对象
String  sql = "SELECT * FROM student WHERE  id = ?" ;  //定义查询预处理语句
try {
    PreparedStatement ps = conn. prepareStatement( sql) ;    //实例化 PreparedStatement 对象
    ps. setInt( 1, 3) ;                         //设置预处理语句参数:1 代表第一个参数,即 id = 3
    ResultSet rs = ps. executeQuery( ) ; //执行预处理语句获取查询结果集
    while( rs. next( ) ) {                      //循环遍历查询结果集
```

```
out.print(rs.getString(1) + "    " + rs.getString(2) + "    " + rs.getString(3) + "    " + rs.getString(4) + "<br>");
}
    } catch (SQLException e) {
        e.printStackTrace();
    }
```

运行结果如图 5-19 所示。

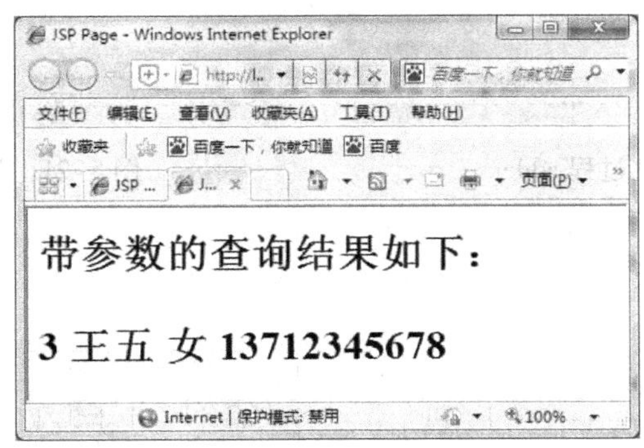

图 5-19　带参数的查询

5.3.4　使用存储过程

存储过程（Stored Procedure）是一组为了完成特定功能的 SQL 语句集，可以实现一些比较复杂的逻辑功能，类似于 Java 语言中的方法。存储过程经编译后存储在数据库中，用户通过指定存储过程的名称和给定参数（如果该存储过程带有参数）来调用执行它。它是主动调用的，可以有输入/输出参数，可以声明变量，包括 if/else、case 和 while 等控制语句，通过编写存储过程可以实现复杂的逻辑功能。

MySQL 存储过程创建的格式如下。

```
CREATE PROCEDURE? 过程名? ([过程参数[,…]])
[特性? …]? 过程体
```

举例如下。

```
CREATE PROCEDURE'adder'(IN'c'INT)
LANGUAGE SQL
NOT DETERMINISTIC
CONTAINS SQL
SQL SECURITY INVOKER
COMMENT"
BEGIN
select *  from student where id = c;
END
```

上例中的存储过程名为 adder，根据需要可能会有输入、输出或输入/输出参数，这里有一个输入参数 c，类型是 INT 型，如果有多个参数，用“,”分割开。过程体的开始与结束分别使用 BEGIN 与 END 进行标识。将这个例子在 HeidiSQL 中进行演示，其过程如图 5-20 ~ 图 5-23 所示。

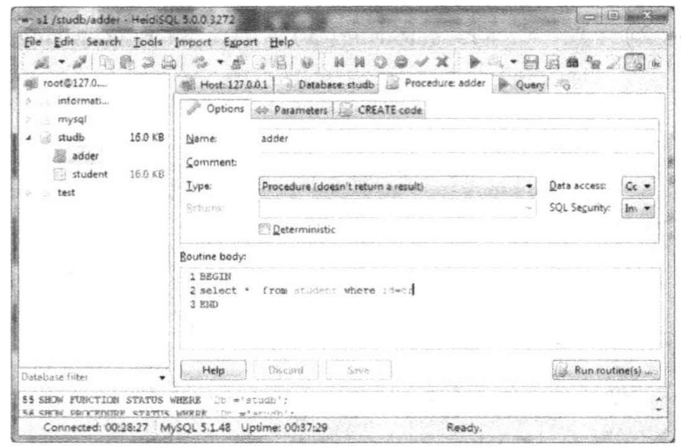

图 5-20　创建存储过程 adder

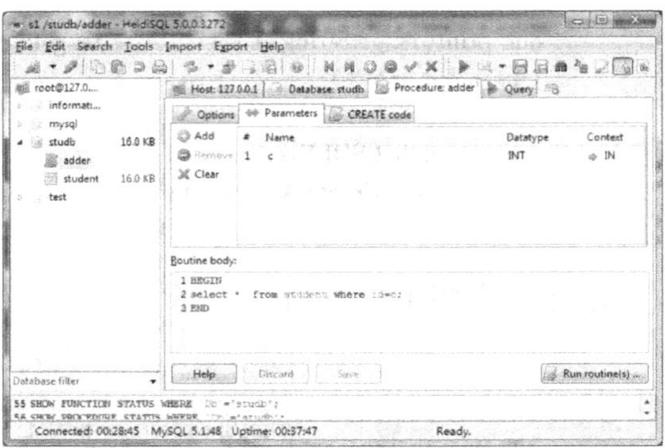

图 5-21　设定输入参数 c

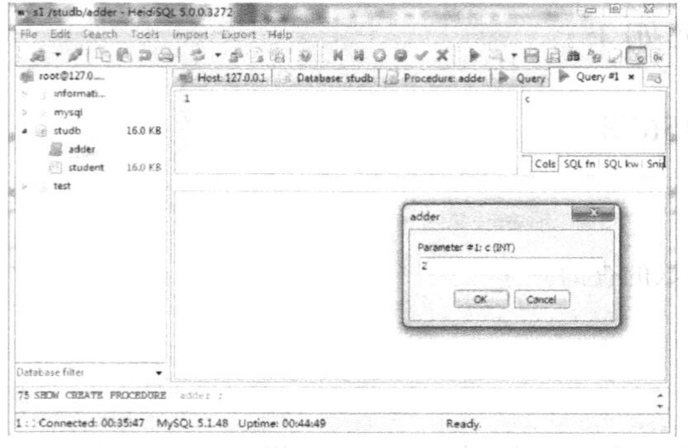

图 5-22　运行存储过程

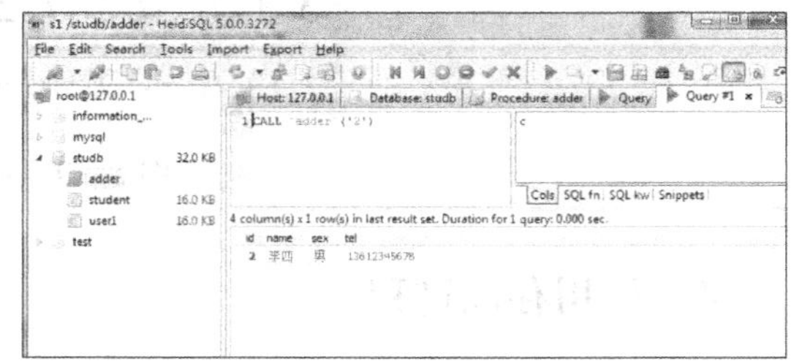

图 5-23　存储过程的运行结果

📖 注意：MySQL 在 5.0 以前并不支持存储过程。

存储过程是数据库中的一个重要对象，任何一个设计良好的数据库应用程序都应该用到存储过程。在 JavaWeb 程序中也可以实现对 MySQL 存储过程的调用，主要步骤如下。

1）使用 JDBC 连接数据库。

2）使用 call 命令调用存储过程。

典型代码如下。

```
Class.forName("com.mysql.jdbc.Driver").newInstance();
//设置连接字符串(包括主机名、端口、数据库名、用户名和密码等)
String url = "jdbc:mysql://localhost:3306/studb? user = root&password = 123456";
Connection conn = DriverManager.getConnection(url);    //建立数据库连接
try{                                                   //调用存储过程
    CallableStatement cs = conn.prepareCall("{call adder(2)}");
    ResultSet rs = cs.executeQuery();                  //执行查询操作并获取结果集
    while(rs.next()){
        out.print(rs.getString(1) + "  " + rs.getString(2) + "  " + rs.getString(3) + "  " +
rs.getString(4) + "<br>");
    }
}catch(Exception e){
        e.printStackTrace();
}
```

在 dbTest 项目中创建 procedure. jsp 文件，将存储过程 adder 的代码写入，如图 5-24 所示。运行该文件，可以得到存储过程的运行结果，如图 5-25 所示。

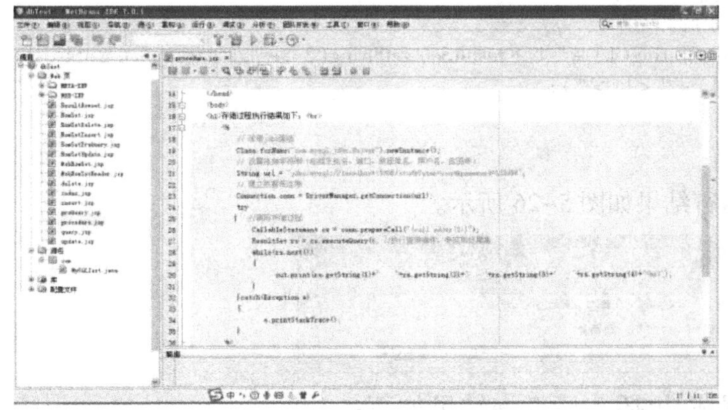

图 5-24　创建 procedure. jsp 文件

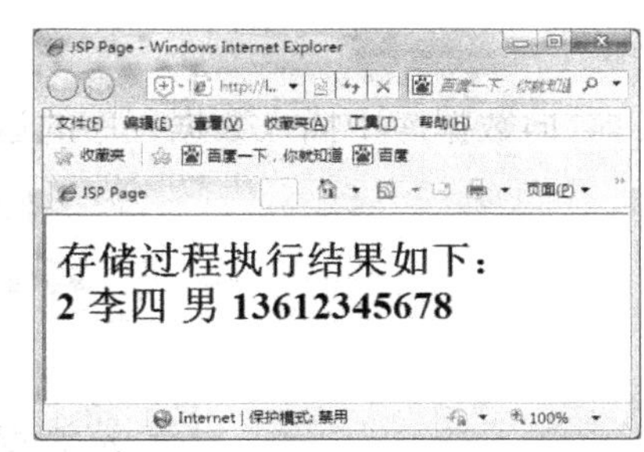

图 5-25　存储过程的运行结果

5.3.5　向数据库中插入数据

向数据库中插入（Insert）数据，其基本过程和查询类似，也可以使用 Statement 接口来操作数据库，典型代码如下。

```
//插入数据操作
statement = conn. createStatement( ) ;
sql = " INSERT INTO student VALUES(4 ,'马丽' ,'女' ,'13812345678') ;" ;
int Rs = statement. executeUpdate( sql) ;
if( ( Rs > 0)
    out. print( " 插入数据成功!" ) ;
else
    out. print( " 插入数据失败!" ) ;
```

为了进行测试，在项目 dbTest 中创建 insert. jsp 文件，主要代码如下。

```
<%
        //注册 JDBC 驱动
        Class. forName( " com. mysql. jdbc. Driver" ). newInstance( ) ;
        //设置连接字符串(包括主机名、端口、数据库名、用户名和密码等)
        String url = " jdbc: mysql://localhost: 3306/studb? useUnicode = true&characterEncoding =
UTF - 8&user = root&password = 123456" ;
        //建立数据库连接
        Connection conn = DriverManager. getConnection( url) ;
        Statement statement = conn. createStatement( ) ;
        String sql = " INSERT INTO student VALUES(4 ,'马丽' ,'女' ,'13812345678') ;" ;
        int    Rs = statement. executeUpdate( sql) ;
        if( Rs > 0)
            out. print( " 插入数据成功!" ) ;
        else
            out. print( " 插入数据失败!" ) ;
        % > 插入后查询结果如下: < br >
<%
```

```
            //执行查询语句,并将结果保存在 resultSet 对象中
            ResultSet resultSet = statement. executeQuery( " SELECT * FROM student" ) ;
            //循环读取结果记录集
            while( resultSet. next( ) ) {
               out. print( resultSet. getString(1) + "  " + resultSet. getString(2) + "  " + resultSet. getString
(3) + "" + resultSet. getString(4) + " <br> " ) ;
            }
        %>
```

向数据库中插入数据程序的运行结果如图 5-26 所示。

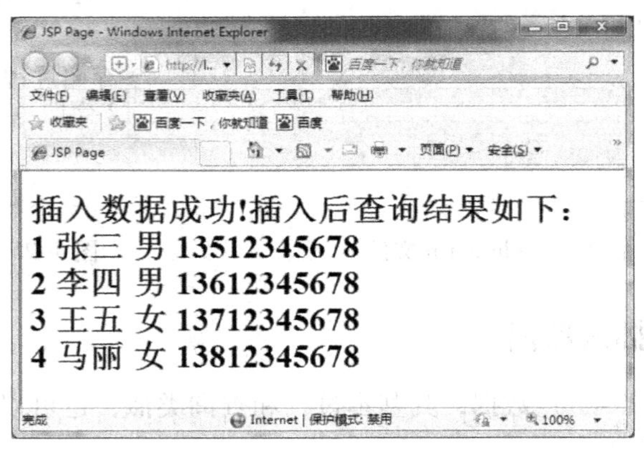

图 5-26　插入数据

📖 注意：连接字符串中的 useUnicode = true&characterEncoding = UTF - 8，主要是为了解决汉字插入到 MySQL 中出现乱码的问题，后面的更新操作也有类似的用法。

5.4　数据的更新和删除

5.4.1　数据的更新

对数据库表中的数据进行更新（Update），其基本过程与插入类似，也可以使用 Statement 接口来操作数据库，典型代码如下。

```
//更新数据操作
statement = conn. createStatement( ) ;
sql = " Update student set tel ='13912345678 'where id =4;" ;
int Rs = statement. executeUpdate( sql) ;
if( (Rs >0)
      out. print( " 更新数据数据成功!" ) ;
else
      out. print( " 更新数据失败!" ) ;
```

为了进行测试，在项目 dbTest 中创建 update. jsp 文件，主要代码如下。

```
<%
            //注册 JDBC 驱动
```

```
        Class.forName("com.mysql.jdbc.Driver").newInstance();
        //设置连接字符串(包括主机名、端口、数据库名、用户名和密码等)
        String url = "jdbc:mysql://localhost:3306/studb?useUnicode=true&characterEncoding=UTF-8&user=root&password=123456";
        //建立数据库连接
        Connection conn = DriverManager.getConnection(url);
        Statement statement = conn.createStatement();
        String sql = "Update student set tel='13912345678'where id=4;";
        int   Rs = statement.executeUpdate(sql);
        if(Rs>0)
                out.print("更新数据成功!" );
        else
                out.print("更新数据失败!");
        %>更新后查询结果如下:<br>
<%
        //执行查询语句,并将结果保存在 resultSet 对象中
        ResultSet resultSet = statement.executeQuery("SELECT * FROM student");
        //循环读取结果记录集
        while(resultSet.next()){
            out.print(resultSet.getString(1)+"    "+resultSet.getString(2)+"    "+resultSet.getString(3)+"    "+resultSet.getString(4)+"<br>");
        }
    %>
```

更新数据程序的运行结果如图 5-27 所示。

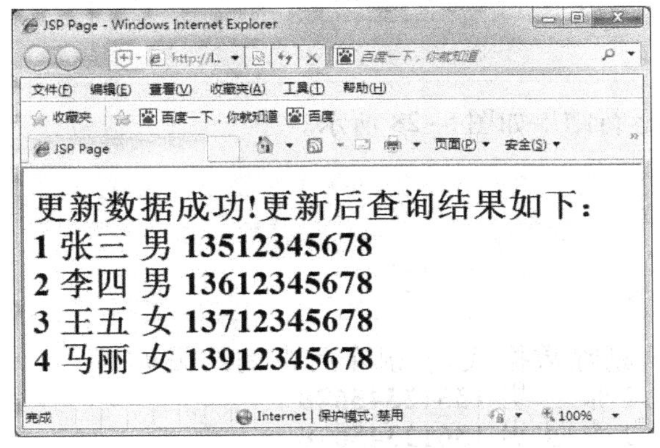

图 5-27　更新数据

5.4.2　数据的删除

将数据库表中的若干条记录数据删除（delete），其基本过程也与插入类似，可以使用 Statement 接口来操作数据库，典型代码如下。

```
//删除数据操作
statement = conn.createStatement();
sql = "Delete from student where id=4;";
int Rs = statement.executeUpdate(sql);
if((Rs>0)
    out.print("删除数据成功!");
else
    out.print("删除数据失败!");
```

为了进行测试，在项目 dbTest 中创建 delete. jsp 文件，主要代码如下。

```
<%
        //注册 jdbc 驱动
        Class. forName( " com. mysql. jdbc. Driver" ). newInstance( ) ;
        //设置连接字符串(包括主机名、端口、数据库名、用户名和密码等)
        String url = " jdbc:mysql://localhost:3306/studb? useUnicode = true&characterEncoding =
UTF - 8&user = root&password = 123456" ;
        //建立数据库连接
        Connection conn = DriverManager. getConnection( url) ;
        Statement statement = conn. createStatement( ) ;
        String sql = " Delete from student where id = 4;" ;
        int   Rs = statement. executeUpdate( sql) ;
        if( Rs >0)
                out. print( " 删除数据成功!" ) ;
        else
                out. print( " 删除数据失败!" ) ;
        % >删除后查询结果如下: < br >
<%

        //执行查询语句,并将结果保存在 resultSet 对象中
        ResultSetresultSet = statement. executeQuery( " SELECT * FROM student" ) ;
        //循环读取结果记录集
        while( resultSet. next( ) ) {
            out. print ( resultSet. getString ( 1 ) + "    " + resultSet. getString ( 2 ) + "    " + result-
Set. getString( 3 ) + "    " + resultSet. getString( 4 ) + " < br >" ) ;
        }
    % >
```

执行删除操作后的运行结果如图 5-28 所示。

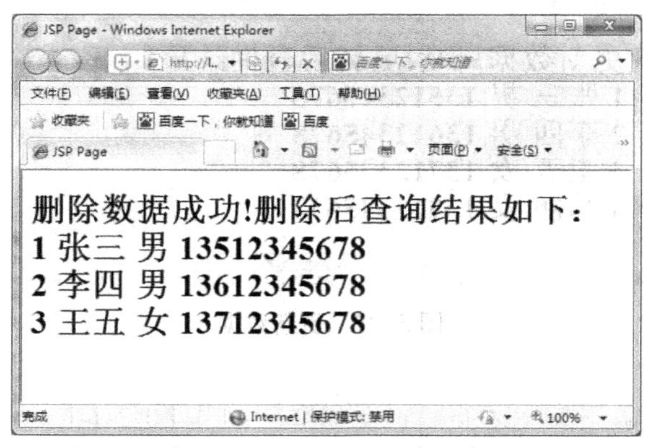

图 5-28　删除数据

5.5　两种结果集的使用

5.5.1　ResultSet 类

ResultSet（结果集）是数据库中查询结果返回的一种对象，可以说结果集是一个存储查询结果的对象。ResultSet 不仅具有存储功能，还具有操纵数据的功能，也可以完成对数据的

更新等。前面的例子中大部分使用的都是 ResultSet 结果集。

ResultSet 提供的读取数据的方法主要是 getXXX()，XXX 可以代表的类型有基本数据类型如整型（int）、布尔型（Boolean）、浮点型（Float，Double）及字符串（String）等。getXXX()的参数可以是整型，表示第几列（是从 1 开始的），还可以是列名。返回的是对应的 XXX 类型的值。如果对应那列是空值，XXX 是数字类型，如 int 等则返回 0，boolean 则返回 false。

ResultSet 是执行 Statement 语句后产生的，因此，可以根据 Statement 的创建方式将 ResultSet 分为 4 类。

（1）最基本的 ResultSet

ResultSet 最基本的作用就是完成查询结果的存储功能，而且只能读取一次，不能来回多次地滚动读取。这种结果集的创建方式如下。

```
Statement st = conn. CreateStatement
ResultSet rs = Statement. excuteQuery(sqlStr);
rs. next()
```

由于这种结果集不支持滚动的读取功能，所以如果获得这样一个结果集，只能使用它里面的 next()方法逐个读取数据。

📖 代码中用到的 Connection 并没有对其初始化，变量 conn 代表的就是 Connection 对应的对象。sqlStr 代表的是相应的 SQL 语句。

（2）可滚动的 ResultSet

这个类型支持前后滚动取得记录 next()和 previous()，回到第一行 first()，同时还支持要去的 ResultSet 中的第几行 absolute(int n)，以及移动到相对当前行的第几行 relative(int n)。要实现这样的 ResultSet，在创建 Statement 时使用以下方法。

```
Statement st = conn. createStatement(int resultSetType, int resultSetConcurrency)
ResultSet rs = st. executeQuery(sqlStr)
```

其中，两个参数的含义如下。

1）resultSetType 是设置 ResultSet 对象的类型可滚动，或者是不可滚动，取值如下。

```
ResultSet. TYPE_FORWARD_ONLY              //向前滚动,对于修改不敏感
ResultSet. TYPE_SCROLL_INSENSITIVE        //任意的前后滚动
ResultSet. TYPE_SCROLL_SENSITIVE          //任意的前后滚动,对于修改敏感
```

2）resultSetConcurrency 是设置 ResultSet 对象能够修改的，取值如下。

```
ResultSet. CONCUR_READ_ONLY        //设置为只读类型的参数
ResultSet. CONCUR_UPDATABLE        //设置为可修改类型的参数
```

所以如果只是想要可以滚动的 ResultSet，只要把 Statement 按照下列代码所示赋值即可。

```
Statement st = conn. createStatement(ResultSet. TYPE_SCROLL_INSENITIVE,
                  ResultSet. CONCUR_READ_ONLY);
ResultSet rs = st. excuteQuery(sqlStr);
```

用这个 Statement 执行的查询语句得到的就是可滚动的 ResultSet。

（3）更新的 ResultSet

ResultSet 对象可以完成对数据库中表的修改，但是相当于数据库中表的视图，所以并不是所有的 ResultSet 都能够完成更新，能够完成更新的 ResultSet 的 SQL 语句必须具备以下属性。

- 只引用了单个表。
- 不含有 join 或者 group by 子句。
- 那些列中要包含主关键字。

具有上述条件的、可更新的 ResultSet 可以完成对数据的修改，可更新的结果集的创建方法如下。

```
Statement st = conn. createStatement( ResultSet. TYPE_SCROLL_INSENSITIVE, ResultSet. CONCUR_
UPDATABLE)
```

（4）可保持的 ResultSet

所有 Statement 的查询对应的结果集只有一个，如果调用 Connection 的 commit( )方法会关闭结果集。可保持性就是指提交 ResultSet 的结果时，ResultRet 是被关闭还是不被关闭。在 JDBC 2.0 中，提交后 ResultSet 就会被关闭。在 JDBC 3.0 中，可以设置 ResultSet 是否关闭。要完成这个设置，需使用 Statement 的带 3 个参数的方法来创建。这个 Statement 的创建方式就是 Statement 的第三种创建方式。

获得 ResultSet 的总行数的方法有以下几种。

1）利用 ResultSet 的 getRow( )方法来获得 ResultSet 的总行数。

```
Statement stmt = con. createStatement( ResultSet. TYPE_SCROLL_INSENSITIVE, ResultSet. CONCUR_
UPDATABLE) ;
ResultSet rset = stmt. executeQuery( " select * from yourTableName" ) ;
rset. last( ) ;
int rowCount = rset. getRow( ) ;                    //获得 ResultSet 的总行数
```

2）利用循环 ResultSet 的元素来获得 ResultSet 的总行数。

```
ResultSet rset = stmt. executeQuery( " select * from yourTableName" ) ;
int rowCount = 0;            //rowCount 就是 ResultSet 的总行数
while( rset. next( ) ) {
    rowCount ++ ;
}
```

3）利用 SQL 语句中的 count 函数获得 ResultSet 的总行数。

```
ResultSet rset = stmt. executeQuery( " select count( * ) totalCount from yourTableName" ) ;
int rowCount = 0;                   //rowCount 就是 ResultSet 的总行数
if( rset. next( ) ) {
    rowCount = rset . getInt( " totalCount " ) ;
}
```

获得 ResultSet 的总列数可以使用 ResultSetMetaData 工具类，ResultSetMetaData 是 ResultSet 的元数据的集合说明。Java 获得 ResultSet 总列数的代码如下。

```
Statement stmt = con. createStatement( ResultSet. TYPE_SCROLL_INSENSITIVE, ResultSet. CONCUR_
UPDATABLE) ;
ResultSet rset = stmt. executeQuery( " select * from yourtable" ) ;
ResultSetMetaData rsmd = rset. getMetaData( ) ;
int columnCount = rsmd. getColumnCount( ) ;          //columnCount 就是 ResultSet 的总列数
```

5.5.2 RowSet 接口

ResultSet 是使用 JDBC 编程的入门和常用的操作数据库的类，自 JDK 1.4 开始，RowSet 接口被引入。RowSet 默认是一个可滚动、可更新、可序列化的结果集，可以方便地在网络间传输，用于两端的数据同步。

1. 与 ResultSet 比较

1）RowSet 扩展了 ResultSet 接口，因此可以像使用 ResultSet 一样使用 RowSet，但功能比 ResultSet 更多、更丰富。

2）默认情况下，所有 RowSet 对象都是可滚动和可更新的。而 ResultSet 是只能向前滚动和只读的。

3）RowSet 可以是非连接（离线）数据库的，而 ResultSet 是连接的。因此利用其子接口 CacheRowSet 可以离线操作数据，当然 CacheRowSet 也是可以序列化的。

4）RowSet 接口添加了对 JavaBeans 组件模型的 JDBC API 支持。RowSet 可用作可视化 Bean 开发环境中的 JavaBeans 组件。

5）RowSet 采用了新的连接数据库的方法。

6）RowSet 和 ResultSet 都代表一行行的数据、属性，以及相关的操作方法。

2. RowSet 的 5 个标准子接口

在 JDK 5.0 中，RowSet 有 5 个标准的子接口，即 CachedRowSet、WebRowSet、FilteredRowSet、JoinRowSet 和 JdbcRowSet。这 5 个子接口对应的实现类最早也是由 Sun 公司给出的，位于 com.sun.rowset 包下，分别为 CachedRowSetImpl、WebRowSetImpl、FilteredRowSetImpl、JoinRowSetImpl 和 JdbcRowSetImpl。其中，JdbcRowSet 是连接数据库的在线 RowSet，而其他 4 个是连接数据库的离线 RowSet。

1）CachedRowSet：最常用的一种 RowSet。其他 3 种 RowSet（WebRowSet、FilteredRowSet、JoinRowSet）都是直接或间接继承于它并进行了扩展。它提供了对数据库的离线操作，可以将数据读取到内存中进行增、删、改、查，再同步到数据源。CachedRowSet 是可滚动的、可更新的、可序列化的，可作为 JavaBeans 在网络间传输，支持事件监听、分页等功能。CachedRowSet 对象通常包含取自结果集的多个行，也可包含任何取自表格式文件（如电子表格）的行。

2）WebRowSet：继承自 CachedRowSet，并可以将 WebRowSet 写到 XML 文件中，也可以用符合规范的 XML 文件来填充 WebRowSet。

3）FilteredRowSet：通过设置 Predicate（在 javax.sql.rowset 包中）提供数据过滤的功能。可以根据不同的条件对 RowSet 中的数据进行筛选和过滤。

4）JoinRowSet：提供类似 SQL JOIN 的功能，将不同的 RowSet 中的数据组合起来。目前在 Java 6 中只支持内联（Inner Join）。

5）JdbcRowSet：对 ResultSet 的一个封装，使其能够作为 JavaBeans 被使用，是唯一的一个保持数据库连接的 RowSet。JdbcRowSet 对象是连接的 RowSet 对象，也就是说，必须使用 JDBC 驱动程序来持续维持它与数据源的连接。

3. 填充 RowSet

前面说过，应该把 RowSet 看成是与数据库无关而只代表一行行数据的对象，因此就涉及数据从哪里来的问题。

(1) 从数据库直接获取数据

大部分情况下，对于数据的存取操作，其实就是对数据库进行数据交互，因此 RowSet 接口提供了通过 JDBC 直接从数据库获取数据的方法，以 JdbcRowSetImpl 为例，代码如下。

```
//也可以是 CachedRowSetImpl、WebRowSetImpl、FilteredRowSetImpl 或 JoinRowSetImpl
RowSet rs = new JdbcRowSetImpl( );                    //创建 JdbcRowSetImpl 对象
rs. setUrl( "jdbc:mysql:///studb" );                  //设置要连接的数据库
rs. setUsername( "root" );                            //设置连接数据库的账号
rs. setPassword( "123456" );                          //设置连接数据库的密码
rs. setCommand( "SELECT * FROM student" );            //设置查询命令
rs. execute( );                                       //执行查询命令
```

设置好相关属性，运行 execute( )方法后，student 表中的数据就被填充到 rs 对象中了。

除了通过设置 JDBC 连接 URL、用户名和密码外，RowSet 也可以使用数据源名称属性的值来查找已经在命名服务中注册的 DataSource 对象。完成检索后，可以使用 DataSource 对象创建到它所表示的数据源的连接，设置数据源名称可以使用 setDataSourceName( )方法。

下面举例说明使用 JdbcRowSetImpl 通过 JDBC 直接从数据库获取数据的方法。在 dbTest 项目中，创建 JSP 文件 Rowset. jsp，代码如图 5-29 所示。该程序说明了 Rowset 查询数据库的方法。

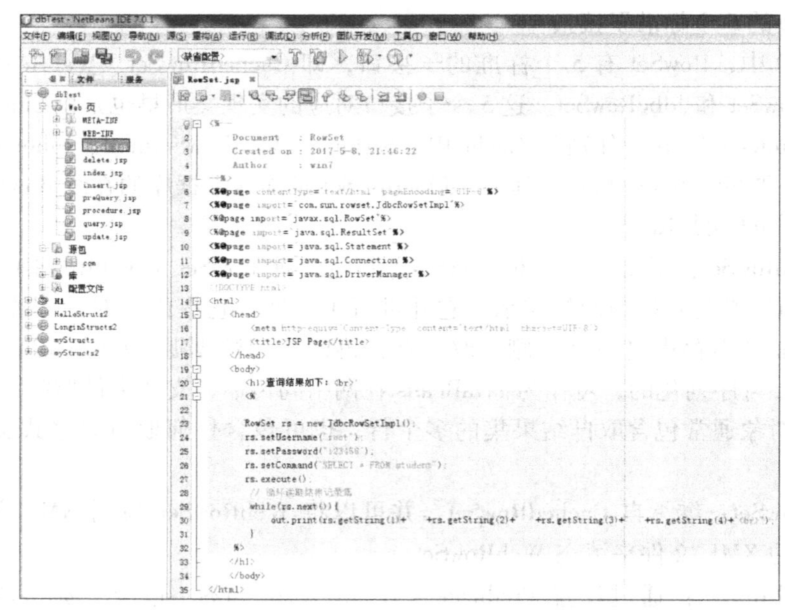

图 5-29　RowSet. jsp 代码

其运行结果如图 5-30 所示。

图 5-30　使用 RowSet 的运行结果

(2) 用 ResultSet 填充

在有现成 ResultSet 的情况下，如果想将其作为 RowSet 使用；或者当数据库管理系统（DBMS）不提供对滚动和更新的完全支持时，如果想使不可滚动和只读的 ResultSet 对象变得可滚动和可更新，需创建一个使用该 ResultSet 对象的数据所填充的 CachedRowSet 对象。

```
ResultSet rs = stmt. executeQuery( " SELECT * FROM student" ) ;
CachedRowSetImpl crs = new CachedRowSetImpl( ) ;
crs. populate( rs) ;
```

运行 populate( )方法后，ResultSet 对象 rs 中的数据就被填充到 crs 对象中了。

下面举例说明，在 dbTest 项目中，创建 JSP 文件 ResultRowSet. jsp，该程序说明了使用 ResultSet 填充 CachedRowSetImpl 的代码，如图 5-31 所示。其运行结果与图 5-30 相同。

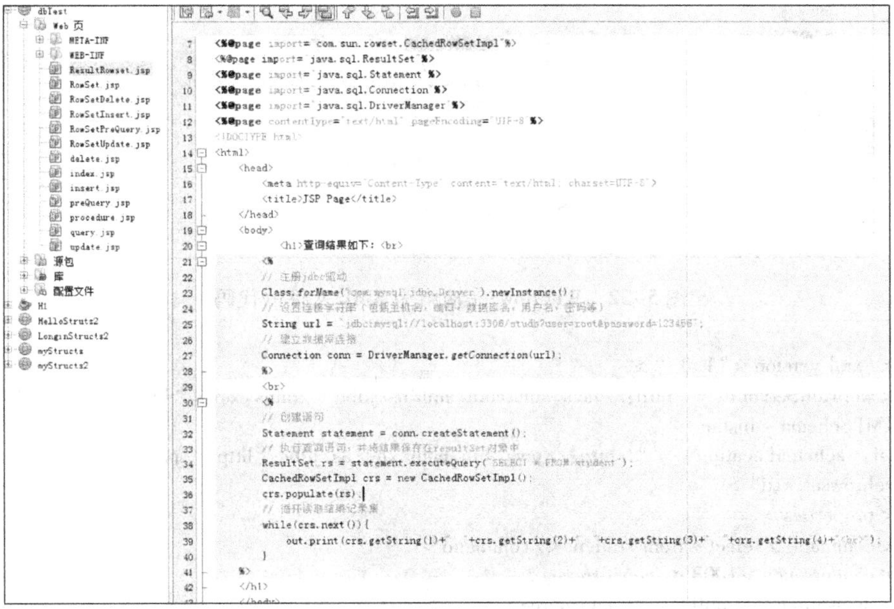

图 5-31　使用 ResultSet 填充 CachedRowSetImpl 代码

可以看出，填充 CachedRowSet 有两种方式，一种是 populat(ResultSet)；另一种是 execute( )，即设置数据库连接参数和查询命令 command，然后执行查询命令，查询结果集用来填充。

(3) 用 XML 文件填充

WebRowSet 继承自 CachedRowSet，除了拥有 CachedRowSet 的优点外，还可以将 WebRowSet 输出成 XML 文件，也可以将 XML 文件转换成 WebRowSet，更加适合在 Web 环境中使用。将 WebRowSet 保存为 XML 文件的代码如下。

```
WebRowSetwrs = new WebRowSetImpl( ) ;
wrs. setUrl( " jdbc:mysql:///studb" ) ;
wrs. setUsername( " root" ) ;
wrs. setPassword( " 123456" ) ;
wrs. setCommand( " select * from student" ) ;          //设置查询命令
wrs. execute( ) ;                                      //执行查询命令
wrs. writeXml( new FileWriter( new File( " D: \student. xml" ) ) ) ;   //将 WebRowSet 输出成 XML 文件
```

下面举例说明，在 dbTest 项目中，创建 JSP 文件 WebRowSet. jsp，该程序说明了将 WebRowSet 输出成一个 XML 文件的代码，如图 5-32 所示。

程序运行结束后，将自动生成 student. xml 文件，文件的内容如下。

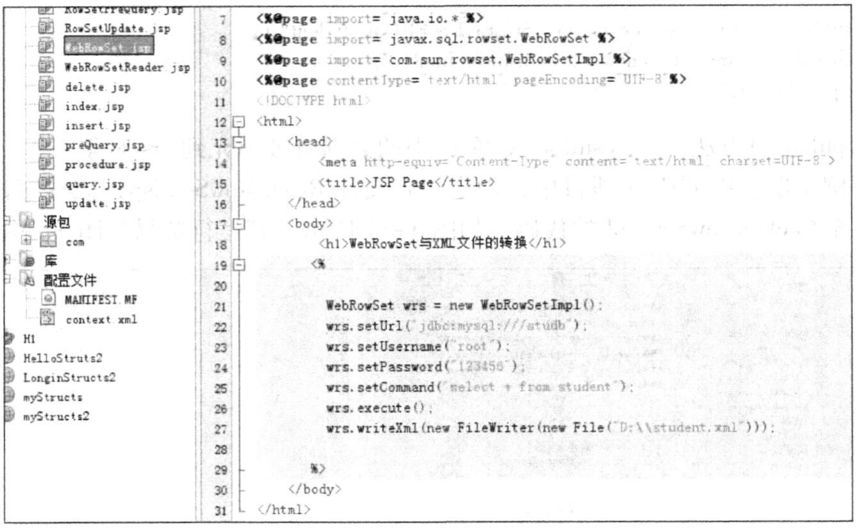

```
RowSetUpdate.jsp
WebRowSet.jsp
WebRowSetReader.jsp
delete.jsp
index.jsp
insert.jsp
preQuery.jsp
procedure.jsp
query.jsp
update.jsp
源包
  com
库
配置文件
  MANIFEST.MF
  context.xml
H1
HelloStruts2
LonginStructs2
myStructs
myStructs2
```

```
<%@page import="java.io.*"%>
<%@page import="javax.sql.rowset.WebRowSet"%>
<%@page import="com.sun.rowset.WebRowSetImpl"%>
<%@page contentType="text/html" pageEncoding="UTF-8"%>
<!DOCTYPE html>
<html>
    <head>
        <meta http-equiv="Content-Type" content="text/html; charset=UTF-8">
        <title>JSP Page</title>
    </head>
    <body>
        <h1>WebRowSet与XML文件的转换</h1>
        <%

          WebRowSet wrs = new WebRowSetImpl();
          wrs.setUrl("jdbc:mysql:///studb");
          wrs.setUsername("root");
          wrs.setPassword("123456");
          wrs.setCommand("select * from student");
          wrs.execute();
          wrs.writeXml(new FileWriter(new File("D:\\student.xml")));

        %>
    </body>
</html>
```

图 5-32　WebRowSet 输出为 XML 文件的代码

```
< ?xml version = "1. 0" ? >
< webRowSetxmlns = " http://java. sun. com/xml/ns/jdbc"  xmlns:xsi = " http://www. w3. org/2001/
XMLSchema - instance"
xsi:  schemaLocation  =  "  http://java. sun. com/xml/ns/jdbc  http://java. sun. com/xml/ns/jdbc/
webrowset. xsd" >
< properties >
< command > select * from student < /command >
< concurrency > 1008 < /concurrency >
< datasource >  < null/ >  < /datasource >
< escape - processing > true < /escape - processing >
< fetch - direction > 1000 < /fetch - direction >
< fetch - size > 0 < /fetch - size >
< isolation - level > 2 < /isolation - level >
< key - columns >
< /key - columns >
< map >
< /map >
< max - field - size > 0 < /max - field - size >
< max - rows > 0 < /max - rows >
< query - timeout > 0 < /query - timeout >
< read - only > true < /read - only >
< rowset - type > ResultSet. TYPE_SCROLL_INSENSITIVE < /rowset - type >
< show - deleted > false < /show - deleted >
< table - name > student < /table - name >
< url > jdbc:mysql:///studb < /url >
< sync - provider >
< sync - provider - name > com. sun. rowset. providers. RIOptimisticProvider < /sync - provider -
name >
< sync - provider - vendor > Sun Microsystems Inc. < /sync - provider - vendor >
< sync - provider - version > 1. 0 < /sync - provider - version >
< sync - provider - grade > 2 < /sync - provider - grade >
< data - source - lock > 1 < /data - source - lock >
< /sync - provider >
```

```
< /properties >
< metadata >
< column - count >4 < /column - count >
< column - definition >
< column - index >1 < /column - index >
< auto - increment > true < /auto - increment >
< case - sensitive > false < /case - sensitive >
< currency > false < /currency >
< nullable >0 < /nullable >
< signed > true < /signed >
< searchable > true < /searchable >
< column - display - size >10 < /column - display - size >
< column - label > id < /column - label >
< column - name > id < /column - name >
< schema - name > < /schema - name >
< column - precision >10 < /column - precision >
< column - scale >0 < /column - scale >
< table - name > student < /table - name >
< catalog - name > studb < /catalog - name >
< column - type >4 < /column - type >
< column - type - name > INT < /column - type - name >
< /column - definition >
< column - definition >
< column - index >2 < /column - index >
< auto - increment > false < /auto - increment >
< case - sensitive > false < /case - sensitive >
< currency > false < /currency >
< nullable >1 < /nullable >
< signed > false < /signed >
< searchable > true < /searchable >
< column - display - size >10 < /column - display - size >
< column - label > name < /column - label >
< column - name > name < /column - name >
< schema - name > < /schema - name >
< column - precision >10 < /column - precision >
< column - scale >0 < /column - scale >
< table - name > student < /table - name >
< catalog - name > studb < /catalog - name >
< column - type >12 < /column - type >
< column - type - name > VARCHAR < /column - type - name >
< /column - definition >
< column - definition >
< column - index >3 < /column - index >
< auto - increment > false < /auto - increment >
< case - sensitive > false < /case - sensitive >
< currency > false < /currency >
< nullable >1 < /nullable >
< signed > false < /signed >
< searchable > true < /searchable >
< column - display - size >10 < /column - display - size >
< column - label > sex < /column - label >
< column - name > sex < /column - name >
< schema - name > < /schema - name >
```

```
<column-precision>10</column-precision>
<column-scale>0</column-scale>
<table-name>student</table-name>
<catalog-name>studb</catalog-name>
<column-type>1</column-type>
<column-type-name>CHAR</column-type-name>
</column-definition>
<column-definition>
<column-index>4</column-index>
<auto-increment>false</auto-increment>
<case-sensitive>false</case-sensitive>
<currency>false</currency>
<nullable>1</nullable>
<signed>false</signed>
<searchable>true</searchable>
<column-display-size>20</column-display-size>
<column-label>tel</column-label>
<column-name>tel</column-name>
<schema-name></schema-name>
<column-precision>20</column-precision>
<column-scale>0</column-scale>
<table-name>student</table-name>
<catalog-name>studb</catalog-name>
<column-type>12</column-type>
<column-type-name>VARCHAR</column-type-name>
</column-definition>
</metadata>
<data>
<currentRow>
<columnValue>1</columnValue>
<columnValue>张三

</columnValue>
<columnValue>男</columnValue>
<columnValue>13512345678</columnValue>
</currentRow>
<currentRow>
<columnValue>2</columnValue>
<columnValue>李四</columnValue>
<columnValue>男</columnValue>
<columnValue>13612345678</columnValue>
</currentRow>
<currentRow>
<columnValue>3</columnValue>
<columnValue>王五</columnValue>
<columnValue>女</columnValue>
<columnValue>13712345678</columnValue>
</currentRow>
</data>
</webRowSet>
```

另一方面，将 XML 文件作为数据源填充到 WebRowSet 中，也是经常使用的方法。将 XML 文件数据填充到 WebRowSet 的代码如下。

```
WebRowSetwrs = new WebRowSetImpl();      //创建 WebRowSet 对象
wrs.readXml(new FileReader(new File("D:\student.xml")));     //将 xml 文件填充到 WebRow-
Set 中
```

运行 readXml()方法后，student.xml 文件的数据就被填充到 wrs 对象中了。

下面举例说明，在 dbTest 项目中，创建 JSP 文件 WebRowSetReader.jsp，该程序说明了将 WebRowSet 输出成一个 XML 文件的代码，如图 5-33 所示。

```
<%@page import="java.io.*"%>
<%@page import="javax.sql.rowset.WebRowSet"%>
<%@page import="com.sun.rowset.WebRowSetImpl"%>
<%@page contentType="text/html" pageEncoding="UTF-8"%>
<!DOCTYPE html>
<html>
    <head>
        <meta http-equiv="Content-Type" content="text/html; charset=UTF-8">
        <title>JSP Page</title>
    </head>
    <body>
         <h1>WebRowSet与XML文件的转换</h1>
        <%

         WebRowSet wrs = new WebRowSetImpl();
         try{
             wrs.readXml(new FileReader(new File("D:\\student.xml")));//读取xml文件，填充WebRowSet
             // 循环读取结果记录集
             while(wrs.next())
               out.print(wrs.getString(1)+" "+wrs.getString(2)+" "+wrs.getString(3)+" "+wrs.getString(4)+"<br>");
        }catch(Exception e){
           e.printStackTrace();
         }

        %>
    </body>
</html>
```

图 5-33　将 XML 文件数据填充到 WebRowSet 的代码

程序运行后的结果如图 5-34 所示。

图 5-34　将 XML 文件数据填充到 WebRowSet 的运行结果

4. 使用连接的 JdbcRowSetImpl 操作数据库

（1）设置带条件的查询属性

使用 RowSet 进行带条件的查询操作，主要代码如下。

```
crs.setCommand("SELECT * FROM student where id = ?");  //设定第 1 个参数为字段 id
crs.setInt(1, 2);                                      //将第 1 个参数 id 的值设置为 2
crs.execute();                                         //执行查询
```

下面通过举例来详细说明。

在 dbTest 项目中，创建 JSP 文件 RowSetPreQuery.jsp，代码如图 5-35 所示。该程序说明了 RowSet 更新数据库的方法。其运行结果如图 5-36 所示。

（2）更新数据

使用 RowSet 进行更新数据操作，主要代码如下。

```
crs.updateString(2,"菲菲");                //修改第 2 个字段 name
crs.updateString(3,"女");                  //修改第 3 个字段 sex
crs.updateString(4,"99999999999");         //修改第 4 个字段 tel
crs.updateRow();                           //更新数据,同步到数据库中
```

```
<%@page contentType="text/html" pageEncoding="UTF-8"%>
<%@page import="com.sun.rowset.JdbcRowSetImpl"%>
<%@page import="javax.sql.RowSet"%>
<!DOCTYPE html>
<html>
    <head>
        <meta http-equiv="Content-Type" content="text/html; charset=UTF-8">
        <title>JSP Page</title>
    </head>
    <body>
      <h1>查询结果如下：<br>
       <%

      RowSet crs = new JdbcRowSetImpl();//也可以是 CachedRowSetImpl、WebRowSetImpl、FilteredRowSetImpl、JoinRowSetImpl
      crs.setUrl("jdbc:mysql:///studb");
      crs.setUsername("root");
      crs.setPassword("123456");
      crs.setCommand("SELECT * FROM student where id=?"); //设定第1个参数为字段id
      crs.setInt(1, 2); //将第1个参数id的值设为2,
      crs.execute();  //执行查询

       while(crs.next()){
           out.print(crs.getInt(1)+"  "+crs.getString(2)+"  "+crs.getString(3)+"  "+crs.getString(4)+"<br>");
       }
    %>
    </h1>
    </body>
```

图 5-35　RowSet 带条件的查询操作

图 5-36　RowSet 带条件的查询运行结果

下面通过举例来详细说明。

在 dbTest 项目中，创建 JSP 文件 RowSetUpdate.jsp，代码如图 5-37 所示。该程序说明了 RowSet 更新数据库的方法。其运行结果如图 5-38 所示。

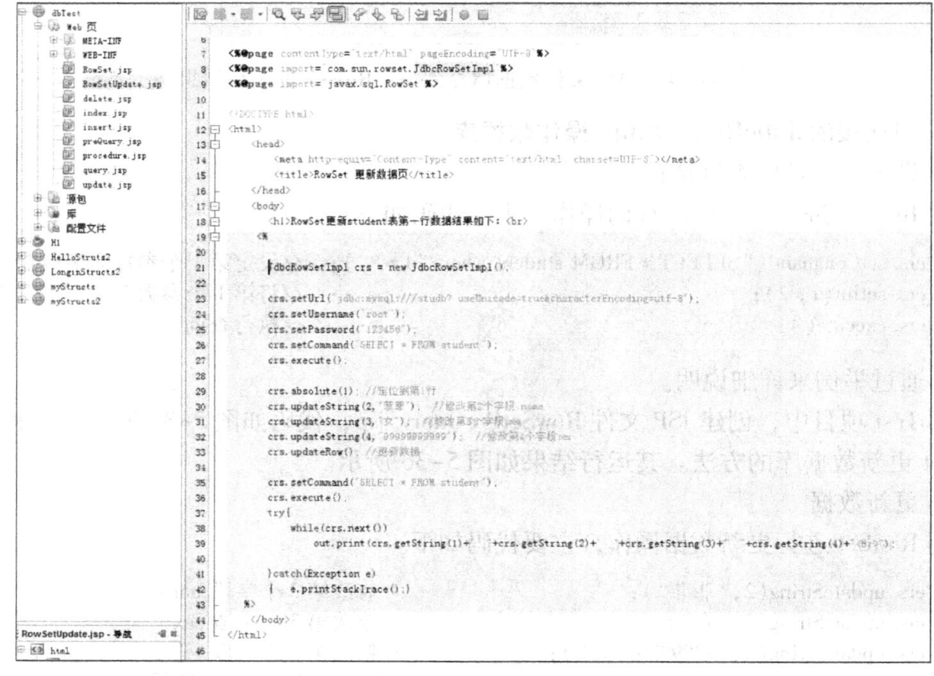

```
<%@page contentType="text/html" pageEncoding="UTF-8"%>
<%@page import="com.sun.rowset.JdbcRowSetImpl"%>
<%@page import="javax.sql.RowSet"%>

<!DOCTYPE html>
<html>
    <head>
        <meta http-equiv="Content-Type" content="text/html; charset=UTF-8"></meta>
        <title>RowSet 更新数据页</title>
    </head>
    <body>
      <h1>RowSet更新student表第一行数据结果如下：<br>
     <%

      JdbcRowSetImpl crs = new JdbcRowSetImpl();

      crs.setUrl("jdbc:mysql:///studb? useUnicode=true&characterEncoding=utf-8");
      crs.setUsername("root");
      crs.setPassword("123456");
      crs.setCommand("SELECT * FROM student");
      crs.execute();

      crs.absolute(1); //定位到第1行
      crs.updateString(2,"菲菲");  //修改第2个字段 name
      crs.updateString(3,"女");  //修改第3个字段sex
      crs.updateString(4,"99999999999");  //修改第4个字段tel
      crs.updateRow(); //更新数据

      crs.setCommand("SELECT * FROM student");
      crs.execute();
      try{
          while(crs.next())
              out.print(crs.getString(1)+"  "+crs.getString(2)+"  "+crs.getString(3)+"  "+crs.getString(4)+"<br>");

      }catch(Exception e)
      {   e.printStackTrace();}
   %>
    </body>
</html>
```

图 5-37　使用 RowSet 更新数据库

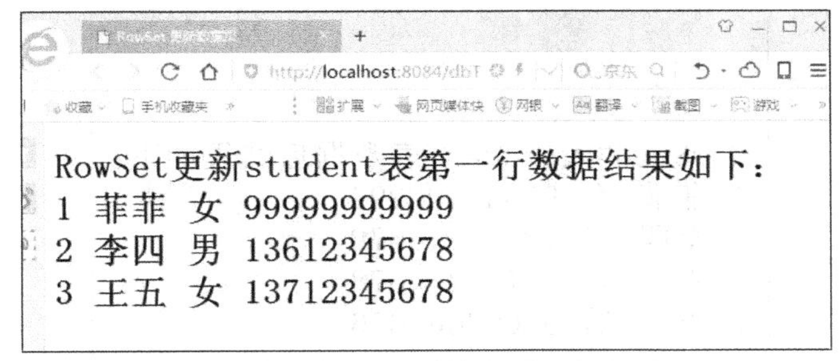

图 5-38　RowSet 更新数据库运行结果

（3）插入数据

使用 RowSet 向数据库中插入数据的主要代码如下。

```
crs.moveToInsertRow();                    //移动到要插入的行,一般是记录尾部
crs.updateString(2,"李军");               //设定第 2 个字段 name
crs.updateString(3,"男");                 //设定第 3 个字段 sex
crs.updateString(4,"66666666666");        //设定第 4 个字段 tel
crs.insertRow();                          //插入
```

下面通过举例来详细说明。

在 dbTest 项目中，创建 JSP 文件 RowSetInsert.jsp，代码如图 5-39 所示。该程序说明了 RowSet 插入数据的方法。其运行结果如图 5-40 所示。

```
<%@page contentType="text/html" pageEncoding="UTF-8"%>
<%@page import="com.sun.rowset.JdbcRowSetImpl"%>
<%@page import="javax.sql.RowSet"%>
<!DOCTYPE html>
<html>
    <head>
        <meta http-equiv="Content-Type" content="text/html; charset=UTF-8">
        <title>JSP Page</title>
    </head>
    <body>
        <h1>RowSet插入student表数据后结果如下：<br>
    <%
      JdbcRowSetImpl crs = new JdbcRowSetImpl();
      crs.setUrl("jdbc:mysql://studb?useUnicode=true&characterEncoding=utf-8");
      crs.setUsername("root");
      crs.setPassword("123456");
      crs.setCommand("SELECT * FROM student");
      crs.execute();

      crs.moveToInsertRow();
      crs.updateString(2,"李军");  //设定第2个字段 name
      crs.updateString(3,"男");  //设定第2个字段 name
      crs.updateString(4,"66666666666");  //设定第4个字段 tel
      crs.insertRow();//插入

      crs.setCommand("SELECT * FROM student");
      crs.execute();
      try{
          while(crs.next())
              out.print(crs.getString(1)+" "+crs.getString(2)+" "+crs.getString(3)+" "+crs.getString(4)+"<br>");

      }catch(Exception e)
      {  e.printStackTrace();}
    %>
    </body>
```

图 5-39　使用 RowSet 插入数据

从图 5-40 可以看出，由于表 student 的第一个字段 id 是自动编号的，所以在插入记录时无须设置。当记录中有某条记录被删除时，编号并不会自动连续，而是只保留剩下的编号，被删除的编号不再重复使用。如果要想让编号重新从 1 开始，可以在 MySQL 中使用命令：truncate table 表名，读者可以自己尝试一下。

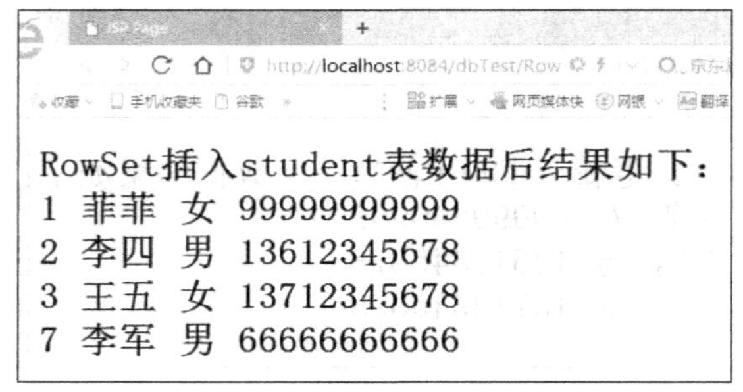

图 5-40　RowSet 插入数据库运行结果

（4）删除数据

使用 RowSet 删除数据库中数据的主要代码如下。

```
crs. absolute(4);                //定位到第 4 行
crs. deleteRow();                //删除
```

在 dbTest 项目中，创建 JSP 文件 RowSetDelete. jsp，代码如图 5-41 所示。该程序说明了 RowSet 删除数据的方法。其运行结果如图 5-42 所示。

```
<%@page contentType="text/html" pageEncoding="UTF-8"%>
<%@page import="com.sun.rowset.JdbcRowSetImpl"%>
<%@page import="javax.sql.RowSet"%>
<!DOCTYPE html>
<html>
    <head>
        <meta http-equiv="Content-Type" content="text/html; charset=UTF-8">
        <title>JSP Page</title>
    </head>
    <body>
         <h1>RowSet删除student表数据后结果如下：<br>
        <%
        JdbcRowSetImpl crs = new JdbcRowSetImpl();
        crs.setUrl("jdbc:mysql://studb?useUnicode=true&characterEncoding=utf-8");
        crs.setUsername("root");
        crs.setPassword("173456");
        crs.setCommand("SELECT * FROM student");
        crs.execute();

        crs.absolute(4);
        crs.deleteRow();

        crs.setCommand("SELECT * FROM student");
        crs.execute();
        try{
            while(crs.next())
                out.print(crs.getString(1)+" "+crs.getString(2)+" "+crs.getString(3)+" "+crs.getString(4)+"<br>");

        }catch(Exception e)
        {   e.printStackTrace();}
    %>
    </body>
```

图 5-41　使用 RowSet 删除数据库

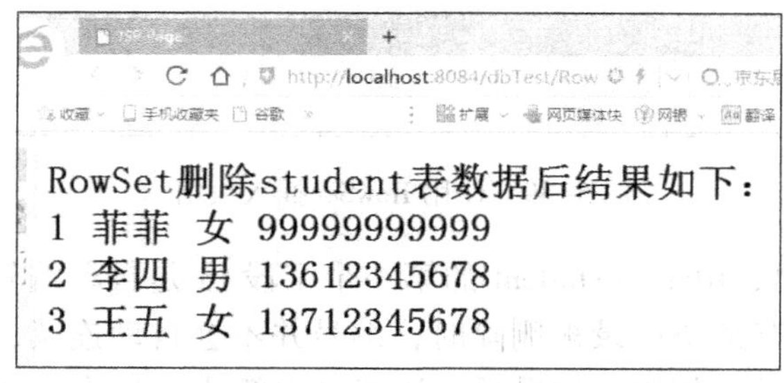

图 5-42　RowSet 删除数据库运行结果

5. 事务与更新底层数据源

RowSet 本身只代表具体数据，事务及底层数据源的更新是与底层数据源密切相关的概念。对于 JDBC 数据源，相应的标准接口 JdbcRowSet 通过与数据库相关的方法来实现，如 commit( )、rollback( )等。对于标准接口中的非连接 RowSet，如 CachedRowSet，则在对 RowSet 中的数据进行改动后，通过运行 acceptChanges( )方法，在内部调用 RowSet 对象的 writer 将这些更改写入数据源，从而将 CachedRowSet 对象中的更改传播回底层数据源。

6. 可序列化非连接 RowSet

使用 CachedRowSet 对象的主要原因之一是要在应用程序的不同组件之间传递数据。因为 CachedRowSet 对象是可序列化的，所以可使用它将运行于服务器环境的 JavaBeans 组件查询的结果，通过网络发送到运行于 Web 浏览器的客户端。

由于 CachedRowSet 对象是非连接的，所以与具有相同数据的 ResultSet 对象相比更为简洁。因此，它特别适于向瘦客户端（如 PDA）发送数据，这种瘦客户端由于资源限制或安全考虑而不适于使用 JDBC 驱动程序。所以 CachedRowSet 对象可提供一种“获取各行”的方式而无须实现全部 JDBC API。

5.6 思考与练习

1）创建一个 MySQL 数据库 bookLib，创建一个 book 表（编号，书名，作者，出版社，定价），并录入 3 条记录。创建一个 JavaWeb 项目，使用 JDBC 接口与 bookLib 数据库进行连接，并对 book 表进行查询和显示。

2）在练习 1）的基础上，通过使用 JDBC 接口向 book 表中插入两条新的记录并查询，使用带参数的 PreparedStatement 查询定价高于 50 元的图书信息。

3）在练习 1）的基础上，创建一个带输入参数 c 的存储过程 bTest( )，输入参数代表 book 表中的编号，通过使用 JDBC 接口调用该存储过程，查询出给定参数的 book 表信息。

4）在练习 1）的基础上，通过使用 JDBC 接口的 Statement 对象，更新 book 表中编号为 2 的图书定价，并进行查询，验证是否更新数据成功。

5）在练习 1）的基础上，通过使用 JDBC 接口的 Statement 对象，删除 book 表中编号为 4 的图书记录，并进行查询，验证是否删除数据成功。

6）在练习 1）的基础上，查询 book 表的全部记录，使用结果集 ResultSet 填充 CachedRowSet 对象并显示结果。

7）在练习 1）的基础上，使用 WebRowSet 查询 book 表的全部图书记录，并将查询结果存到 book. xml 文件中，打开 book. xml 文件查看内容是否正确生成。

8）在练习 1）的基础上，将 book. xml 文件的内容读出并填充到 WebRowSet 中，显示 WebRowSet 中的内容。

9）在练习 1）的基础上，使用 JdbcRowSet 查询 book 表的全部图书记录并显示。

10）在练习 1）的基础上，使用 JdbcRowSet 对 book 表中的数据进行插入、更新及删除操作。

第 6 章　MVC 与框架

框架通常是代码重用，设计模式是设计重用，架构则介于两者之间。框架为专用领域提供通用的或现成的基础结构，设计模式是对在某种环境中反复出现的问题及解决该问题的方案的描述，比框架更抽象；框架可以用代码表示，也能直接执行或复用，而对模式而言只有实例才能用代码表示；设计模式是比框架更小的元素，一个框架中往往含有一个或多个设计模式，框架总是针对某一特定应用领域，但同一模式却可适用于各种应用。本章主要介绍 MVC 模式、框架的概念，以及主流的 Java 框架。

6.1　MVC 模式概述

MVC 是一种架构型模式，它本身并不引入新的功能，只是用来指导改善应用程序的架构，使得应用的模型和视图相分离，从而得到更好的开发和维护效率。

6.1.1　MVC 模式简介

模型—视图—控制器（MVC）是 Xerox PARC 在 20 世纪 80 年代为编程语言 Smalltalk - 80 发明的一种软件设计模式，至今已被广泛使用。MVC 是一种源于桌面程序的架构模式，它的基本思想是把程序界面和业务逻辑分开，这样便于软件的后期维护，同时也方便开发时的分工及管理。MVC 有很多优点，所以现在已经被广泛应用于 Web 开发中。

模型—视图—控制器（MVC）是一种非常经典的软件架构模式，在 UI 框架和 UI 设计思路中扮演着非常重要的角色。M 是指数据模型，V 是指用户界面，C 则是指控制器。从设计模式的角度来看，MVC 模式是一种复合模式，它将多个设计模式在一种解决方案中结合起来，用来解决许多设计问题。

MVC 模式把用户界面交互分拆到不同的 3 种角色中，使应用程序被分成 3 个核心部件：Model（模型）、View（视图）和 Control（控制器），它们各自处理自己的任务。使用 MVC 的目的是将 M 和 V 的实现代码分离，从而使同一个程序可以使用不同的表现形式。比如一批统计数据可以分别用柱状图、饼图来表示。C 存在的目的则是确保 M 和 V 的同步，一旦 M 改变，V 也应该同步更新。MVC 模式的这 3 个部分的职责非常明确，而且相互分离，因此每个部分都可以独立改变而不影响其他部分，从而大大提高了应用的灵活性和重用性。

MVC 中视图的作用是将程序运行的结果呈现给用户，模型的作用则是实现用户的业务逻辑，主要是接收用户的参数，完成一些运算，以及访问数据库。MVC 是一种思想，是一种横向的分层，Java EE 中的 MVC 更加成熟，结构更加合理，再加上 Java 的特点（优越的跨平台性），可以利用 MVC 构建出很强大的集群系统。

6.1.2　MVC 模式基础

1. 模型、视图和控制器

MVC 是一个设计模式，它强制性地使应用程序的输入、处理和输出分开。在 MVC 模式中，一个应用被划分成了模型（Model）、视图（View）和控制器（Controller）三个部分，下面分别进行介绍。

（1）模型（Model）

模型负责封装应用的状态，并实现应用的功能，封装的是数据源和所有基于对这些数据的操作。在一个组件中，Model往往表示组件的状态和操作状态的方法。模型通常又分为数据模型和业务逻辑模型，数据模型用来存放业务数据，如订单信息、用户信息等；而业务逻辑模型包含应用的业务操作，如订单的添加或者修改等。模型表示企业数据和业务规则。

在MVC的3个部件中，模型拥有最多的处理任务。例如，它可能用EJBs和ColdFusion Components这样的构件对象来处理数据库。被模型返回的数据是中立的，也就是说模型与数据格式无关，这样一个模型能为多个视图提供数据。由于应用于模型的代码只需写一次就可以被多个视图重用，所以减少了代码的重复性。

（2）视图（View）

视图用来将模型的内容展现给用户，用户可以通过视图来请求模型进行更新，封装的是对数据源Model的一种显示。一个模型可以有多个视图，而一个视图理论上也可以与不同的模型关联起来。视图从模型获得要展示的数据，然后用自己的方式展现给用户，相当于提供界面来与用户进行人机交互；用户在界面上操作或者填写完成后，会单击提交按钮或是以其他触发事件的方式来向控制器发出请求。

视图是用户看到并与之交互的界面。对老式的Web应用程序来说，视图就是由HTML元素组成的界面，在新式的Web应用程序中，HTML依旧在视图中扮演着重要角色；但一些新的技术已层出不穷，包括Macromedia Flash，以及如XHTML、XML/XSL、WML等一些标识语言和Web Services。如何处理应用程序的界面变得越来越有挑战性。MVC一个大的好处是它能为应用程序处理很多不同的视图。在视图中其实没有真正的处理发生，不管这些数据是联机存储的还是一个雇员列表，作为视图来讲，它只是作为一种输出数据并允许用户操纵的方式。

（3）控制器（Controller）

控制器用来控制应用程序的流程和处理视图所发出的请求，封装的是外界作用于模型的操作。通常这些操作会转发到模型上，并调用模型中相应的一个或者多个方法。一般Controller在Model和View之间起到了沟通的作用，处理用户在View上的输入并转发给Model。这样Model和View两者之间可以做到松散耦合，甚至可以彼此不知道对方，而由Controller连接这两个部分。

当控制器接收到用户的请求后，会将用户的数据与模型的更新相映射，也就是调用模型来实现用户请求的功能；然后控制器会选择用于响应的视图，把模型更新后的数据展示给用户。控制器接受用户的输入并调用模型和视图去完成用户的需求。所以当单击Web页面中的超链接和发送HTML表单时，控制器本身不输出任何东西，也不做任何处理。它只是接收请求并决定调用哪个模型构件去处理请求，然后确定用哪个视图来显示模型处理返回的数据。

2. MVC的组件关系

在MVC中，模型和视图是分离的，通常视图里面不会有任何逻辑实现；而模型也是不依赖于视图的，同一个模型可能会有很多种不同的展示方式，也就是同一个模型可以对应多种不同的视图。例如，在 Windows 操作系统上浏览文件夹时，文件夹就那些，数据并没有变化，但是展示方式却有多种，如大图标、小图标和详细信息等。模型负责输出的内容，而视图负责输出的形式，模型不依赖于视图，模型与视图是解耦的。因此在修改视图，也就是修改显示方式时，不必关心模型，只需直接修改视图的展示方式即可。

MVC 应用程序总是由这 3 部分组成。Event（事件）导致 Controller 改变 Model 或 View，或者同时改变两者。只要 Controller 改变了 Model 的数据或者属性，所有依赖的 View 都会自动更新。类似的，只要 Controller 改变了 View，View 会从潜在的 Model 中获取数据来刷新自己。MVC 的组件关系如图 6-1 所示。MVC 的处理过程是，首先控制器接收用户的请求，并决定应该调用哪个模型来进行处理，然后模型用业务逻辑来处理用户的请求并返回数据，最后控制器用相应的视图格式化模型返回的数据，并通过表示层呈现给用户。

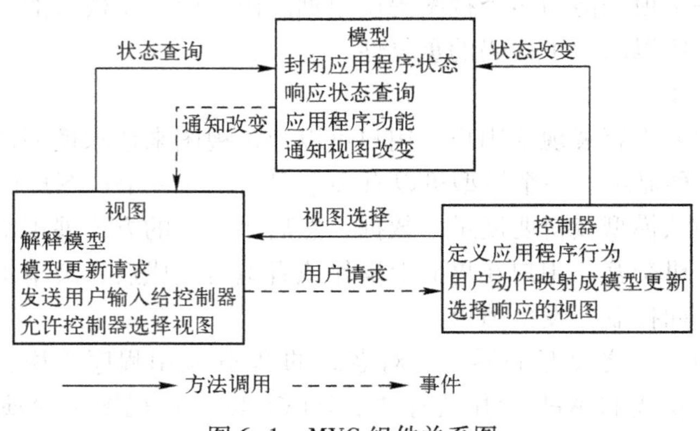

图 6-1　MVC 组件关系图

MVC 的组件关系图描述了模型、视图和控制器这 3 个部分的交互关系。下面按照交互顺序来详细描述一下它们的交互关系。

1）首先是展示视图给用户，用户在这个视图上进行操作，并填写一些业务数据。

2）然后用户会单击提交按钮来发出请求。

3）视图发出的用户请求会到达控制器，在请求中包含了想要完成什么样的业务功能及相关的数据。

4）控制器会处理用户请求，把请求中的数据进行封装，然后选择并调用合适的模型，请求模型进行状态更新，并选择接下来要展示给用户的视图。

5）模型会去处理用户请求的业务功能，同时进行模型状态的维护和更新。

6）当模型状态发生改变时，模型会通知相应的视图，告诉视图其状态发生了改变。

7）视图接到模型的通知后，会向模型进行状态查询，获取需要展示的数据，然后按照视图本身的展示方式将这些数据展示出来。

接下来就是等待用户的下一次操作，再次从头轮回了。

6.1.3　MVC 模式的作用

大部分 Web 应用程序都是用过程化语言来创建的，它们将像数据库查询语句这样的数据层代码和像 HTML 这样的表示层代码混在一起。经验比较丰富的开发者会将数据从表示层分离开来，但这通常不容易做到，需要精心的计划和不断的尝试。MVC 从根本上强制性地将它们分开。尽管构造 MVC 应用程序需要一些额外工作，但是它给用户带来的好处是毋庸置疑的。

首先，最重要的一点是多个视图能共享一个模型，现在需要用越来越多的方式来访问应用程序。对此，其中一个解决方法是使用 MVC，无论用户想要的是 Flash 界面还是 WAP 界面，用一个模型就能处理它们。由于已经将数据和业务规则从表示层分开，所以可以最大化地重用代码。

由于模型返回的数据没有进行格式化，所以同样的构件能被不同界面使用。例如，很多数据可能用 HTML 来表示，但是它们也有可能用 Macromedia Flash 和 WAP 来表示。模型也有状态管理和数据持久性处理的功能。例如，基于会话的购物车和电子商务过程也能被 Flash 网站或者无线联网的应用程序所重用。

因为模型是自包含的，并且与控制器和视图相分离，所以很容易改变应用程序的数据层和业务规则。如果想把数据库从 MySQL 移植到 Oracle，或者改变基于 RDBMS 数据源到 LDAP，只需改变模型即可。一旦模型正确，不管数据来自数据库还是 LDAP 服务器，视图都将会正确显示它们。由于 MVC 的应用程序的 3 个部件是相互对立的，改变其中一个不会影响其他两个，依据这种设计思想能构造良好的松耦合的构件。

另外，控制器也有一个好处，就是可以连接不同的模型和视图去完成用户的需求，为构造应用程序提供强有力的手段。给定一些可重用的模型和视图，控制器可以根据用户的需求选择模型，然后选择视图将处理结果显示给用户。

MVC 不适合小型甚至中等规模的应用程序，花费大量时间将 MVC 应用到规模并不是很大的应用程序通常会得不偿失。MVC 设计模式是一个很好的创建软件的途径，它所提倡的一些原则，如内容和显示互相分离可能比较好理解。但是如果要隔离模型、视图和控制器的构件，可能需要重新思考应用程序，尤其是应用程序的构架方面。如果接受 MVC，并且有能力应付它所带来的额外的工作和复杂性，MVC 将会使软件在健壮性、代码重用和结构等方面上一个新的台阶。

在早期开发中，有一些程序员没有认识到 MVC 模式带来的好处，在开发时不遵守 MVC 模式。这样做的结果就是程序结构划分不明确，各个部分功能混乱，在业务功能发生变更时，无论是业务逻辑修改还是显示形式修改，都要修改很多类，“牵一发而动全身”，导致软件的开发和维护效率低下，错误百出。

而遵循 MVC 模式来开发系统，就会极大地避免上述问题的出现。MVC 模式的核心手段是解耦，MVC 模式通过仔细地划分功能，把整个应用程序划分成模型、视图和控制器 3 部分，然后严密控制这 3 个部分之间的通信，从而得到一个结构清晰、功能分布合理、可重用、可扩展、可维护的应用程序。因此，使用 MVC 模式可以获得以下好处。

1）低耦合性：在 MVC 模式中，模型和视图是解耦的，模型不会依赖于视图，而视图也仅仅是从模型中获取需要展示的数据，并不会与模型的逻辑处理相关联。

2）更低的开发成本：由于 MVC 模式帮用户清楚地划分了各部分的职责，就可以让程序员各司其职，Java 程序员只关心业务逻辑的实现，也就是模型部分；而界面程序员只关心页面展示，也就是视图部分即可。

3）更好的可维护性：MVC 模式划分出明晰的模型和视图部分，并使其解耦，在软件需求发生变更时，就可以各自独立改变而不会相互影响，使得程序更易维护和扩展。

使用 MVC 的好处是，一方面，分离数据及其表示，使得添加或者删除一个用户视图变得很容易，甚至可以在程序执行时动态地进行。Model 和 View 能够单独开发，增加了程序的可维护性和可扩展性，并使测试变得更为容易。另一方面，将控制逻辑和表现界面分离，允许程序能够在运行时根据工作流、用户习惯或者模型状态来动态选择不同的用户界面。因此，MVC 模式广泛用于 Web 程序和 GUI 程序的架构，其优点主要如下：

1）具有多个视图对应一个模型的能力。在用户需求快速变化的情况下，可能有多种方式访问应用的要求。例如，订单模型可能有本系统的订单，也有网上订单或者其他系统的订单，但对订单的处理都是一样的。按 MVC 设计模式，一个订单模型及多个视图即可解决问题。这样就减少了代码的复制，即减少了代码的维护量，一旦模型发生改变，也易于维护。由于模型返回的数据不带任何显示格式，因而这些模型也可直接应用于接口。

2）由于一个应用被分离为 3 层，因此有时改变其中的一层就能满足应用的改变。一个应用的业务流程或者业务规则的改变只需改动 MVC 的模型层即可。

3）控制层的管理能力更加有效。由于控制层把不同的模型和不同的视图组合在一起完成不同的请求，因此，控制层可以说是包含了用户请求权限的概念。

4）MVC 模式有利于软件工程化管理。由于不同的层各司其职，每一层的不同应用具有某些相同的特征，有利于通过工程化、工具化产生管理程序代码。

MVC 的缺点是它没有明确的定义，使用 MVC 需要精心的设计，而且其内部原理比较复杂，开发者需要花费一些时间去思考。这使得开发者需花费大量时间去考虑如何将 MVC 运用到应用程序。同时，由于模型和视图要严格分离，这样也给调试应用程序带来了一定的困难。每个构件在使用之前都需要经过彻底的测试。一旦构件通过了测试，就可以毫无顾忌地重用它们。由于将一个应用程序分成了 3 个部件，所以使用 MVC 的同时也意味着将要管理比以前更多的文件。MVC 的不足主要体现在以下几个方面。

1）增加了系统结构和实现的复杂性。对于简单的界面，严格遵循 MVC，使模型、视图与控制器分离，会增加结构的复杂性，并可能产生过多的更新操作，降低了运行效率。

2）视图与控制器间联系紧密。视图与控制器是相互分离的，但却是联系紧密的部件，视图没有控制器的存在，其应用是很有限的，反之亦然，这样就妨碍了它们的独立重用。

3）视图对模型数据的低效率访问。依据模型操作接口的不同，视图可能需要多次调用才能获得足够的显示数据。对未变化数据的不必要的频繁访问也将损害操作性能。

4）一般高级的界面工具或构造器不支持 MVC 模式。改造这些工具以适应 MVC 的需要或建立分离的部件的代价都是很高的，这些都使得使用 MVC 模式更加困难。

6.1.4 Java EE 中的 MVC

MVC 是一种横向分层的思想，采用这种思想可以构建出各种系统。只要基于这种思想，可以有不同的实现。前面讲过的三层架构模式与 MVC 模式是两个概念。三层架构分为表示层、逻辑层和持久层，其中表示层是属于 Web 方面的开发，对应与 MVC 的视图和控制器，Java EE 中的过滤器也属于表示层，虽然它和表示没有什么关系。但它的实现技术是一种横切技术，将 request 的请求进行过滤，过滤以后传到控制器，控制器根据需要调用业务逻辑和视图层显示给用户。所以将过滤器分到表示层，主要是因为它属于 Web 技术，而且是在控制层以上。逻辑层和持久层是为了程序的可移植性，把 MVC 中的模型层分为专门用于计算的逻辑层和专门访问数据的持久层（包括访问数据库、访问 XML，以及访问其他可以永久保存数据的文件等)，业务逻辑层主要是 JavaBean 实现。而持久层最常见的就是 DAO (Data Access Object)，封装了数据库的所有操作。其实三层架构从结构来说是纵向的分层，上层依赖于下层，而下层不依赖于上层，即单向依赖。

MVC 是系统横向的分层模型，而三层架构是纵向的分层。MVC 是一种思想。采用 MVC 模式的用户不可以直接访问 JSP（视图)，即使不需要调用业务逻辑实现功能，也应该让用户的所有操作都经过控制器，由控制器跳转到视图。前面已经介绍过，三层架构是从上到下的单向的、纵向的依赖分层。其中逻辑层是核心，实现了系统的主要功能，其他两层主要是为了实现系统的扩展。若系统需要更换显示界面，则只需更改视图即可；若需要更改数据库，则只需更改持久层即可，不用改变程序的核心代码（逻辑层)。这种架构主要适用于大型项目，设计人员可以根据项目的规模灵活地设计项目的架构。比如可以采用最简单的 JSP 直接访问数据库的架构模式、JSP + JavaBean（sun 的 Model1)、MVC +1（即横向按 MVC 模式架构，纵向分一层——Servlet 直接访问数据库)、MVC +2（即横向按 MVC 模式架构，纵向分两层——Servlet 调用逻辑层访问数据库)、MVC +3（即横向按 MVC 模式架构，纵向分三层——Servlet 调用业务逻辑，业务逻辑访问数据库)。当然不同的架构适用不同规模的项目，具体还要视项目情况而定。

Java EE 中的视图层一般用 MVC，当然也可以采用 HTML + AJAX 技术实现一个交互性高的异步通信 Web 应用。模型层是以 JavaBean 为主体，实现 Java 的业务逻辑；控制器则是用 Servlet 实现，这样整体上来说 Java EE 为不同的角色提供了不同的标准，使得程序员的开发工作更加简单。

在 Java 的 Web 开发中，通常把 Servlet + JSP + JavaBean 的模型称为 Model2 模型，这是一个完全遵循 MVC 模式的模型，基本划分如下：

1）JavaBean 作为模型，既可以作为数据模型来封装业务数据，又可以作为业务逻辑模型来包含应用的业务操作。其中，数据模型用来存储或传递业务数据，而业务逻辑模型接收到控制器传过来的模型更新请求后，执行特定的业务逻辑处理，然后返回相应的执行结果。

2）JSP 作为表现层，负责提供页面为用户展示数据，提供相应的表单（Form）来响应用户的请求，并在适当的时候（比如用户单击提交按钮）向控制器发送用户请求来要求模型进行更新。

3）Serlvet 作为控制器，用来接收用户提交的请求，并获取请求中的数据，将之转换为业务模型需要的数据模型，然后调用业务模型相应的业务方法，请求模型进行更新，同时根据业务执行结果来选择要返回的视图，也就是选择下一个页面。

Model2 实现 MVC 的基本结构图如图 6-2 所示。

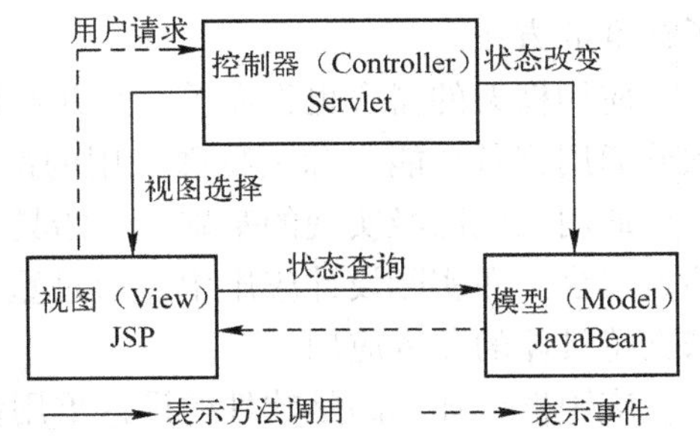

图 6-2　Model2 中的 MVC

Servlet + JSP + JavaBean 模型基本的响应顺序为：当用户发出一个请求后，这个请求会被控制器 Servlet 接收到；Servlet 将请求的数据转换成数据模型 JavaBean，然后调用业务逻辑模型 JavaBean 的方法，并将业务逻辑模型返回的结果放到合适的地方，如请求的属性中；最后，根据业务逻辑模型的返回结果，由控制器来选择合适的视图（JSP)，由视图把数据展现给用户。

6.2 框架的概念

6.2.1 框架概述

框架是可复用设计的，是由一组抽象类及其实例间的协作关系来表达的，这个定义是从框架内涵的角度来定义框架的，当然也可以从框架用途的角度来给出框架的定义，框架是在给定的问题领域内的一个应用程序的部分设计与实现。从以上两个定义可以看出，框架是对特定应用领域中的应用系统的部分设计和实现，它定义了一类应用系统（或子系统）的整体结构。框架将应用系统划分为类和对象，并定义类和对象的责任、类和对象如何互相协作，以及对象之间的控制线程。这些共有的设计因素由框架预先定义，应用开发人员只需关注特定的应用系统部分。框架刻画了其应用领域所共有的设计模型，尽管框架中可能包含用某种程序设计语言实现的具体类，但由于其对共有部分的设计，更像一种抽象的过程。因此总体来看，框架具备了很强的复用能力。

框架是一个应用程序的半成品。框架提供了可在应用程序之间共享的可复用的公共结构。开发者把框架融入他们自己的应用程序，并加以扩展，以满足他们特定的需要。框架和工具包的不同之处在于，框架提供了一致的结构，而不仅仅是一组工具类。框架其实就是一组组件，供开发者选用以完成自己的系统。简单来说就是使用别人搭好的舞台来做表演。而且，框架一般都是成熟的、不断升级的软件。可以说一个框架是一个可复用的开发规范，它规定了应用的体系结构，阐明了整个设计、协作构件之间的依赖关系、责任分配和控制流程，表现为一组抽象类及其实例间协作的方法，它为构件复用提供了上下文（Context）关系。因此构件库的大规模重用也需要框架。

构件领域的框架方法在很大程度上借鉴了硬件技术发展的成就，它是构件技术、软件体系结构研究和应用软件开发三者发展结合的产物。在很多情况下，框架通常以构件库的形式出现，但构件库只是框架的一个重要部分。框架的关键还在于框架内对象间的交互模式和控制流模式。框架比构件可定制性强。在某种程度上，将构件和框架看成两个不同但彼此协作的技术或许更好。框架为构件提供重用的环境，为构件处理错误、交换数据及激活操作提供了标准的方法。

应用框架的概念也很简单，它并不是包含构件应用程序的小片程序，而是实现了某应用领域通用完备功能（除去特殊应用的部分）的底层服务。使用这种框架的编程人员可以在一个通用功能已经实现的基础上开始具体的系统开发。框架提供了所有应用期望的默认行为的类集合。在实际设计应用中，通过重写子类（该子类属于框架的默认行为）或组装对象来支持具体的业务应用。

应用框架强调的是软件的设计重用性和系统的可扩充性，以缩短大型应用软件系统的开发周期，提高开发质量。与传统的基于类库的面向对象重用技术相比，应用框架更注重于面向专业领域的软件重用。应用框架具有领域相关性，构件根据框架进行复合而生成可运行的系统。框架的力度越大，其中包含的领域知识越完整。

6.2.2 框架和设计模式的关系

框架和设计模式是两个不同的概念，它们之间是有区别的。构件通常是代码重用，而设计模式是设计重用，框架则介于两者之间，部分代码重用，部分设计重用，有时分析也可重用。在软件生产中有3种级别的重用：内部重用，即在同一应用中能公共使用的抽象块；代码重用，即将通用模块组合成库或工具集，以便在多个应用和领域都能使用；应用框架的重用，即为专用领域提供通用的或现成的基础结构，以获得最高级别的重用性。

框架和设计模式在软件设计中是两个不同的研究领域。设计模式研究的是一个设计问题的解决方法，一个模式可应用于不同的框架并被不同的语言所实现；而框架则是一个应用的体系结构，是一种或多种设计模式和代码的混合体。虽然它们有所不同，但却共同致力于使人们的设计可以被重用，在思想上存在着统一性，因而设计模式的思想可以在框架设计中进行应用。

框架与设计模式虽然相似，但却有着显著区别，主要表现在提供的内容和致力应用的领域两个方面。

1）从应用领域上分，框架给出的是整个应用的体系结构；而设计模式则给出了单一设计问题的解决方案，并且这个方案可在不同的应用程序或者框架中进行应用。

2）从内容上分，设计模式仅是一个单纯的设计，这个设计可被不同语言以不用方式来实现；而框架则是设计和代码的混合体，编程者可以用各种方式对框架进行扩展，进而形成完整的、不同的应用。

设计模式比框架更容易移植，框架一旦设计成形，虽然还没有构成一个完整的应用，但是以其为基础进行应用的开发显然要受制于框架的实现环境。而设计模式是与语言无关的，所以可以在更广泛的异构环境中进行应用。

设计模式是对在某种环境中反复出现的问题及解决该问题的方案的描述，它比框架更抽象。框架可以用代码表示，也能直接执行或复用，而对模式而言，只有实例才能用代码表示。设计模式是比框架更小的元素，一个框架中往往含有一个或多个设计模式，框架总是针对某一特定应用领域，但同一模式却适用于各种应用。可以说，框架是软件，而设计模式是软件的知识体，用于提升框架的设计水平。

6.2.3 框架的作用

软件系统发展到今天已经很复杂了，特别是服务器端软件，所涉及的知识、内容和问题很多。在某些方面使用别人成熟的框架，就相当于让别人完成一些基础工作，自己只需集中精力完成系统的业务逻辑设计。而且框架一般是成熟的、稳健的，可以处理系统的很多细节问题，如事物处理、安全性和数据流控制等。此外，框架一般都经过很多人使用，所以结构很好，扩展性也很好，而且是不断升级的，因此可以直接享受别人升级代码带来的好处。

一个基于框架开发的应用系统包含一个或多个框架，与框架相关的构件类，以及与应用系统相关的功能扩展。与应用系统相关的功能扩展包括与应用系统相关的类和对象。应用系统可能仅仅复用了面向对象框架的一部分，或者说，它可能需要对框架进行一些适应性修改，以满足系统需求。

框架要解决的最重要的一个问题是技术整合的问题。在J2EE的框架中，有着各种各样的技术。不同的软件企业需要从J2EE中选择不同的技术，这就使得软件企业最终的应用依赖于这些技术，技术自身的复杂性和技术的风险性将会直接对应用造成冲击。而应用是软件企业的核心，是竞争力的关键所在，因此应该将应用自身的设计和具体的实现技术解耦。这样，软件企业的研发将集中在应用的设计上，而不是具体的技术实现。技术实现是应用的底层支撑，它不应该直接对应用产生影响。

框架一般处于低层应用平台（如 J2EE）和高层业务逻辑之间的中间层。衡量应用系统设计开发水平高低的标准就是解耦性；应用系统各个功能只有能够彻底脱离、不相互依赖，才能体现可维护性、可拓展性的软件设计目标。为了达到这个目标，诞生了各种框架概念，J2EE 框架标准将一个系统划分为 Web 和 EJB 两部分，有时不是以这个具体技术区分，而是从设计上抽象为表现层、服务层和持久层 3 个层次，从一个高度将 J2EE 分离开来，实现解耦目的。

框架的最大好处就是重用。面向对象系统获得的最大的复用方式就是框架，一个大的应用系统往往可能由多层互相协作的框架组成。由于框架能重用代码，因此从一个已有构件库中建立应用变得非常容易，因为构件都采用框架统一定义的接口，从而使构件间的通信变得简单。框架能重用设计，提供可重用的抽象算法及高层设计，并能将大系统分解成更小的构件，而且能描述构件间的内部接口。这些标准接口使在已有的构件基础上通过组装建立各种各样的系统成为可能。只要符合接口定义，新的构件就能插入框架中，构件设计者就能重用构架的设计。

框架还能重用分析。所有的人员若按照框架的思想来分析事务，那么就能将它划分为同样的构件，采用相似的解决方法，从而使采用同一框架的分析人员之间能进行沟通。

采用框架技术进行软件开发的主要特点如下。

1）领域内的软件结构一致性好。

2）建立更加开放的系统。

3）重用代码大大增加，软件的生产效率和质量也得到了提高。

4）软件设计人员要专注于对领域的了解，使需求分析更充分。

5）存储了经验，可以让那些经验丰富的人员去设计框架和领域构件，而不必限于低层编程。

6）允许采用快速原型技术。

7）有利于在一个项目内多人协同工作。

8）大量的重用使得平均开发费用降低，开发速度加快，开发人员减少，维护费用降低，而参数化框架使得适应性和灵活性增强。

6.3 主流框架介绍

6.3.1 Struts 框架

Struts 是 Apache 软件基金会（ASF）赞助的一个开源项目。它最初是 Apache Jakarta 项目中的一个子项目，并于 2004 年 3 月成为 ASF 的顶级项目。它通过采用 Java Servlet/JSP 技术，实现了基于 JavaEE Web 应用的 MVC 设计模式的应用框架，是 MVC 经典设计模式中的一个经典产品。

Struts 最早是作为 Apache Jakarta 项目的组成部分，项目的创立者希望通过对该项目的研究，改进和提高 Java Server Pages、Servlet、标签库及面向对象的技术水准。Struts 这个名字来源于在建筑和旧式飞机中使用的支持金属架。这个框架之所以被称为“Struts”，是为了提醒人们记住那些支撑房屋、建筑、桥梁，甚至踩高跷时的基础支撑。这也是解释 Struts 在开发 Web 应用程序中所扮演的角色的一个精彩描述。当建立一个建筑物时，建筑工程师使用支柱为建筑的每一层提供支持。同样，软件工程师使用 Struts 为业务应用的每一层提供支持。它的目的是为了减少运用 MVC 设计模型来开发 Web 应用的时间。虽然仍然需要学习和应用该架构，不过它将可以完成其中一些繁重的工作。如果想混合使用 Servlets 和 JSP 的优点来建立可扩展的应用，Struts 是一个不错的选择。

6.3.2 Hibernate 框架

Hibernate 是一个开放源代码的对象关系映射框架，对 JDBC 进行了轻量级的对象封装，并将 POJO 与数据库表建立映射关系，是一个全自动的 ORM 框架，Hibernate 可以自动生成 SQL 语句，自动执行，使得 Java 程序员可以随心所欲地使用对象编程思维来操作数据库。Hibernate 可以应用在任何使用 JDBC 的场合，既可以在 Java 的客户端程序使用，又可以在 Servlet/JSP 的 Web 应用中使用，最具革命意义的是，Hibernate 可以在应用 EJB 的 J2EE 架构中取代 CMP，完成数据持久化的重任。

Hibernate 将对数据库的操作转换为对 Java 对象的操作，从而简化开发。通过修改一个"持久化"对象的属性，从而修改数据库表中对应的记录数据。Hibernate 提供线程和进程两个级别的缓存来提升应用程序性能。Hibernate 拥有丰富的映射方式，可将 Java 对象之间的关系转换为数据库表之间的关系。Hibernate 可屏蔽不同数据库实现之间的差异。在 Hibernate 中只需要通过"方言"的形式指定当前使用的数据库，就可以根据底层数据库的实际情况生成适合的 SQL 语句。Hibernate 不要求持久化类实现任何接口或继承任何类。

6.3.3 Spring 框架

Spring 是一个开源框架，是于 2003 年兴起的一个轻量级的 Java 开发框架，由 Rod Johnson 创建。简单来说，Spring 是一个分层的 JavaSE/EE full - stack（一站式）轻量级开源框架。Spring 是全面的、模块化的，拥有分层的体系结构，能选择使用其弧立的任何部分，它的架构仍然是内在稳定的。例如，可以选择仅仅使用 Spring 来简单化 JDBC 的使用，或用来管理所有的业务对象。Spring 对工程来说，不需要一个以上的 Framework。Spring 是潜在的一站式解决方案，定位于与典型应用相关的大部分基础结构。它也涉及其他 Framework 没有考虑到的内容。Spring 致力于 Java EE 应用的各层解决方案，而不是仅仅专注于某一层的方案。可以说 Spring 是企业应用开发的一站式选择，并贯穿表现层、业务层及持久层。然而，Spring 并不是取代那些已有的框架，而是与它们无缝地整合。

从大小与开销两方面而言，Spring 都是轻量的。完整的 Spring 框架可以在一个大小只有 1 MB 多的 JAR 文件里发布，而且 Spring 所需的处理开销也是微不足道的。此外，Spring 是非侵入式的，典型的，Spring 应用中的对象不依赖于 Spring 的特定类。Spring 通过一种被称为控制反转（loC）的技术促进了低耦合。当应用了 loC，一个对象依赖的其他对象会通过被动的方式传递进来，而不是这个对象自己创建或者查找依赖对象。可以认为 loC 与 JNDI 相反，不是对象从容器中查找依赖，而是容器在对象初始化时不等对象请求就主动将依赖传递给它。Spring 中 loC 的特征使得能够编写更干净、更可管理，并且更易于测试的代码。

6.3.4 JSF 框架

JavaServer Faces（JSF）是一种用于构建 Java Web 应用程序的标准框架（是 Java Community Process 规定的 JSR－127 标准）。它提供了一种以组件为中心的用户界面（UI）构建方法，从而简化了 Java 服务器端应用程序的开发。

JSF 技术的主要组件包括展现 UI 组件和管理它们的状态，操作事件、服务器端的确认和数据变换，定义页面导航，支持国际化和可访问性，提供对所有特性的可扩展性的 API，以及在 JSP 中表示 UI 组件和派发组件给服务器端对象的两个 JSP 自定义 tag 库。

JSF 引入了基于组件和事件驱动的开发模式，使开发人员可以使用类似于处理传统界面的方式来开发 Web 应用程序。JSF 支持行为与表达的清晰分离，不用特别的脚本语言或者标记语言来连接 UI 组件和 Web 层。JSF 技术 API 被直接分层在 Servlet API 的顶端。JSF 技术为管理组件状态提供了一个丰富的体系机构、处理组件数据、确认用户输入和操作事件。

JSF 的主要优势之一就是它既是 Java Web 应用程序的用户界面标准，又是严格遵循模型—视图—控制器 MVC 设计模式的框架。用户界面代码（视图）与应用程序数据和逻辑（模型）的清晰分离使 JSF 应用程序更易于管理。为了准备提供页面对应用程序数据访问的 JSF 上下文，以及防止对页面未授权或不正确的访问，所有用户与应用程序的交互均由一个前端 FacesServlet（控制器）来处理。

如图 6－3 所示，Faces Controller Servlet 充当用户和 JSF 应用程序之间的纽带。Faces Controller Servlet 在明确限定的 JSF 生命周期（规定了用户请求之间的整个事件流）的范围内工作。例如，一旦系统接收到访问应用的用户请求，Faces Controller Servlet 便通过事先准备的 JSF 上下文（存放所有应用程序数据的一个 Java 对象）来处理请求。然后控制器把用户指引到所请求的页面。该页面通常使用简单的表达式语言来处理来自 JSF 上下文的应用程序数据。一旦收到后续请求，控制器就更新所有模型数据（假设输入了新数据）。JSF 开发人员可以通过编程的方式在应用程序运行期间随时访问整个 JSF 生命周期，从而随时对应用程序的行为进行高度控制。

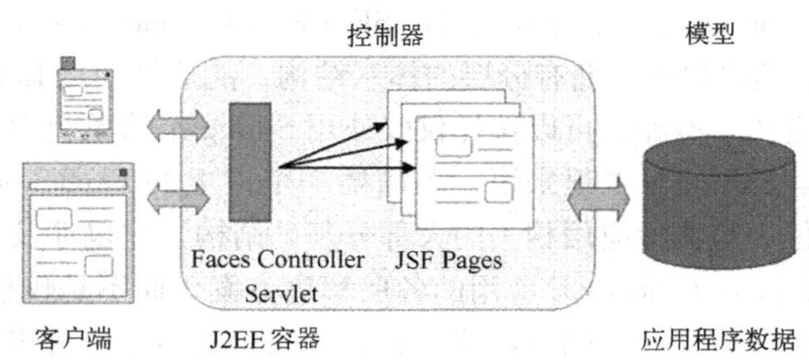

图 6－3　JSF 的结构图

6.4　思考与练习

1）简述 MVC 模式的内容。

2）简述 MVC 模式在 Java EE 中是如何体现的。

3）简述框架的概念。

4）项目开发中为什么要引入框架？

5）MVC 模式的开发有哪些优势？

第 7 章　Hibernate 框架

Hibernate 是一个开放源代码的对象关系映射框架，对 JDBC 进行了轻量级的对象封装，并将简单的 Java 对象（Plain Ordinary Java Object，POJO）与数据库表建立映射关系，是一个全自动的关系对象模型（Object Relational Mapping，ORM）框架。Hibernate 可以自动生成 SQL 语句，自动执行，使得 Java 程序员可以随心所欲地使用面向对象编程思维来操纵数据库。Hibernate 可以应用在任何使用 JDBC 的场合，既可以在 Java 的客户端程序使用，又可以在 Servlet/JSP 的 Web 应用中使用，最具革命意义的是，Hibernate 可以取代 EJB，完成数据持久化的重任。

7.1　框架简介

7.1.1　Hibernate 框架简介

1. Hibernate 框架的概念

所谓持久化（Persistence），是指把数据（如内存中的对象）保存到可永久保存的存储设备中（如磁盘）。持久化的主要应用是将内存中的对象存储在关系型的数据库中，当然也可以存储在磁盘文件中、XML 数据文件中等。持久化是将程序数据在持久状态和瞬时状态间转换的机制。JDBC 就是一种持久化机制，文件 IO 也是一种持久化机制。

持久化的典型三层架构为表示层，业务层和持久层，如 IBatis、Nhibernate、JDO、OJB 和 EJB 等都属于持久层的框架，当然，Hiberante 也是持久层的框架。Hiberante 可以将对象自动地生成数据库中的信息，使得开发更加面向对象。这样作为程序员就可以使用面向对象的思想来操作数据库，而不用关心烦琐的 JDBC。

Hibernate 可以在 Java 的任何项目中使用，不一定非要在 Java Web 项目中。因为 Hibernate 不需要类似于 Tomact 这些容器的支持，可以直接通过一个 main 方法进行测试。使用 Hibernate 可以大大减少代码量。Hibernate 不涉及具体的 JDBC 语句，所以就方便了代码的可移植性。

映射就是对象关系映射，是指将程序中的对象数据保存到数据库中，同时将数据库中的数据读入对象中，开发人员只对对象进行操作就可以完成对数据库数据的操作。

2. Hibernate 框架的语言特点

1）将对数据库的操作转换为对 Java 对象的操作，从而简化开发。通过修改一个“持久化”对象的属性来修改数据库表中对应的记录数据。

2）提供线程和进程两个级别的缓存来提升应用程序性能。

3）有丰富的映射方式将 Java 对象之间的关系转换为数据库表之间的关系。

4）屏蔽不同数据库实现之间的差异。在 Hibernate 中只需要通过“方言”的形式指定当前使用的数据库，就可以根据底层数据库的实际情况生成适合的 SQL 语句。

5）非侵入式：Hibernate 不要求持久化类实现任何接口或继承任何类，POJO 即可。

3. Hibernate 的发展历程

2001 年，澳大利亚墨尔本一位名为 Gavin King 的 27 岁的程序员，上街买了一本 SQL 编程的书，他厌倦了实体 bean，认为自己可以开发出一个符合对象关系映射理论且真正好用的 Java 持久化层框架，因此他需要先学习一下 SQL。这一年的 11 月，Hibernate 的第一个版本发布了。

2002 年，Hibernate 开始使用了。

2003 年 9 月，Hibernate 开发团队进入 JBoss 公司，开始全职开发 Hibernate，从这个时候开始，Hibernate 得到了突飞猛进的发展，并广泛普及。

2004 年，整个 Java 社区开始从实体 bean 向 Hibernate 转移，特别是在 Rod Johnson 的著作《Expert One – on – One J2EE Development without EJB》出版后，由于这本书以扎实的理论、充分的论据和翔实的论述否定了 EJB，提出了轻量级敏捷开发理念之后，以 Hibernate 和 Spring 为代表的轻量级开源框架开始成为 Java 世界的主流和标准。在 2004 年 Sun 领导的 J2EE 5.0 标准制定中，持久化框架标准正式以 Hibernate 为蓝本。

2006 年，J2EE 5.0 标准正式发布以后，持久化框架标准 Java Persistent API（简称 JPA）基本上是参考 Hibernate 实现的，而 Hibernate 从 3.2 版本开始，已经完全兼容 JPA 标准。

4. Hibernate 的版本

Hibernate 版本的更新速度很快，到目前为止已有多个阶段性的版本，如 Hibernate 3、Hibernate 4 和 Hibernate 5。目前最新发布的版本是 Hibernate ORM 5.2.6. Final Released 版。

另外，自 Hibernate 3 发布以来，其产品线愈加成熟，相继出现了 Hibernate 注释、Hibernate 实体管理器和 Hibernate 插件工具等一系列产品套件。在方便程序员使用 Hibernate 进行应用程序开发的同时，也逐渐增强了 Hibernate 产品线的实力。

7.1.2 POJO 简介

POJO 实质上可以理解为简单的 Java 实体类对象，有时也被称为 Data 对象。POJO 的主要作用是方便程序员使用数据库中的数据表，可以很方便地将 POJO 类当作对象来进行使用，当然也可以方便地调用其 getXXX( ) 和 setXXX( ) 方法。POJO 类对象同样也为配置 Hibernate 框架带来了很大的方便。

如果项目中使用了 Hibernate 框架，用一个关联的 XML 文件，使对象与数据库中的表对应，对象的属性与表中的字段相对应。

POJO 一般用 private 参数作为对象的属性，然后针对每个参数定义了 getXXX( ) 和 setXXX( ) 方法作为访问的接口。

下面给出一个简单 POJO 类的例子 User.java。

【例 7 – 1】 User.java 文件的代码。

```
public class User {
private long id;
private String name;

public void setId(long id) {
```

```
        this.id = id;
    }
    public void setName(String name) {
        this.name = name;
    }
    public long getId() {
        return id;
    }
    public String getName() {
        return name;
    }
}
```

从上面的例子也可以看出，POJO 就是一个普通的 Java 类对象，它没有任何特定的规则，不与任何特定框架的接口绑定，一般也没有构造方法。

下面介绍一下 POJO 与 JavaBean 的区别与联系。

JavaBean 严格的定义应为：是一种 Java 语言写成的可重用组件。它的方法命名、构造及行为必须符合特定的约定：这个类是公有类（public），并且必须有一个 public 默认构造函数。类的属性使用 getter 和 setter 来访问，其他方法遵从标准命名规范。这个类应是可序列化的。因为这些要求主要是靠约定而不是靠实现接口，所以许多开发者把 JavaBean 看作遵从特定命名约定的 POJO。其实这些约定主要原因是：JavaBean 一般是提供给容器（框架）使用的。

EntityBean 是 OR 映射中对应表的每行信息封装的实体类。当然，它符合 JavaBean 的约定，并且一般只有属性，没有方法。

7.1.3 Hibernate 的核心接口

1. Hibernate 的核心 API

Hibernate 的核心 API 共有 6 个，分别为 Session、SessionFactory、Transaction、Query、Criteria 和 Configuration，如图 7-1 所示。通过这些接口，可以对持久化对象进行存取及事务控制等操作。

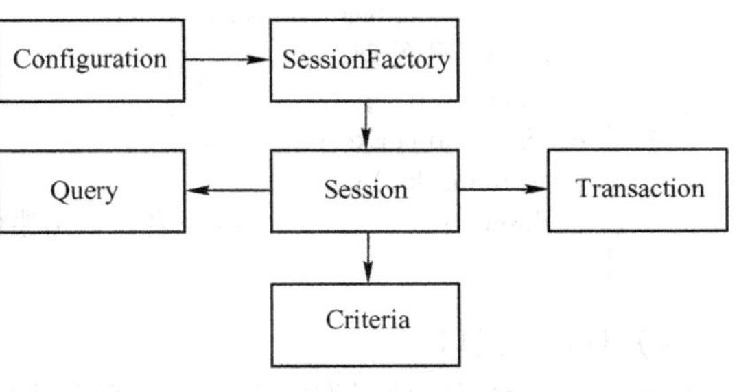

图 7-1　Hibernate 的核心接口

下面分别介绍这 6 个接口。

（1）Session 接口

Session 接口负责执行被持久化对象的增加（Create）、读取查询（Retrieve）、更新（Update）及删除（Delete）操作（Create，Retrieve，Update 及 Delete，简称 CRUD 操作），包含很多常见的 SQL 语句。需要注意的是，Session 对象是非线程安全的，因此在设计中最好一个线程只创建一个 Session 对象。同时，Hibernate 的 Session 不同于 JSP 应用中的 HttpSession。

（2）SessionFactory 接口

SessionFactory 接口负责初始化 Hibernate。它充当数据存储源的代理，并负责创建 Session 对象。这里用到了工厂模式。需要注意的是，SessionFactory 并不是轻量级的，因为一般情况下，一个项目通常只需要一个 SessionFactory 即可，当需要操作多个数据库时，可以为每个数据库指定一个 SessionFactory。

（3）Transaction 接口

Transaction 接口是一个可选的 API，是对实际事务实现的一个统一抽象，这些实现包括 JDBC 的事务、JTA 中的 UserTransaction，甚至可以是 CORBA（通过对象请求代理体系结构）事务。这个接口的设计，是为了让开发者能够使用一个统一的事务操作界面，使得自己的项目可以在不同的环境和容器之间方便地移植。

一个典型的事务应该使用下面的形式，beginTransaction( )到 commit( )之间的代码处在同一个事务：beginTransaction( )开启事务；commit( )提交事务；rollback( )在发生异常时回滚事务。

下面举例说明。

① Session 使用 sessionFactory. openSession( )方式取得，其典型代码如下。

```
Transaction tx = null;
try {
    tx = session. beginTransaction( );
    //做某些处理
    tx. commit( );
} catch(RuntimeException e) {
    if(tx != null)
        tx. rollback( );
    throw e;            //或者显示出错信息
} finally {
    session. close( );
}
```

② Session 使用 sessionFactory. getCurrentSession( )方式取得，其典型代码如下。

```
Transaction tx = null;
try {
    tx = session. beginTransaction( );
    //做某些处理
    tx. commit( );
} catch(RuntimeException e) {
    tx. rollback( );
    throw e;             //或者显示出错信息
}
```

（4）Query 接口

Query 接口负责对数据库及持久对象进行查询，它可以有两种表达方式：HQL（Hibernate Query Language）或本地数据库的 SQL 语句。Query 经常被用来绑定查询参数、限制查询记录数量，并最终执行查询操作。

（5）Criteria 接口

与 Query 接口非常类似，Criteria 接口允许创建并执行面向对象的标准化查询。值得注意的是 Criteria 接口也是轻量级的，不能在 Session 之外使用。

（6）Configuration 类

Configuration 类负责配置和启动 Hibernate。在 Hibernate 的启动过程中，Configuration 类的实例首先定位映射文档的位置，读取这些配置，然后创建一个 SessionFactory 对象。虽然 Configuration 类在整个 Hibernate 项目中只扮演着一个很小的角色，但它是启动 Hibernate 时的第一个对象。

2. Hibernate 对象的 3 种状态

Hibernate 中的对象有 3 种状态：临时（瞬时）对象状态（Transient Objects）、持久化对象状态（Persistent Objects）和离线（脱管）对象状态（Detached Objects）。

图 7-2 给出了临时对象状态、持久化对象状态和离线对象状态之间的关系，以及它们之间的转换关系，详细描述如下：

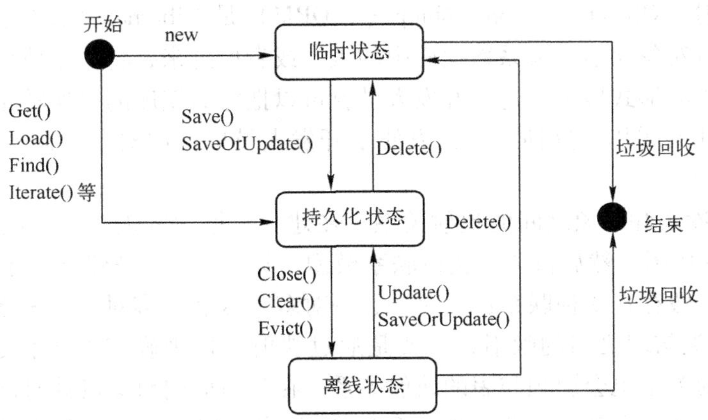

图 7-2　Hibernate 对象的 3 种状态

1）临时对象状态：使用 Java 的 new 命令开辟内存空间的 Java 对象，也就是普通的 Java 对象，如果没有变量引用它，则将会被 Java 虚拟机（JVM）进行自动垃圾收回。临时对象在内存中是孤立存在的，它的意义是携带信息载体，不与数据库中的数据有任何关联。通过 Session 的 save( )方法和 saveOrUpdate( )方法可以把一个临时对象和数据库相关联，并把临时对象携带的信息通过配置文件所做的映射插入到数据库中，这个临时对象就称为持久化对象。

2）持久化对象状态：持久化对象在数据库中有相应的记录，持久化对象可以是刚被保存的，或者刚被加载的，但都是在相关联的 Session 声明周期中保存这个状态。如果是直接用数据库查询所返回的数据对象，则这些对象和数据库中的字段相关联，具有相同的 id，它们马上变成持久化对象。如果一个临时对象被持久化对象引用，也变为持久化对象。

如果使用 delete( )方法，持久化对象将变为临时对象，并且删除数据库中相应的记录，这个对象不再与数据库有任何的联系。

持久化对象总是与 Session 和 Transaction 关联在一起。在一个 Session 中，对持久化对象的操作不会立即写到数据库中，只有当 Transaction（事务）结束时，才真正地对数据库更新，从而完成持久化对象和数据库的同步。

当一个 Session 执行 close( )、clear( )或 evict( )之后，持久化对象就变为离线对象，这时对象的 id 虽然拥有数据库的识别值，但已经不在 Hibernate 持久层的管理下，与临时对象基本上一样的，只不过比临时对象多了数据库标识 id。没有任何变量引用时，JVM 将其当作垃圾回收。

3）离线（脱管）对象状态：Session 关闭之后，与此 Session 关联的持久化对象就变为离线（脱管）对象，但还可以对这个对象进行修改。如果离线（脱管）对象被重新关联到某个新的 Session 上，会转换成持久化对象。

离线（脱管）对象拥有用户的标识 id，所以通过 update( )、saveOrUpdate( )等方法，可以再次与持久层关联，转换成为持久化对象。

7.2 Hibernate 对象关系映射

7.2.1 对象关系映射的基本概念

对象关系映射（Object Relational Mapping，ORM）是 Hibernate 实现的核心思想。ORM 的实现思想就是将对象映射为关系数据库中的表，或者反过来，将关系数据库中表的数据映射成对象，以对象的形式展现，这样开发人员就可以把对数据库的操作转化为对这些对象的操作。Hibernate 正是采用了这种思想，方便了开发人员以面向对象的思想来实现对数据库的操作[5]。

ORM 是数据库表和对象之间的映射关系。在建立数据库的表时，一般首先对数据库进行建模，画出 E－R 图，然后再通过实体联系模型（E－R 图）来建立关系模型，再建立相应的表。实体间一般存在 3 种联系：一对一、一对多（或者说多对一）和多对多。在 Hibernate 的 ORM 中，类与表之间的映射，主要是通过映射文件来确定类与表之间的对应关系，同时类与类之间的关系也会影响与表的映射关系。在学习面向对象设计时已知，类与类之间存在 5 种关系：继承、实现、关联、依赖和聚合/组合，Hibernate 中的 POJO 类之间的关系也是如此。

POJO 类的属性类型和关系数据库表中字段类型的对应关系如表 7-1 所示。

表 7-1　POJO 类的属性类型和关系数据库表中字段类型的对应关系

Hibernate 映射类型	Java 类型	标准 SQL 类型	大小
integer/int	java. lang. Integer/int	INTEGER	4Byte
long	java. lang. Long/long	BIGINT	8Byte
short	java. lang. Short/short	SMALLINT	2Byte
byte	java. Byte/byte	TINYINT	1Byte
float	java. lang. Float/float	FLOAT	4Byte
double	java. lang. Double/double	DOUBLE	8Byte
big_decimal	java. math. BigDecimal	NUMERIC	
character	java. lang. Character/java. lang. String/char	CHAR（1）	定长字符
string	java. lang. String	VARCHAR	变长字符
boolean/yes_no/true_false	java. lang. Boolean/Boolean	BIT	布尔类型
date	java. util. Date/java. sql. Date	DATE	日期
timestamp	java. util. Date/java. util. Timestamp	TIMESTAMP	日期
calendar	java. util. Calendar	TIMESTAMP	日期
calendar_date	java. util. Calendar	DATE	日期
binary	byte[ ]	BLOB	BLOB
text	java. lang. String	TEXT	CLOB
serializable	实现 java. io. Serializable 接口的任意 Java 类	BLOB	BLOB
clob	java. sql. Clob	CLOB	CLOB
blob	java. sql. Blob	BLOB	BLOB

（续）

Hibernate 映射类型	Java 类型	标准 SQL 类型	大小
class	java. lang. Class	VARCHAR	定长字符
locale	java. util. locale	VARCHAR	定长字符
timezone	java. util. TimeZone	VARCHAR	定长字符
currency	java. util. Currency	VARCHAR	定长字符

ORM 实现了将对象数据保存到数据库中，跟以前我们对关系表进行操作不同，现在执行增、删、改、查等任务，不再对关系表进行操作，而是直接对对象操作。Hibernate 中的 ORM 映射文件通常以 . hbm. xml 作为扩展名。使用这个映射文件不仅易读，而且可以手工修改，也可以通过一些工具来生成映射文档。

7.2.2　基本类映射过程

Hibernate 在实现 ORM 功能时主要用到的文件有：映射类（ * . java）、映射文件（ * . hbm. xml）和数据库配置文件（ * . properties/ * . cfg. xml），它们各自的作用如下。

1）映射类（ * . java）：映射类一般是 POJO 类，对应描述关系数据库表的结构，类中的属性往往被描述成表中的字段，可以实现把表中的记录与该类的对象进行相互映射。

2）映射文件（ * . hbm. xml）：指定数据库表和映射类之间的关系，包括映射类和数据库表的对应关系、表字段和类属性类型的对应关系，以及表字段和类属性名称的对应关系等。

3）数据库配置文件（ * . properties/ * . cfg. xml）：指定与数据库连接时需要的连接信息，如连接哪种数据库、登录数据库的用户名、登录密码及连接字符串等。当然还可以把映射类的地址映射信息放在这里。

下面具体介绍 Hibernate 的基本 ORM 对象关系映射过程：

根据实体类创建相应的表，这种简单的关系称为 Hibernate 基本映射。下面举例说明通过 User1. hbm. xml 映射文件，将 POJO 类 User1 对象转换为关系数据库中的表 user1。

【例 7-2】 User1. java 文件的代码。

```
public classUser1 {
    private String id;
    private String name;
    private String password;
    private Date createTime;
    private Date expireTime;
    public String getId() {
        return id;
    }
    public void setId(String id) {
        this. id = id;
    }
    public String getName() {
        return name;
    }
```

```
        public void setName(String name) {
            this.name = name;
        }
        public String getPassword() {
            return password;
        }
        public void setPassword(Stringpassword) {
            this.password = password;
        }
        public Date getCreateTime() {
            return createTime;
        }
        public void setCreateTime(DatecreateTime) {
            this.createTime = createTime;
        }
        public Date getExpireTime() {
            return expireTime;
        }
        public void setExpireTime(DateexpireTime) {
            this.expireTime = expireTime;
        }
}
```

User1.hbm.xml 映射文件的代码如下。

```
<hibernate-mapping package="com.test.hibernate">

<class name="User1" table="user1">
<id name="id" column="user_id" length="32" access="field">
<generator class="uuid" />
</id>
<!-- 设置主键不能重复和不能为空的属性. -->
<property name="name" length="30" unique="true" not-null="true"/>
<property name="password"/>
<property name="createTime" type="date" column="create_time"/>
<property name="expireTime"/>
</class>
</hibernate-mapping>
```

7.2.3 关系映射类型

下面主要介绍一下 ORM 映射时的各种关系类型。

(1)"单向一对一"关联映射(one-to-one)

两个对象之间是一对一的关系，如 Person(人)-IdCard(身份证)。单向一对一主键关联，靠的是它们的主键相等，从 Person 中能看到 IdCard，也就是把 t_idCard 中的主键拿过来当作 t_person 的主键。

在映射文件(扩展名为.hbm.xml)中，一对一的关系是通过 one-to-one 元素定义的，代码如下。

```
<class name="com.test.hibernate.Person" table="t_person" >
<id name="id" >
```

```
<!-- 采用 foreign 生成策略,foreign 会取得关联对象的标识 -->
<generator class = "foreign" >
<!-- property 指的是关联对象 -->
<param name = "property" >idCard </param >
</generator >
</id >
<property name = "name"/ >
<!-- 一对一关联映射,主键关联. -->
<!-- one-to-one 标签指示 Hibernate 如何加载其关联对象,默认根据主键加载。也就是拿到关系字段值,根据对端的主键来加载关联对象。constrained = "true" 表示当前主键(Person 的主键)还是一个外键。参照了对端的主键(IdCard 的主键),也就是会生成外键约束语句 -->
<one-to-one name = "idCard" constrained = "true"/ >
</class >
```

(2)“单向多对一”关联映射(many-to-one)

多对一关联映射的原理为：在“多”的一端加入一个外键，指向“一”的一端，比如实体“用户(User)”和实体“组(Group)”之间的关联，如图7-3所示。

在进行 Hibernate 映射处理时，可以在映射文件中“多”的一端加入以下标签映射。

```
<many-to-one name = "group" column = "groupid"/ >
```

(3)“单向一对多”关联映射(one-to-many)

“一对多”关联映射和“多对一”关联映射的原理是一致的，都是在“多”的一端加入一个外键，指向“一”的一端。比如实体“学生(Student)”和实体“班级(Classes)”之间的关联，如图7-4所示。

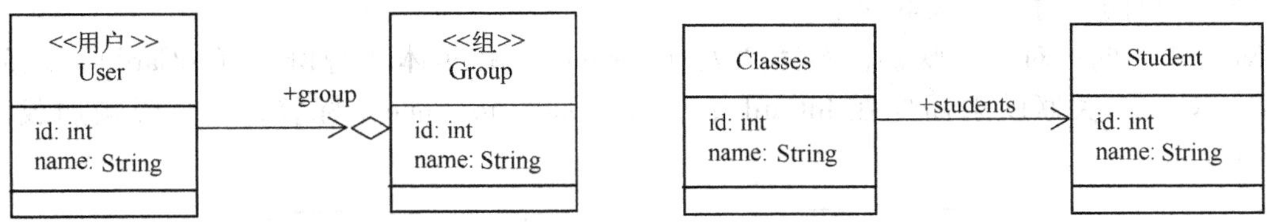

图7-3 “单向多对一”关联　　图7-4 “单向一对多”关联

注意：它与“多对一”的区别是维护的关系不同。“多对一”维护的关系是：“多”指向“一”的关系，有了此关系，加载“多”的时候可以将“一”加载上来。“一对多”维护的关系是：“一”指向“多”的关系，有了此关系，在加载“一”的时候可以将“多”加载上来。

在进行 Hibernate 映射处理时，可以在映射文件的“一”端加入以下标签进行映射。

```
<set name = "students" >
<key column = "classesid"/ >
<one-to-many class = "com.hibernate.Student"/ >
</set >
```

(4)“单向多对多”关联映射(many-to-many)

在进行实体之间的“多对多”关联映射时，一般要新增加一张表才能完成基本映射，比如实体“用户(User)”和实体“角色(Role)”之间的关联就是“多对多”关联，要描述这种关联，需要新增加一张表(t_user_role)来完成映射，如图7-5所示。

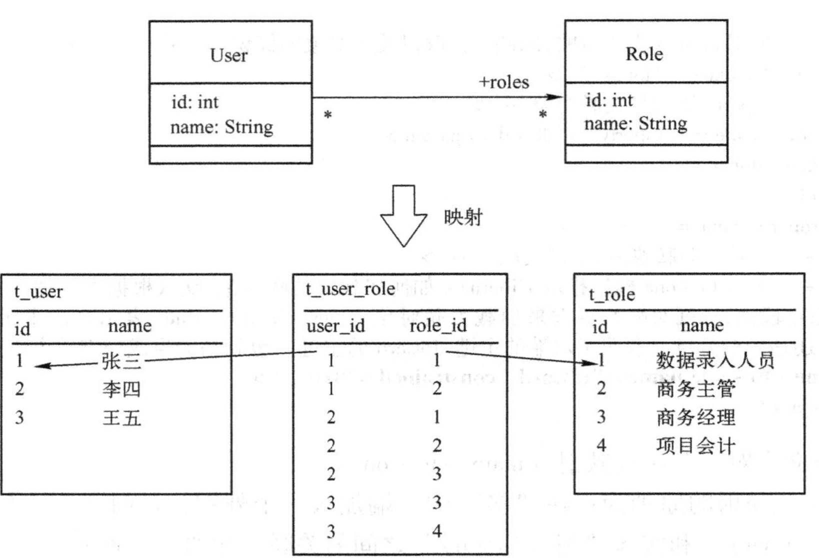

图 7-5 “单向多对多”关联

在进行 Hibernate 映射处理时，可以在映射文件的 User 一端加入以下标签进行映射。

```
<set name = "roles" table = "t_user_role" >
<key column = "user_id"/>
<many - to - many class = "com.hibernate.Role" column = "role_id"/>
</set>
```

（5）“双向一对一”关联映射

对比“单向一对一”映射，实体“人（Person）”和实体“身份证（IdCard）”之间的“双向一对一”关联映射需要在 IdCard 中加入 <one - to - one> 标签，它只影响加载，如图 7-6 所示。

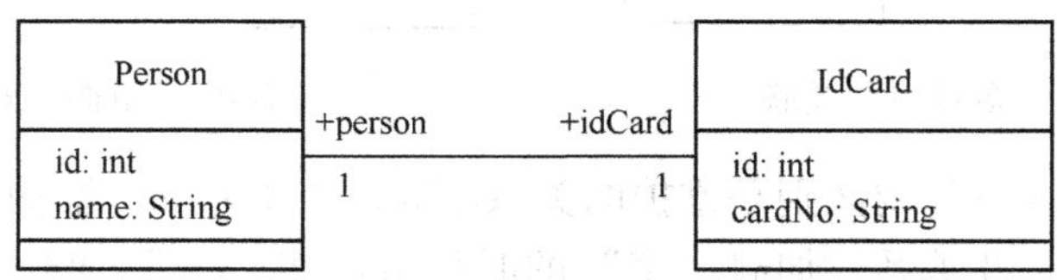

图 7-6 “双向一对一”关联

“双向一对一”主键映射，可以在映射文件的 IdCard 端新加入以下标签映射。

```
<one - to - one name = "person"/>
```

“双向一对一”唯一外键映射，可以在映射文件的 IdCard 端新加入以下标签映射。

```
<one - to - one name = "person" property - ref = "idCard"/>
```

注意：双向一对一唯一外键关联采用 <one - to - one> 标签映射，必须指定 <one - to - one> 标签中的 property - ref 属性为关系字段的名称。

（6）“双向一对多”关联映射

采用“双向一对多”关联映射的目的主要是为了解决单向一对多关联的缺陷，而不是由需求所驱动的。

“双向一对多”关联的映射方式如下。

- 在“一”的一端的集合上采用<key>标签，在“多”的一端加入一个外键。
- 在“多”的一端采用<many-to-one>标签。

注意：<key>标签和<many-to-one>标签加入的字段应保持一致，否则会产生数据混乱。

映射文件中的关键映射代码，可以在 Classes 的“一”端加入以下标签映射。

```
<set name="students" inverse="true">
<key column="classesid"/>
<one-to-many class="com.hibernate.Student"/>
</set>
```

在 Student 的“一”端加入以下标签映射。

```
<many-to-one name="classes" column="classesid"/>
```

其中，inverse 属性可以用在“双向一对多”和“双向多对多”关联上，inverse 属性默认为 false，表示本端可以维护关系；如果 inverse 为 true，则表示本端不能维护关系，会交给另一端维护关系，本端失效。所以“双向一对多”关联映射通常在“多”的一端维护关系，让“一”的一端失效。inverse 属性是控制方向上的反转，只影响存储。

(7)“双向多对多”关联映射

双向的目的就是为了两端都能将对方加载上来，和“单向多对多”的区别就是双向需要在两端都加入标签映射。需要注意的是，生成的中间表名称必须一样，生成的中间表中的字段也必须一样。

Role（角色）端关键映射代码如下。

```
<set name="users" table="t_user_role">
<key column="role_id"/>
<many-to-many class="com.hibernate.User" column="user_id"/>
</set>
```

User（用户）端关键映射代码如下。

```
<set name="roles" table="t_user_role">
<key column="user_id"/>
<many-to-many class="com.hibernate.Role" column="role_id"/>
</set>
```

综上所述，可以看出，同一类映射，无论是单向还是双向，它们的存储结构都是相同的，之所以映射文件不同，是因为加载不同（在增、删、改时）。无论是“多对一”“一对多”“一对一”还是“多对多”，A 对 B，A 就是主动方，A 主动想要了解 B 的情况，这样把 B 设置到 A 端。而双向，也就是 A 对 B，A 想了解 B 的信息，而 B 也想了解 A 的信息，那就要同时把 A 设置到 B 端了。

7.3 创建一个 Hibernate 项目

7.3.1 Hibernate 项目开发的一般步骤

在 NetBeans 7.0 平台下开发 Hibernate 项目非常简单，该平台已经包含了 Hibernate

3.2.5 框架的核心包，只要在创建项目时选择该框架，即可进行 Hibernate 的持久化开发。

下面详细介绍 Hibernate 项目开发的一般步骤。

1）新建 Java 工程。

2）导入 MySQL 数据库的 JDBC 驱动程序。

3）导入 Hibernate 库。

4）新建 POJO（Java 实体类）文件。

5）创建 POJO 对应的数据库及表。

6）新建 Hibernate 配置文件 hibernate. cfg. xml。

7）新建 Hibernate 映射向导（其实就是选择数据库和数据表）文件 hibernat. hbm. xml。

8）编写主类 main( ) 函数，通过 Hibernate 配置文件和映射文件来对 POJO 类进行持久化处理，将对该类的操作永久化地存入到 MySQL 数据库中。

7.3.2 Hibernate 项目实例

下面将在 NetBeans 7.0.1 平台下创建第一个 Hibernate 实例，具体的操作步骤如下。

1）新建一个 Java 应用程序项目。在 NetBeans 7.0.1 平台下，选择"文件"→"新建项目"→"Java→Java 应用程序"命令，弹出如图 7-7 所示的对话框，按图 7-7 所示进行设置，单击"下一步"按钮，在打开的界面中输入项目名称为 H1，并单击"完成"按钮。

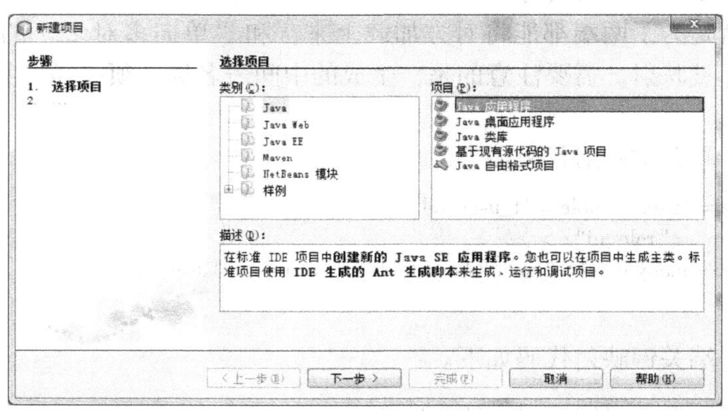

图 7-7　创建 Java 应用程序项目

2）添加 MySQL 驱动程序。右击项目 H1 的"库"选项，在弹出的快捷菜单中选择"添加 JAR/文件夹"命令，在弹出的对话框中选择已经下载的 MySQL 数据库的 JDBC 驱动程序 .jar 文件，如图 7-8 所示。

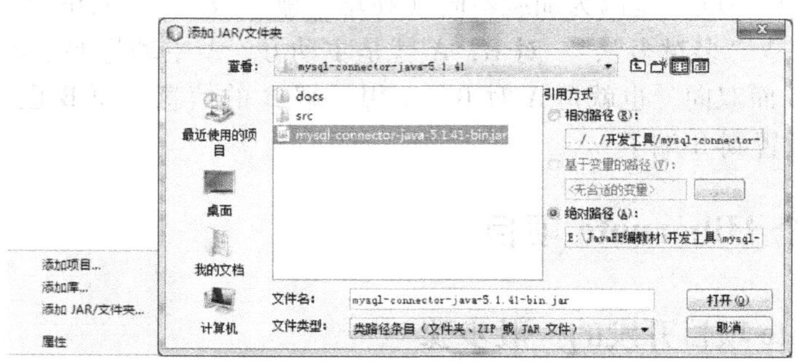

图 7-8　添加 MySQL 驱动程序

3）添加 Hibernate 库。右击项目 H1 的“库”选项，在弹出的快捷菜单选择“添加库”命令，在弹出的“添加库”对话框中选择 Hibernate 选项，如图 7-9 所示。然后单击“添加库”按钮，导入的库结构如图 7-10 所示。

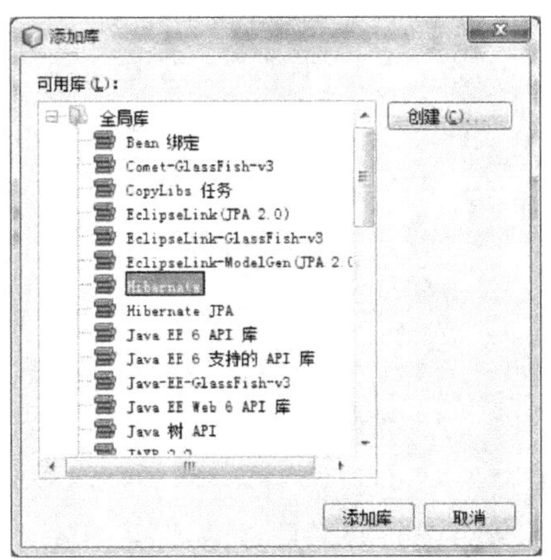

图 7-9　添加 Hibernate 库

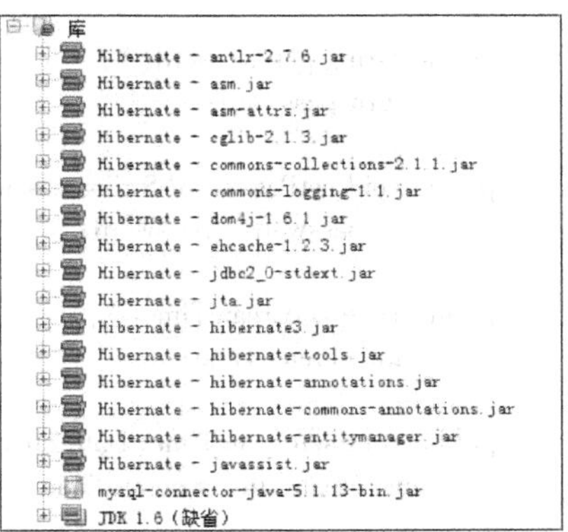

图 7-10　项目库结构

📖 注意：Hibernate 库在 NetBeans 7.0.1 平台中已经自动集成，无须再下载。

4）创建实体类 User1。在项目 H1 中新建“Java 类”文件 User1.java，如图 7-11 所示。

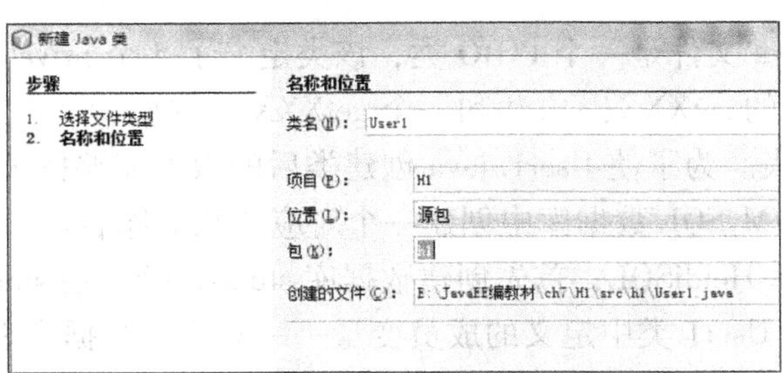

图 7-11　创建 Java 类文件

类文件 User1.java 的代码如下。

```
import java.util.Date;
public class User1 {
    private int id;
    private String username;
    private String password;
    private Date createTime;
    private Date expireTime;

    public int getId() {
        return id;
    }
    public void setId(int id) {
        this.id = id;
```

```
    }
    public String getUsername() {
        return username;
    }
    public void setUsername(String userName) {
        this.username = userName;
    }
    public String getPassword() {
        return password;
    }
    public void setPassword(String password) {
        this.password = password;
    }
    public Date getCreateTime() {
        return createTime;
    }
    public void setCreateTime(Date createTime) {
        this.createTime = createTime;
    }
    public Date getExpireTime() {
        return expireTime;
    }
    public void setExpireTime(Date expireTime) {
        this.expireTime = expireTime;
    }
}
```

可以看出 User1. Java 文件是一个 POJO 类，该类定义了 5 个 private 型的成员变量，每个成员变量都有一个对应的 setXXX()方法和一个 getXXX()方法。

5）创建数据库及表。为了使 User1. java 创建类后的数据能够持久化地保存到 MySQL 数据库系统中，应首先在 MySQL 数据库中创建一个对应的数据库表。

打开 MySQL 数据库 HeidiSQL，首先创建数据库 studb，接着在 studb 中创建表 user1，表结构中的每个字段应与 User1 类中定义的成员变量一一对应，数据类型也应该是对应的，如图 7-12 所示。

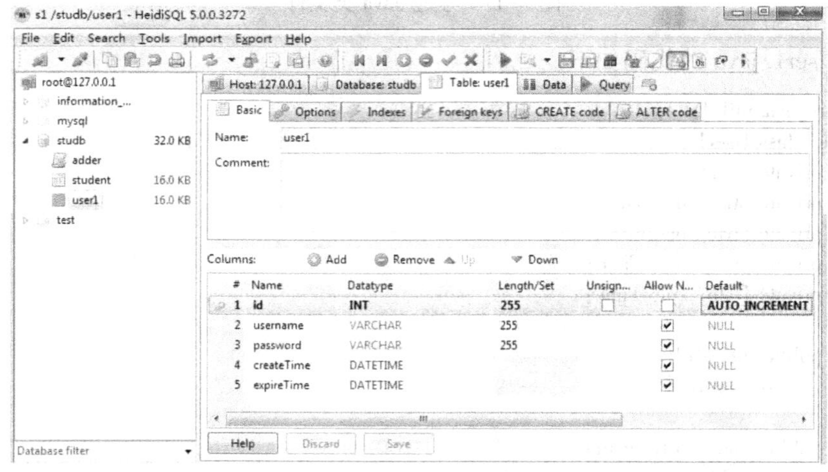

图 7-12　表 user1 结构

将 user1 表中的 id 字段设为主键，同时将默认值设为自动增加（AUTO_INCREMENT）。

6）新建 Hibernate 配置文件。在项目 H1 中新建“Hibernate 配置向导”文件，如图 7-13 所示。如果“选择数据源”界面的“数据库连接”下拉列表框中没有 MySQL 的连接字符串，则需要选择“新建数据库连接”选项，如图 7-14 所示。在弹出的“查找驱动程序”界面中设置“驱动程序”为“MySQL（Connector/J driver)”，单击“添加”按钮，选择本地磁盘上的 MySQL 驱动程序，如图 7-15 所示。在弹出的“新建连接向导”对话框中输入“用户名”为 root，“口令”为 123456，可以单击“测试连接”按钮，如果与安装 MySQL 时的用户名及密码一致，则提示“连接成功”，如图 7-16 所示。然后单击“完成”按钮，将自动生成 hibernate. cfg. xml 文件。

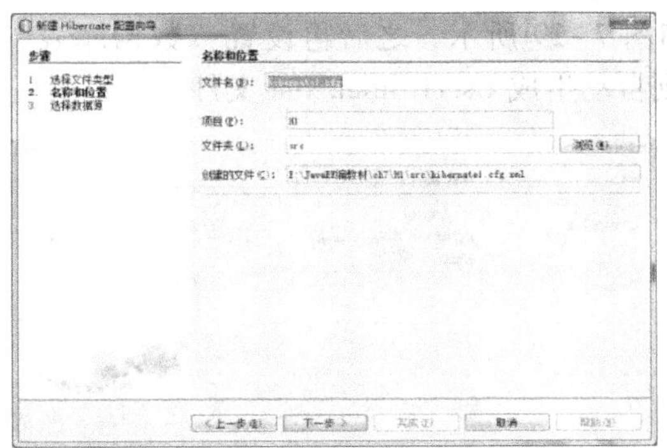

图 7-13　新建 Hibernate 配置文件

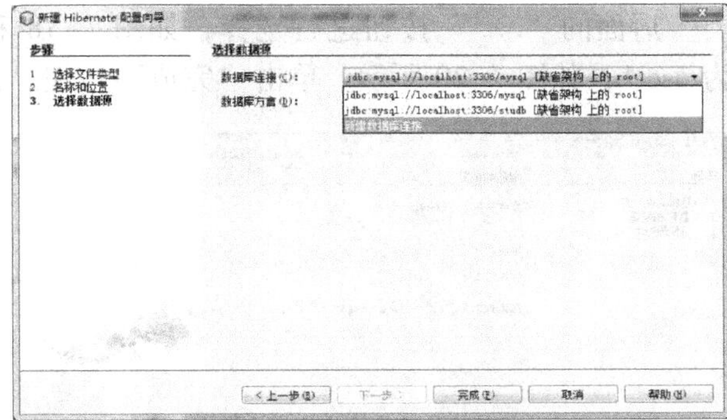

图 7-14　选择数据库连接

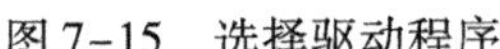

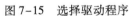

图 7-15　选择驱动程序

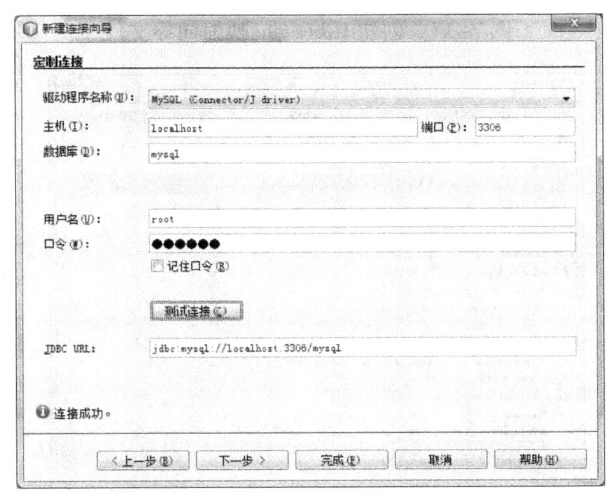

图 7-16　测试连接

hibernate. cfg. xml 文件的内容如下。

```
<?xml version="1.0" encoding="UTF-8"?>
<!DOCTYPE hibernate-configuration PUBLIC "-//Hibernate/Hibernate Configuration DTD 3.0//
EN" "http://hibernate.sourceforge.net/hibernate-configuration-3.0.dtd">
<hibernate-configuration>
<session-factory>
```

```
<property name = "hibernate. dialect" > org. hibernate. dialect. MySQLDialect </property >
<property name = "hibernate. connection. driver_class" > com. mysql. jdbc. Driver </property >
<property name = "hibernate. connection. url" > jdbc:mysql://localhost:3306/studb </property >
<property name = "hibernate. connection. username" > root </property >
<property name = "hibernate. connection. password" > 123456 </property >
<mapping resource = "User1. hbm. xml"/ >
</session - factory >
</hibernate - configuration >
```

请注意，jdbc:mysql://localhost:3306/studb 中的 studb 为实际创建的数据库名称。

7）新建 Hibernate 映射向导（其实就是选择数据库和数据表）文件。在项目 H1 中新建“Hibernate 映射向导”文件，如图 7-17 所示。在“选择映射类”界面中单击“要映射的类”后面的“...”按钮进行选择，如图 7-18 和图 7-19 所示。之后再设置“数据库表”为 user1，如图 7-20 所示。单击“完成”按钮，则自动生成 User1. hbm. xml 文件。

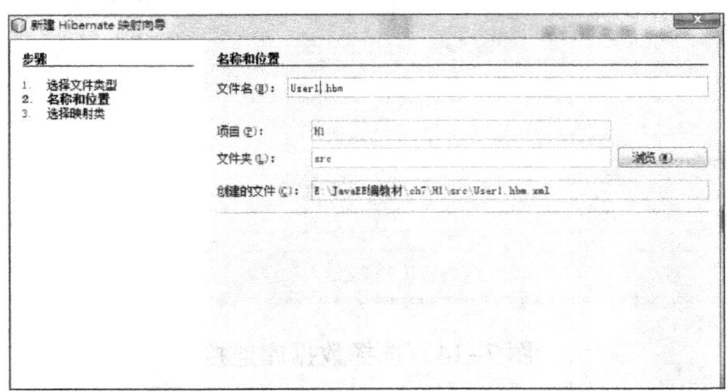

图 7-17　创建 Hibernate 映射向导文件

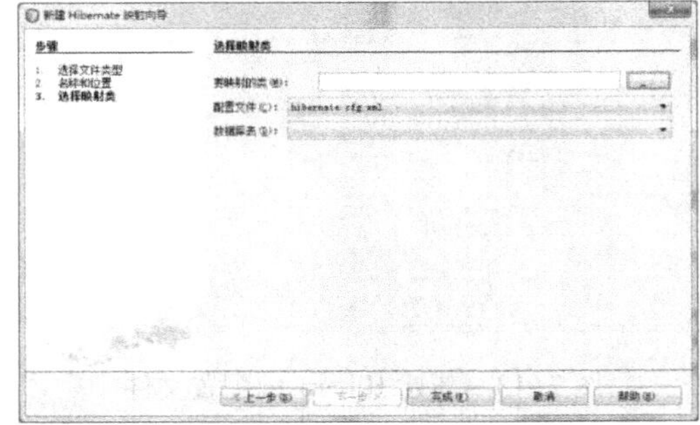

图 7-18　选择要映射的类

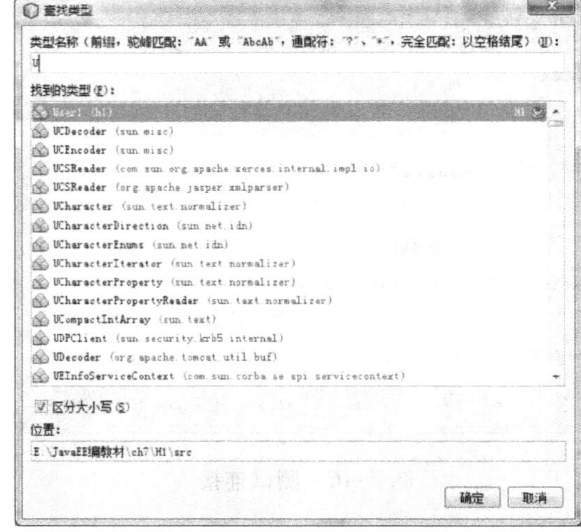

图 7-19　查找映射类

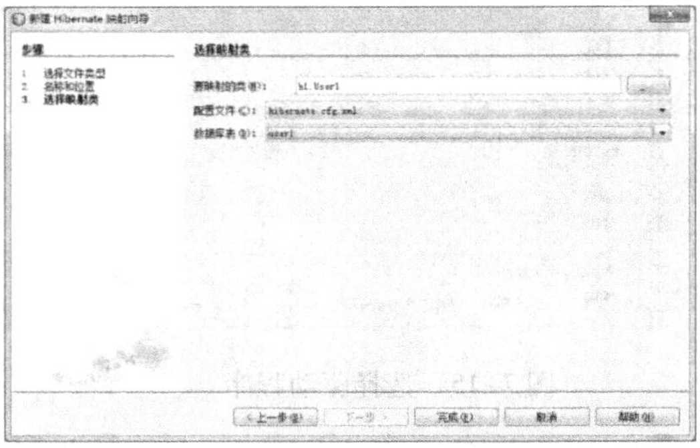

图 7-20　映射选择完成

User1. hbm. xml 文件的内容如下。

```
<?xml version = "1.0" encoding = "UTF - 8"?>
<!DOCTYPE hibernate - mapping PUBLIC " -//Hibernate/Hibernate Mapping DTD 3.0//EN" "ht-
tp://hibernate. sourceforge. net/hibernate - mapping - 3.0. dtd" >
```

```
<hibernate-mapping>
<class name="h1.User1" table="user1">
<id name="id" column="id">
        <generator class="increment"/>
    </id>
    <property name="username" column="username" />
    <property name="password" column="password"/>
    <property name="createTime" column="createTime"/>
    <property name="expireTime" column="expireTime"/>
    </class>

</hibernate-mapping>
```

可以看出，该文件给出了 User1 类和数据库表 user1 之间的映射关系，以及类的成员变量（属性）和数据库字段的对应关系。

8）编写主类 main()函数，通过 Hibernate 配置文件和映射文件来对 POJO 类进行持久化处理，将对该类的操作永久化地存入 MySQL 数据库中。

修改主类 H1 中的 main()函数，参考代码如下。

【例 7-3】 H1.java 文件的代码。

```
package h1;
import org.hibernate.*;
import org.hibernate.cfg.*;
import java.util.*;

public class H1{
    public static void main(String[] args){
        // TODO code application logic here
        try{
            SessionFactory sf = new Configuration().configure().buildSessionFactory();
            Session session = sf.openSession();
            Transaction tx = session.beginTransaction();
            for(int i=0;i<5;i++){//创建 5 个 User1 对象
                User1 u1 = new User1();
                u1.setUsername("user"+i);
                u1.setPassword("123456");
                u1.setCreateTime(new Date());
                u1.setExpireTime(new Date());
                session.save(u1);      //将 User1 对象逐个保存到 session 中
            }
            tx.commit();               //提交事务,将 User1 对象永久化保存到数据库中
            session.close();
        }catch(HibernateException e){
            e.printStackTrace();
        }
    }
}
```

直接运行项目 H1 中的 H1.java，则会自动调用其主函数 main()，运行成功。

打开 MySQL 数据库，查看 studb 数据库中的表 user1，可以看到在表 user1 中已经成功插

入了 5 行数据，如图 7-21 所示。

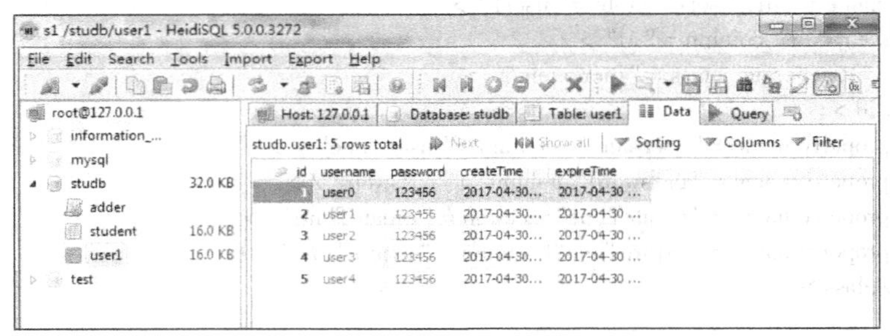

图 7-21　在数据库中永久化的对象记录

通过上面的代码可以看出，在代码中没有涉及任何有关 JDBC 的代码，作为开发人员只需写好相应的实体类，然后通过配置就可以实现表的建立，以及向表中实现数据的插入。这样就实现了将 User 类的 5 个内存对象 user0、user1、user2、user3 和 user4 永久化地保存到数据库中，实现了对象到关系的映射。

7.4　Hibernate 逆向工程

在上一节中，主要介绍了如何将 Java 类的对象数据永久化保存到数据库表中，即正向的 Hibernate 对象关系映射，也即从 POJO 类对象到数据库表的映射。那么反过来，能不能从数据库表映射出 POJO 类呢？答案是肯定的，这就是本节将要介绍的 Hibernate 逆向工程。

在 NetBeans 工具中，进行 Hibernate 逆向工程的创建也非常方便。下面介绍一个从数据库表到 POJO 类映射的例子。

具体操作步骤如下。

1）在 MySQL 数据库中创建数据库 studb，接着在该 studb 库中创建两个数据库表：student 和 user1，表结构（字段）如图 7-22 和图 7-23 所示。

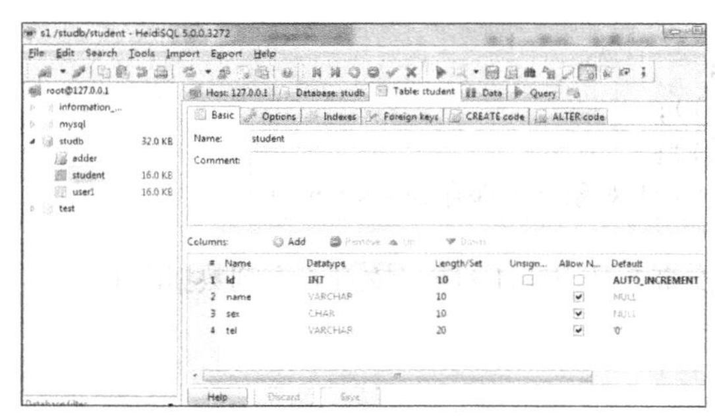

图 7-22　数据库表 student 表结构

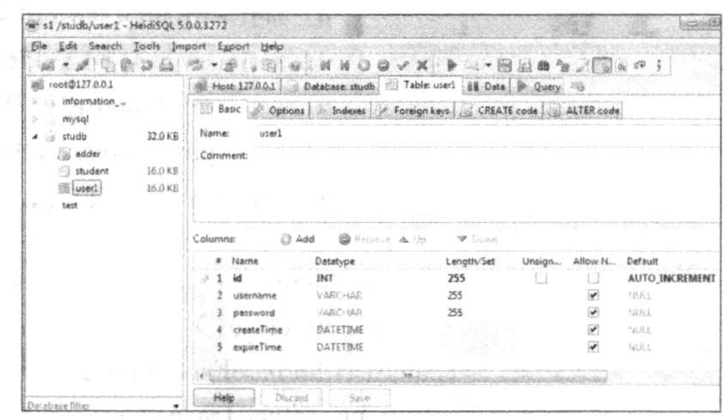

图 7-23　数据库表 user1 表结构

2）在 NetBeans 的 Java 应用程序项目 H1 中，新建 Hibernate 逆向工程向导，会自动生成逆向工程文件 hibernate. reveng. xml，如图 7-24 所示。单击“下一步”按钮后，在打开的界面中选择要映射的数据库表，如图 7-25 所示。

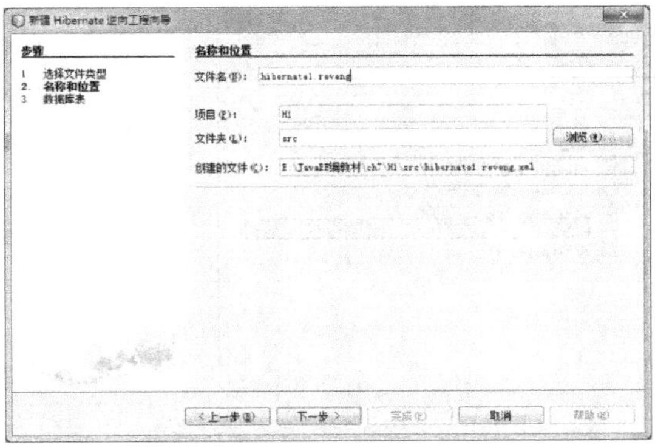

图 7-24　新建 Hibernate 逆向工程向导

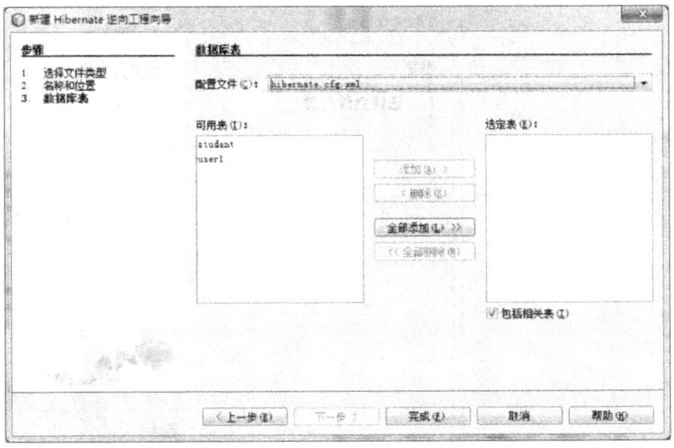

图 7-25　选择要映射的数据库表

这里选择 studb 库中的两个表 student 和 user1 都进行映射，如图 7-26 所示。

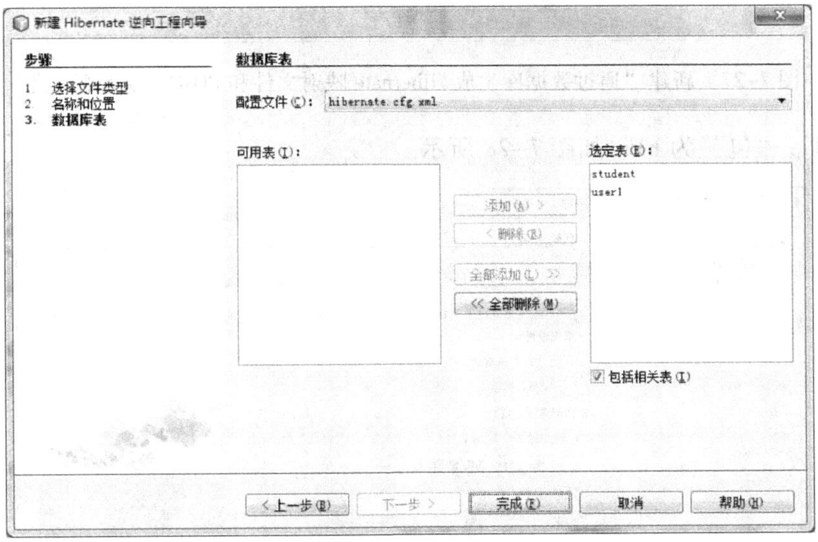

图 7-26　选定两个数据库表 student 和 user1

自动生成的逆向工程映射文件 hibernate. reveng. xml 的内容如下。

```
<?xml version = "1.0" encoding = "UTF - 8"? >
<!DOCTYPE hibernate - reverse - engineering PUBLIC " - //Hibernate/Hibernate Reverse Engineering DTD 3.0//EN" "http://hibernate. sourceforge. net/hibernate - reverse - engineering - 3.0. dtd" >
<hibernate - reverse - engineering >
<schema - selection match - catalog = "studb"/>
<table - filter match - name = "student"/>
<table - filter match - name = "user1"/>
</hibernate - reverse - engineering >
```

3）接着在 H1 项目中新建“通过数据库生成 Hibernate 映射文件和 POJO”类型的文件，如图 7-27 所示。

4）单击“下一步”按钮，进入“代码生成”界面，设置“Hibernte 配置文件”为 hibernate. cfg. xml，“Hibernate 逆向工程文件”为 Hibernate. reveng. xml；在“代码生成设置”选项组中选择“域代码（. java）”及“Hibernate XML 映射（. hbm. xml）”复选框；设置

图 7-27　新建“通过数据库生成 Hibernate 映射文件和 POJO”类型的文件

“项目”为 H1，“包”为 h1，如图 7-28 所示。

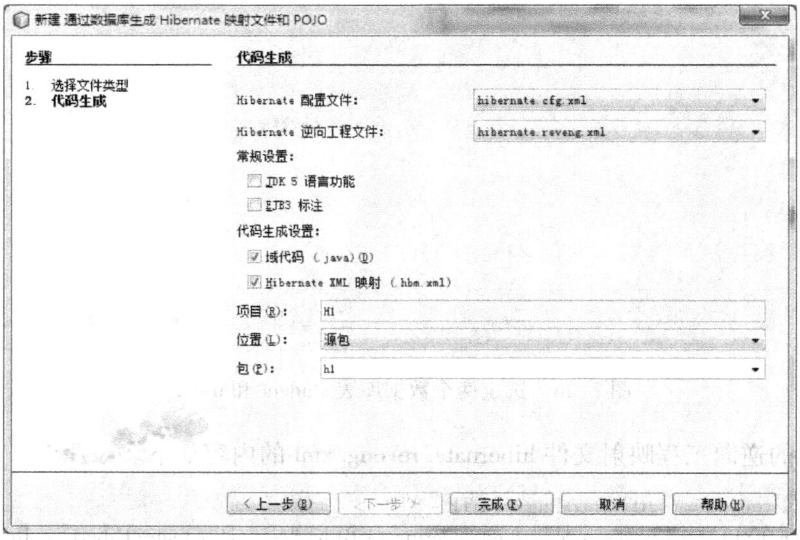

图 7-28　代码生成设置

5）单击“完成”按钮，则按照 Hibernate 逆向工程映射文件的内容自动生成两个 POJO 类文件 Student. java 及 User1. java，同时生成两个 Hibernate 映射文件 Student. hbm. xml 和 User1. hbm. xml。

自动生成的 Student. java 文件内容如下。

【例 7-4】 Student. java 文件的代码。

```
package h1;
// Generated 2017 -5 -4 17:45:53 by Hibernate Tools 3.2.1.G

/**
```

```java
 * Student generated by hbm2java
 */
public class Student  implements java.io.Serializable{
    private Integer id;
    private String name;
    private String sex;
    private String tel;

    public Student() {
    }

    public Student(String name,String sex,String tel) {
        this.name = name;
        this.sex = sex;
        this.tel = tel;
    }

    public Integer getId() {
        return this.id;
    }

    public void setId(Integer id) {
        this.id = id;
    }
    public String getName() {
        return this.name;
    }

    public void setName(String name) {
        this.name = name;
    }
    public String getSex() {
        return this.sex;
    }

    public void setSex(String sex) {
        this.sex = sex;
    }
    public String getTel() {
        return this.tel;
    }

    public void setTel(String tel) {
        this.tel = tel;
    }
}
```

Student.hbm.xml 文件内容如下。

```xml
<?xml version="1.0"?>
<!DOCTYPE hibernate-mapping PUBLIC "-//Hibernate/Hibernate Mapping DTD 3.0//EN"
"http://hibernate.sourceforge.net/hibernate-mapping-3.0.dtd">
<!-- Generated 2017-5-4 17:45:53 by Hibernate Tools 3.2.1.GA -->
```

```
<hibernate-mapping>
<class name="h1.Student" table="student" catalog="studb">
<id name="id" type="java.lang.Integer">
<column name="id" />
<generator class="identity" />
</id>
<property name="name" type="string">
<column name="name" length="10" />
</property>
<property name="sex" type="string">
<column name="sex" length="10" />
</property>
<property name="tel" type="string">
<column name="tel" length="20" />
</property>
</class>
</hibernate-mapping>
```

User1.java 文件的代码如下。

```
package h1;
// Generated 2017-5-4 17:45:53 by Hibernate Tools 3.2.1.GA


import java.util.Date;

/**
 * User1 generated by hbm2java
 */
public class User1  implements java.io.Serializable{
     private Integer id;
     private String username;
     private String password;
     private Date createTime;
     private Date expireTime;

    public User1() {
    }

    public User1(String username,String password,Date createTime,Date expireTime) {
       this.username = username;
       this.password = password;
       this.createTime = createTime;
       this.expireTime = expireTime;
    }

    public Integer getId() {
        return this.id;
    }

    public void setId(Integer id) {
        this.id = id;
    }
```

```
        public String getUsername() {
            return this.username;
        }

        public void setUsername(String username) {
            this.username = username;
        }
        public String getPassword() {
            return this.password;
        }

        public void setPassword(String password) {
            this.password = password;
        }
        public Date getCreateTime() {
            return this.createTime;
        }

        public void setCreateTime(Date createTime) {
            this.createTime = createTime;
        }
        public Date getExpireTime() {
            return this.expireTime;
        }

        public void setExpireTime(Date expireTime) {
            this.expireTime = expireTime;
        }
}
```

User1.hbm.xml 文件内容如下。

```
<?xml version = "1.0"? >
<!DOCTYPE hibernate-mapping PUBLIC "-//Hibernate/Hibernate Mapping DTD 3.0//EN"
"http://hibernate.sourceforge.net/hibernate-mapping-3.0.dtd" >
<!-- Generated 2017-5-4 17:45:53 by Hibernate Tools 3.2.1.GA -->
<hibernate-mapping>
<class name = "h1.User1" table = "user1" catalog = "studb" >
<id name = "id" type = "java.lang.Integer" >
<column name = "id" />
<generator class = "identity" />
</id>
<property name = "username" type = "string" >
<column name = "username" />
</property>
<property name = "password" type = "string" >
<column name = "password" />
</property>
<property name = "createTime" type = "timestamp" >
<column name = "createTime" length = "19" />
</property>
<property name = "expireTime" type = "timestamp" >
<column name = "expireTime" length = "19" />
```

```
</property>
</class>
</hibernate-mapping>
```

可以看出 Student. java 和 User1. java 是两个 POJO 类文件，而且其包含的成员变量与数据库表中的表 student 和表 user1 的结构完全一致。

6）可以看到，在生成 Hibernate 逆向工程后，H1 项目的目录结构如图 7-29 所示。自动生成的 Student. java、Student. hbm. xml、User1. java 及 User1. hbm. xml 文件都在 h1 包中。逆向工程文件 hibernate. reveng. xml 在 <缺省包> 中。

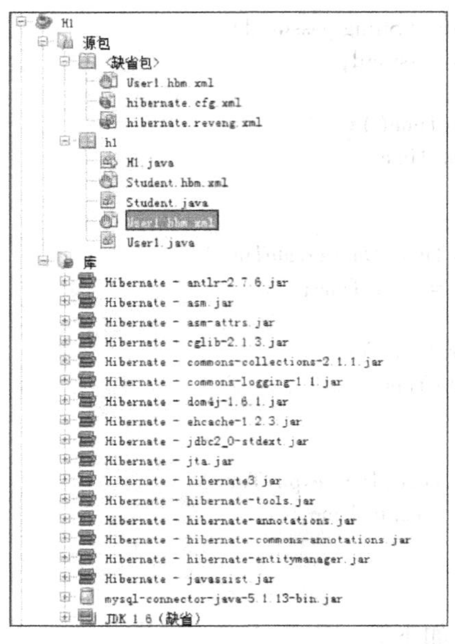

图 7-29　项目结构图

7.5　思考与练习

1）打开 MySQL 数据库，创建一个数据库 bookdb，再创建一个表 book，包含 id、bookName、Author、bookPrice 和 Press 等字段。

2）打开 NetBeans 工具，创建一个 Java 应用程序项目，创建一个 POJO 类 book. java，其包含的数据成员和练习 1）中的表 book 一致。接着配置 Hibernate 向导及映射向导，并在主类的 main( ) 函数中为 Book 类创建 10 个对象并初始化，然后将 10 个 book 对象数据永久化保存到 MySQL 中的表 book 中。

提示：此练习可以参考 7.2 节来完成。

3）在 MySQL 的 bookdb 数据库中创建一个表 Author，字段包括 id、name、sex 和 age。

4）在 NetBeans 中创建一个 Hibernate 逆向工程，将数据库中的 Author 表映射为一个 POJO 类文件。

提示：此练习可以参考 7.4 节来完成。

第 8 章　Struts2 框架

Struts2 是一个基于 MVC 设计模式的 Web 应用框架，它本质上相当于一个 Servlet。在 MVC 设计模式中，Struts2 作为控制器来建立模型与视图的数据交互。Struts2 是 Struts 的下一代产品，是在 Struts1 和 WebWork 的技术基础上进行了合并的全新框架。全新的 Struts2 体系结构与 Struts1 的体系结构有着较大差别。Struts2 是以 WebWork 为核心，采用拦截器的机制来处理用户的请求，这样的设计使得业务逻辑控制器能够与 Servlet API 完全脱离开，所以 Struts2 可以理解为 WebWork 的更新产品。虽然从 Struts 1 到 Struts2 有着较大的变化，但是相对于 WebWork 来讲，Struts2 的变化却不是很大。

8.1　Struts2 框架简介

所谓框架，其实就像盖房子一样，需要先搭建支架，然后再添砖加瓦，直至顺利完成。而在软件开发中，框架就像是盖房子中的支架一样，即将通用的代码进行封装，使程序员可以重复利用，达到了高效开发的目的，这些封装了的通用代码就可以理解为框架。所以框架的学习，其实就是一些已经封装了的编码规范的学习。有了规范、约束和统一标准，才更加有利于软件的合作开发。

按不同的数据应用类别分类，目前比较流行的开源框架有以下几个。

1）处理数据流程的 MVC 框架：Struts1/Struts2、WebWork 和 Spring MVC 等。

2）处理数据关系的容器框架：Spring、GUICE 等。

3）处理数据操作的持久层框架：Hibernate、IBatis 等。

Struts 的设计目标就是将 MVC 模式应用于 Web 程序设计，Struts2 是在 Struts1 框架的基础上融合了 WebWork 优秀框架升级得到的。Struts2 框架是一个轻量级的 MVC 流程框架，轻量级是指程序的代码不是很多，运行时占用的资源也不是很多；MVC 流程框架就是说 Struts2 支持分层开发，可控制数据的流程，即可控制数据从哪里来、到那里去、怎么来、怎么去。

8.1.1　Struts2 的发展历程

经过几年的发展，Struts 技术已经成为一个高度成熟的框架，不管是稳定性还是可靠性都得到了验证。Struts 市场占有率超过 20%，拥有丰富的开发人群，几乎已经成为事实上的工业标准。但是随着时间的流逝和技术的进步，Struts1 的局限性也越来越多地暴露出来，并且制约了它的进一步发展。

对于 Struts1 框架而言，由于与 JSP/Servlet 耦合非常紧密，导致出现了一些问题。首先，Struts1 支持的表现层技术单一。由于 Struts1 出现的年代比较早，当时还没有 FreeMarker、Velocity 等技术，因此它不可能与这些视图层的模板技术进行整合。其次，Struts1 与 Servlet API 的严重耦合使应用难于测试。最后，Struts1 代码严重依赖于 Struts1 API，属于侵入性框架。

从目前的技术层面上看，出现了许多与 Struts1 竞争的视图层框架，如 JSF、Tapestry 和 Spring MVC 等。这些框架由于出现的年代比较近，应用了最新的设计理念，同时也从 Struts1 中吸取了经验，克服了很多不足。这些框架的出现也促进了 Struts 技术的发展。

Struts 技术目前已经分化成了两个框架：第一个框架是 Shale。这个框架远远超出了 Struts1 原有的设计思想，与原有的 Struts1 关联很少，使用了全新的设计思想。Shale 更像一个新的框架而不是 Struts1 的升级。另外一个是在传统的 Struts1 的基础上，融合了另外的一个优秀的 Web 框架 WebWork 的 Struts2。Struts2 虽然是在 Struts1 的基础上发展起来的，但实质上是以 WebWork 为核心的。Struts2 为传统的 Struts1 注入了 WebWork 的先进设计理念，统一了 Struts1 和 WebWork 两个框架。

Struts2 对 Struts1 进行了巨大的改进，主要表现在以下几个方面。

（1）在 Action 的实现方面

Struts1 要求必须统一扩展自 Action 类，而 Struts2 中可以是一个 POJO。

（2）线程模型方面

Struts1 的 Action 是单实例的，一个 Action 的实例处理所有的请求。Struts2 的 Action 是一个请求对应一个实例（每次请求时都会新建一个对象），没有线程安全方面的问题。

（3）Servlet 依赖方面

Struts1 的 Action 依赖于 Servlet API，比如 Action 的 execute 方法的参数就包括 request 和 response 对象。这使程序难于测试。Struts2 中的 Action 不再依赖于 Servlet API，有利于测试，并且实现了测试驱动开发（Test - Driven Development，TDD）。

（4）封装请求参数

Struts1 中强制使用 ActionForm 对象封装请求的参数。Struts2 可以选择使用 POJO 类来封装请求的参数，或者直接使用 Action 的属性。

（5）表达式语言方面

Struts1 中整合了表达式语言（Expression Language，EL），但是 EL 对集合和索引的支持不强；Struts2 整合了对象图导航语言（Object Graph Navigation Language，OGNL），是一种功能更强大的表达式语言。

（6）绑定值到视图技术

Struts1 使用标准的 JSP 技术，Struts2 使用 ValueStack 技术。

（7）类型转换

Struts1 中的 ActionForm 基本使用 String 类型。Struts2 中使用 OGNL 进行类型转换，使用方便。Struts1 中支持覆盖 validate 方法或者使用 Validator 框架。Struts2 支持重写 validate 方法或者使用 XWork 的验证框架。

（8）Action 执行控制的对比

Struts1 支持每一个模块对应一个请求处理，但是模块中的所有 Action 必须共享相同的生命周期。Struts2 支持通过拦截器堆栈为每个 Action 创建不同的生命周期。

（9）拦截器的应用

拦截器用于在 AOP（Aspect - Oriented Programming）中的某个方法或字段被访问之前进行拦截，然后在之前或之后加入某些操作。拦截是 AOP 的一种实现策略。Webwork 的中文文档的解释为——拦截器是动态拦截 Action 调用的对象。它提供了一种控制机制，可以使开发者在一个 Action 执行的前后调用（执行）指定的代码，也可以在一个 Action 执行前阻止这些代码的执行。同时也提供了一种可以提取 Action 中可重用的部分的方式。

谈到拦截器，还有一个词大家应该知道——拦截器链（Interceptor Chain，在 Struts2 中称为拦截器栈 Interceptor Stack）。拦截器链就是将拦截器按一定的顺序联结成一条链。在访问被拦截的方法或字段时，拦截器链中的拦截器就会按其之前定义的顺序被调用。

1）拦截器的实现原理。大部分时候拦截器方法都是通过代理的方式来调用的。Struts2 中拦截器的实现原理相对简单。当请求到达 Struts2 的 ServletDispatcher 时，Struts2 会查找配置文件，并根据其配置实例化相对的拦截器对象，然后串成一个列表，最后一个一个地调用列表中的拦截器。

2）拦截器的配置。Struts2 已经为用户提供了丰富多样的、功能齐全的拦截器实现。大家可以在 Struts2 的 . jar 包内的 struts - default. xml 文件中查看关于默认的拦截器与拦截器链的配置。

在 struts. xml 文件中定义拦截器和拦截器栈，代码如下。

```
<package name = "my" extends = "struts - default" namespace = "/manage" >
<interceptors > <! -- 定义拦截器 -->
<interceptor name = "拦截器名" class = "拦截器实现类"/ > <! -- 定义拦截器栈 -->
<interceptor - stack name = "拦截器栈名" >
<interceptor - ref name = "拦截器一"/ >
<interceptor - ref name = "拦截器二"/ >
</interceptor - stack >
</interceptors >…
</package >
```

8. 1. 2　Struts2 的工作原理

在 Struts2 的应用中，从用户请求到服务器返回相应响应给用户端的过程中，包含了许多组件，如 Controller、ActionProxy、ActionMapping、Configuration Manager、ActionInvocation、Inerceptor、Action 和 Result 等。

简单来说，Struts2 其实就是对 Servlet 进行了封装，简化了 JSP 跳转的复杂操作，并且提供了易于编写的标签（配置文件），可以快速开发 View 层的代码。

过去一般使用 JSP 和 Servlet 搭配，实现的过程大致如下。

1）JSP 触发 Action。

2）Servlet 接受 Action，交给后台 Class 处理。

3）后台 Class 跳转到其他的 JSP，实现数据显示。

现在有了 Struts2 以后，实现的过程如下。

1）JSP 触发 Action。

2）Struts2 拦截请求，调用后台 Action。

3）Action 返回结果，由不同的 JSP 显示数据。

下面来具体看一下这些组件有什么联系，它们之间是怎样在一起工作的。Struts2 请求响应流程如图 8-1 所示，具体描述如下。

1）客户端（Client）向 Action 发送一个请求（Request）。

2）Container 通过 web. xml 映射请求，并获得控制器（Controller）的名字。

3）容器（Container）调用控制器（StrutsPrepareAndExecuteFilter 或 FilterDispatcher）。Struts2. 1 以前调用 FilterDispatcher，Struts2. 1 以后调用 StrutsPrepareAndExecuteFilter。

4）控制器（Controller）通过 ActionMapper 获得 Action 的信息。

5）控制器（Controller）调用 ActionProxy。

6）ActionProxy 读取 struts. xml 文件，获取 Action 和 Interceptor Stack 的信息。

7）ActionProxy 把 Request 请求传递给 ActionInvocation。

8）ActionInvocation 依次调用 Action 和 Interceptor。

9）根据 Action 的配置信息，产生 Result。

10）Result 信息返回给 ActionInvocation。

11）产生一个 HttpServletResponse 响应。

12）将产生的响应行为发送回客户端。

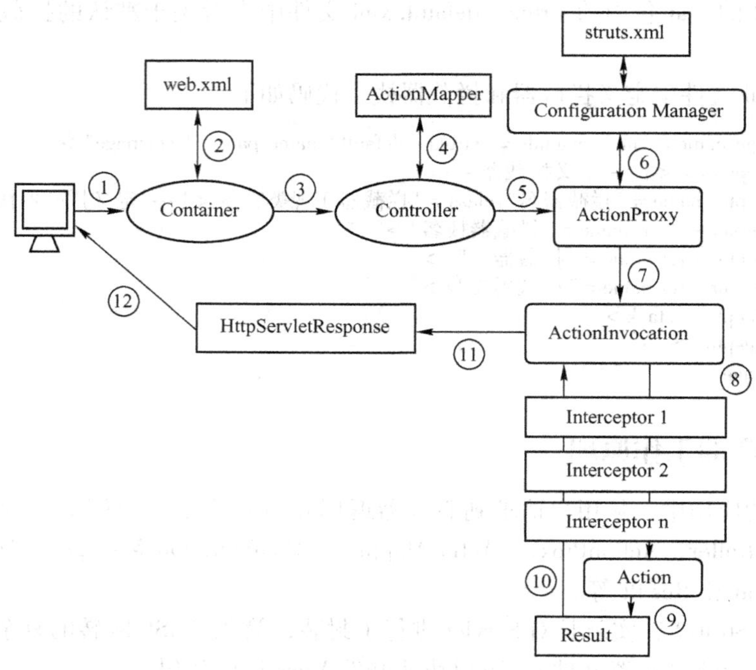

图 8-1　Struts2 请求响应流程

8. 1. 3　Struts2 的软件包

Struts2 常用的几个 . jar 包如图 8-2 所示，分别介绍如下。

1）Struct Core 2. 3. 15 – xwork – core – 2. 3. 15. 3. jar：WebWork 框架的核心包。

2）Struct Core 2. 3. 15 – struts2 – core – 2. 3. 15. jar：框架的核心 jar 包。

3）Struct Core 2. 3. 15 – ognl – 3. 0. 6. jar：对象图形导航语言，用于进行数据操作。

4）Struct Core 2. 3. 15 – freemarker – 2. 3. 19. jar：视图展现技术。

5）Struct Core 2. 3. 15 – commons – io – 2. 0. 1. jar：输入/输出操作。

6）Struct Core 2. 3. 15 – commons – fileupload – 1. 3. jar：文件上传。

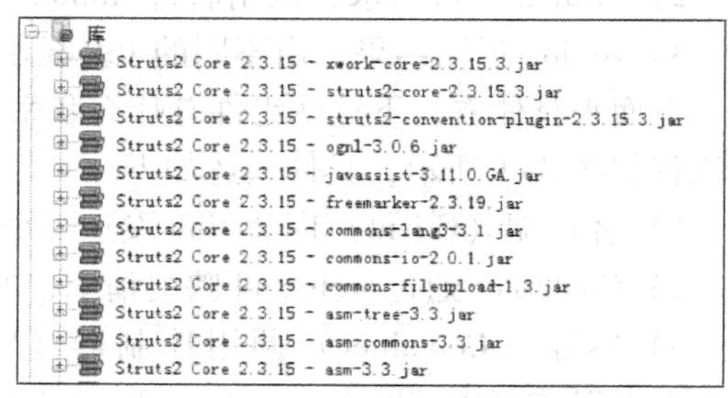

图 8-2　Struts2 核心软件包结构图

Struts2 需要用的核心包必须单独下载，然后导入到项目的库中，具体见8.3节。

8.1.4 Struts1.x 和 Struts2.x 框架对比

Struts2.x 是从 Struts1.x 发展而来，具体对比如下。

1）在 Struts1.x 系列中，所有的请求是通过一个 Servlet(ActionServlet)来管理控制的，而 Struts2.x 是经过一个 Filter 来处理请求的。Struts2 将核心控制器设计成 Filter，而不是一个普通 Servlet。因为设计者为了实现 AOP（面向方面编程）概念。

在 Struts1.x 中，其配置文件的核心代码如下。

```
<servlet>
<servlet-name>action</servlet-name>
<servlet-class>org.apache.struts.action.ActionServlet</servlet-class>
…
</servlet>
```

Struts2.x 中，其配置文件的核心代码如下。

```
<filter>
<filter-name>struts2</filter-name>
<filter-class>org.apache.struts2.dispatcher.FilterDispatcher</filter-class>
</filter>
<filter-mapping>
<filter-name>struts2</filter-name>
<url-pattern>*.action</url-pattern> </filter-mapping>
```

2）Struts2 框架由3部分组成：核心控制器 FilterDispatcher、业务控制器和用户实现的业务逻辑组件。其中，Struts2 框架提供了核心控制器 FilterDispatcher，而用户需要实现业务控制器和业务逻辑组件。

FilterDispatcher 是 Struts2 框架的核心控制器，该控制器作为一个 Filter 运行在 Web 应用中，负责拦截所有的用户请求。当用户请求到达时，该 Filter 会过滤用户请求。如果用户请求以 Action 结尾，该请求将被转入 Struts2 框架处理。

Struts2 框架获得了 *.action 请求后，将根据 *.action 请求的前面部分决定调用哪个业务逻辑组件。例如，对于 login.action 请求，Struts2 调用名为 login 的 Action 来处理该请求。Struts2 应用中的 Action 都被定义在 struts.xml 文件中，在该文件中定义 Action 时，定义了该 Action 的 name 属性和 class 属性，其中 name 属性决定了该 Action 处理哪个用户请求，而 class 属性决定了该 Action 的实现类。

Struts2 用于处理用户请求的 Action 实例，并不是用户实现的业务控制器，而是 Action 代理——因为用户实现的业务控制器并没有与 Servlet API 耦合，显然无法处理用户请求。而 Struts2 框架提供了系列拦截器，该系列拦截器负责将 HttpServletRequest 请求中的请求参数解析出来，传入 Action 中，并回调 Action 的 execute 方法来处理用户请求。

显然，上面的处理过程是典型的 AOP 处理方式。图8-3显示了这种处理模型。

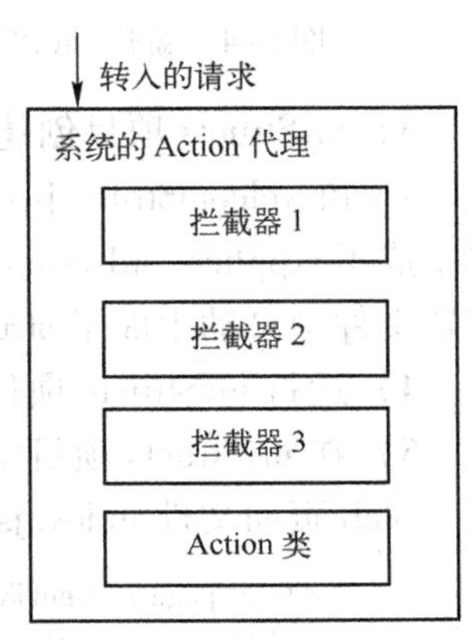

图8-3　Struts2 系统的 Action 代理

Struts2 的拦截器和 Action 从图 8-3 中可以看出，用户实现的 Action 类仅仅是 Struts2 的 Action 代理的代理目标。用户实现的业务控制器（Action）则包含了对用户请求的处理。用户的请求数据包含在 HttpServletRequest 对象中，而用户的 Action 类无须访问 HttpServletRequest 对象。拦截器负责将 HttpServletRequest 中的请求数据解析出来，并传给业务逻辑组件 Action 实例。

为了在 NetBeans 平台下将 Struts1 和 Struts2 项目进行对比，下面将分别进行 Struts1 和 Struts2 项目的实际创建。在 8. 2 节将进行 Struts1 项目的创建，8. 3 节和 8. 4 节将进行 Struts2 默认项目及自定义项目的创建。通过这两个项目的具体实践，使读者对两者的对比更加清楚。

8. 2 创建 Struts1.x 项目

8. 2. 1 在 NetBeans 环境下创建 Struts1.x 项目

在 NetBeans 7. 0. 1 平台下，已经自动包含了 Struts1.x 框架，为了与 Struts2.x 进行对比，本节先介绍如何在 NetBeans 7. 0. 1 环境下创建一个简单的 Struts1.x 项目。

具体操作步骤如下。

1）新建一个 JavaWeb 项目，按如图 8-4 所示进行设置。

2）将项目名称命名为 myStructs，并在使用的框架中选择 Struts 1. 3. 8 复选框，如图 8-5 所示。NetBeans 7. 0. 1 平台默认自动包含的 Struts 框架为 Struts 1. 3. 8，无需额外进行下载。

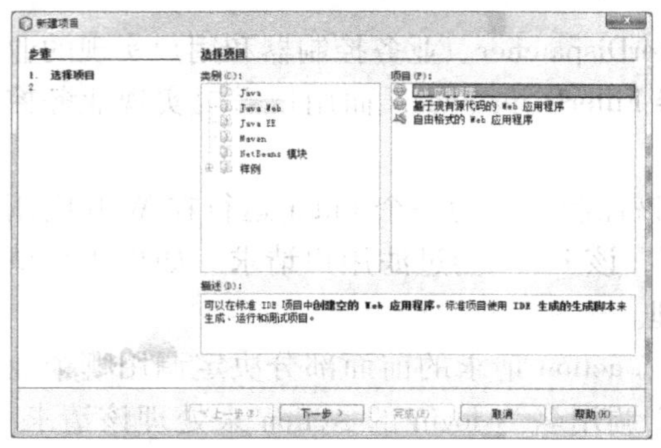

图 8-4 新建 JavaWeb 项目

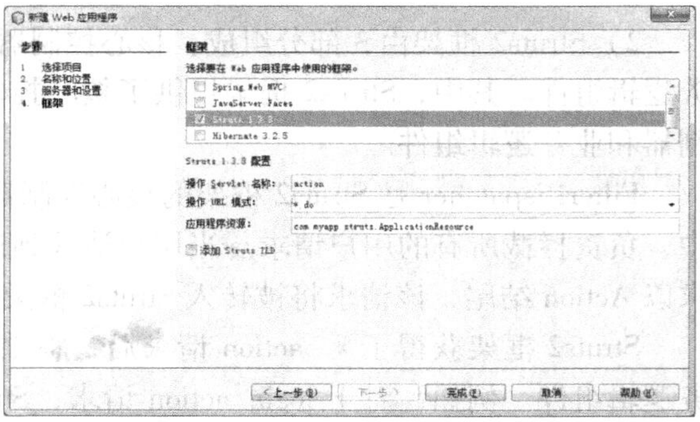

图 8-5 选择 Struts 1. 3. 8 框架

3）myStructs 项目创建成功后的项目信息如图 8-6 所示。“Web 页”中自动生成了 index. jsp 和 welcomStruts. jsp 两个页面文件；“源包”中自动生成了 com. myapp. struts 包，该包中生成了 ApplicationResource. properties 文件；库中自动包含了 Struts 1. 3. 8 中相关的 Jar 包；配置文件中自动生成了 struts - config. xml、web. xml 等配置文件。

4）运行 myStructs 项目，运行结果如图 8-7 所示。

5）在 myStructs 项目中，各个主要文件均自动生成了相关的代码，下面进行详细介绍。

Web 页面文件 index. jsp 的代码如下。

```
<%@ page contentType="text/html"%>
<%@ page pageEncoding="UTF-8"%>

<jsp:forward page="Welcome.do"/>
```

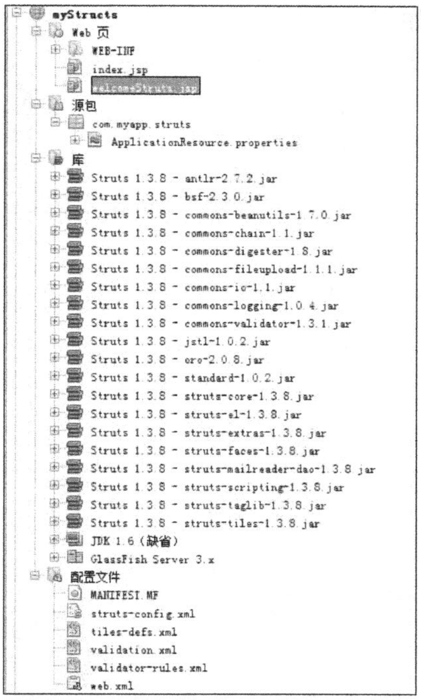

图 8-6　myStucts 项目信息

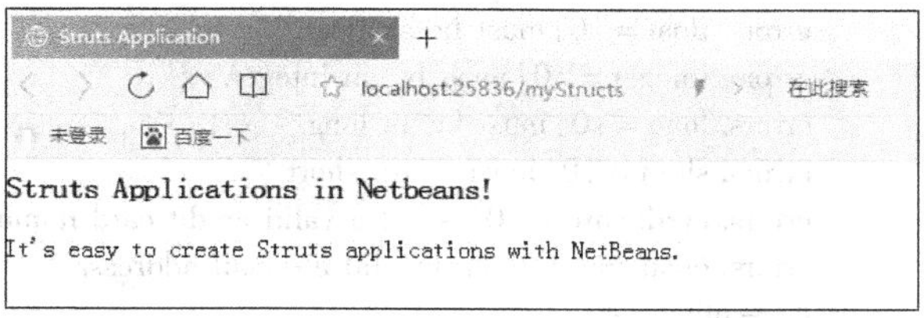

图 8-7　myStructs 运行结果

Web 页面文件 welcomeStruts. jsp 的代码如下。

```
<%@ page contentType = "text/html" %>
<%@ page pageEncoding = "UTF - 8" %>

<%@  taglib uri = "http://struts. apache. org/tags - bean"  prefix = "bean"  % >
<%@  taglib uri = "http://struts. apache. org/tags - html"  prefix = "html"  % >
<%@  taglib uri = "http://struts. apache. org/tags - logic"  prefix = "logic"  % >

<html:html lang = "true" >
<head>
<meta http - equiv = "Content - Type"  content = "text/html;charset = UTF - 8" >
<title> <bean:message key = "welcome. title"/> </title>
<html:base/>
</head>
<body style = "background - color:  white" >

<logic:notPresent name = "org. apache. struts. action. MESSAGE"  scope = "application" >
<div    style = "color:  red" >
                    ERROR:   Application resources not loaded -- check servlet container
                    logs for error messages.
</div>
</logic:notPresent>

<h3> <bean:message key = "welcome. heading"/> </h3>
<p> <bean:message key = "welcome. message"/> </p>

</body>
</html:html>
```

源包文件 ApplicationResource. properties 文件的代码如下。

```
# -- standard errors --
errors. header = <UL>
errors. prefix = <LI>
errors. suffix = </LI>
errors. footer = </UL>
# -- validator --
errors. invalid = {0} is invalid.
errors. maxlength = {0} can not be greater than {1} characters.
errors. minlength = {0} can not be less than {1} characters.
errors. range = {0} is not in the range {1} through {2}.
errors. required = {0} is required.
errors. byte = {0} must be an byte.
errors. date = {0} is not a date.
errors. double = {0} must be an double.
errors. float = {0} must be an float.
errors. integer = {0} must be an integer.
errors. long = {0} must be an long.
errors. short = {0} must be an short.
errors. creditcard = {0} is not a valid credit card number.
errors. email = {0} is an invalid e - mail address.
# -- other --
errors. cancel = Operation cancelled.
errors. detail = {0}
errors. general = The process did not complete. Details should follow.
errors. token = Request could not be completed. Operation is not in sequence.
# -- welcome --
welcome. title = Struts Application
welcome. heading = Struts Applications in Netbeans!
welcome. message = It's easy to create Struts applications with NetBeans.
```

配置文件 struts - config. xml 文件的代码如下。

```
<?xml version = "1.0" encoding = "UTF - 8" ?>

<!DOCTYPE struts - config PUBLIC
          " -//Apache Software Foundation//DTD Struts Configuration 1.3//EN"
          "http://jakarta. apache. org/struts/dtds/struts - config_1_3. dtd">

<struts - config>
<form - beans>
</form - beans>
<global - exceptions>
</global - exceptions>
<global - forwards>
<forward name = "welcome"   path = "/Welcome. do"/>
</global - forwards>
<action - mappings>
<action path = "/Welcome" forward = "/welcomeStruts. jsp"/>
</action - mappings>
<controller processor Class = "org. apache. struts. tiles. Tiles Request Processor"/>
<message - resources parameter = "com/myapp/struts/Application Resource"/>
<plug - in className = "org. apache. struts. tiles. TilesPlugin" >
```

```
<set - property property = "definitions - config"  value = "/WEB - INF/tiles - defs. xml" />
<set - property property = "moduleAware"  value = "true"  />
</plug - in >

<! -- ====================== Validator plugin ====================== -->
<plug - in className = "org. apache. struts. validator. ValidatorPlugIn" >
<set - property
                property = "pathnames"
                value = "/WEB - INF/validator - rules. xml ,/WEB - INF/validation. xml" />
</plug - in >
</struts - config >
```

配置文件 web. xml 文件的代码如下。

```
<?xml version = "1. 0"  encoding = "UTF - 8" ?  >
<web - app version = "3. 0"  xmlns = "http://java. sun. com/xml/ns/Java EE"  xmlns:xsi = "http://
www. w3. org/2001/XMLSchema - instance"  xsi:schemaLocation = "http://java. sun. com/xml/ns/Ja-
va EE http://java. sun. com/xml/ns/Java EE/web - app_3_0. xsd" >
<servlet >
<servlet - name > action </servlet - name >
<servlet - class > org. apache. struts. action. ActionServlet </servlet - class >
<init - param >
<param - name > config </param - name >
<param - value >/WEB - INF/struts - config. xml </param - value >
</init - param >
<init - param >
<param - name > debug </param - name >
<param - value >2 </param - value >
</init - param >
<init - param >
<param - name > detail </param - name >
<param - value >2 </param - value >
</init - param >
<load - on - startup >2 </load - on - startup >
</servlet >
<servlet - mapping >
<servlet - name > action </servlet - name >
<url - pattern > *. do </url - pattern >
</servlet - mapping >
<session - config >
<session - timeout >
    30
</session - timeout >
</session - config >
<welcome - file - list >
<welcome - file > index. jsp </welcome - file >
</welcome - file - list >
</web - app >
```

8. 2. 2 Struts1.x 配置文件解析

1. struts - config. xml 文件

<struts - config>是 struts 的根元素，它主要有 8 个子元素。文件一开始是 DTD 的定义，代码如下。

```
<!DOCTYPE struts - config PUBLIC " -//Apache Software Foundation//DTD Struts Configuration
1.3//EN" "http://struts.apache.org/dtds/struts - config_1_3.dtd">
```

下面对 8 个子元素逐一进行介绍。

（1） date-sources 元素

date-sources 元素用来配置应用程序所需要的数据源。Java 语言提供了 javax.sql.DateSource 接口，所有数据源必须实现该接口。具体配置如下。

```
<data - sources>
    <data - source type = "org.apached.commons.dbcp.BasicDataSource">
        …
    </data - source>
</data - sources>
```

在 Action 中的访问方式如下所示。

```
javax.sql.DataSource dataSource;
java.sql.Connection myConnection;
try
{
    dataSource = getDataSource(request);
    myConnection = dataSource.getConnection();
}
…
```

如果是多数据源，可采用以下配置。

```
<data - sources>
    <data - source key = "a"  type = "org.apached.commons.dbcp.BasicDataSource">
        …
    </data - source>
    <data - source key = "b"  type = "org.apached.commons.dbcp.BasicDataSource">
        …
    </data - source>
</data - sources>
```

访问方式：dataSource = getDataSource(request,"a");

（2） form-beans 元素

form-beans 元素主要用来配置表单验证的类，包含以下几个属性。

- classname：一般很少用到，指定和 form - bean 元素对应的配置类，默认为 org.apache.struts.config.FormBeanConfig，如果自定义，则必须扩展 FormBeanConfig 类。可有可无。
- name：ActionForm Bean 的唯一标识。必须有。
- type：ActionForm 的完整类名。必须有。

具体的访问方式如下所示。

```
<form - beans>
    <form - bean
        name = "Loign"
        type = "com.ha.login">
    </form - bean>
</form - beans>
```

如果是动态 Action FormBean，还必须配置元素的 form-property 子元素。form-beans 包含 4 个属性，除了前面介绍的 3 个外，还有一个 initial 属性：以字符串的形式设置表单字段的初始值，如果没有设置该属性，则为 0 或 null。具体代码如下所示。

```
<form-beans>
    <form-bean
            name="Loign"
            type="com.ha.login" >
        <form-property name="ok" type="java.lang.String"/>
        <form-property name="oks" type="java.lang.String"/>
        <form-property name="okss" type="java.lang.Integer" initial="20"/>
    </form-bean>
</form-beans>
```

（3）global-exceptions 元素

global-exceptions 元素主要配置异常处理，它的 exception 子元素代表全局的异常配置。struts 采取配置的方式来处理异常。它用来设置 Java 异常和异常处理类 org.apache.struts.action.Exception-Handler 之间的映射。它有 7 个属性，分别介绍如下。

- className：指定和 exception 元素对应的配置类，默认为 org.apache.struts.config.ExceptionConfig。可有可无。
- Handler：指定异常处理类，默认为 org.apache.struts.action.ExceptionHandler。可有可无。
- key：指定在 Resource Bundle 中描述该异常的消息 key。
- path：指定当异常发生时的转发路径。
- scope：指定 ActionMessages 实例的存放范围，可选值有 request 和 session，默认为 request。可有可无。
- type：指定所需处理异常类的名称，必须有。
- bundle：指定 Resource Bundle。具体代码如下所示。

```
<global-exceptions>
    <exception
            key="global.error.invalidlogin"
            path="/error.jsp"
            scope="request"
            type="com.hn.tree"
    />
</global-exceptions>
```

（4）global-forwards 元素

global-forward 元素主要用来声明全局的转发关系，它具有以下 4 个属性。

- className：和 forward 元素对应的配置类，默认为 org.apache.struts.action.Action-Forward。可有可无。
- contextRelative：此项为 true 时，表示 path 属性以“/”开头，相对于当前上下文的 URL，默认为 false。可有可无。
- name：转发路径的逻辑名。必填。
- path：转发或重定向的 URL，当 contextRelative=false 时，URL 路径为当前应用（application）的物理路径；当为 true 时，表示 URL 路径是相对于当前上下文（context）

的逻辑路径。

- redirect：当此项为 true 时，表示执行重定向操作；当此项为 false 时，表示转向操作。默认为 false。具体代码如下所示。

```
< global - forwards >
    < forward name = "forms1" path = "/a. do"/ >
    < forward name = "forms2" path = "/nb. jsp"/ >
< global - forwards >
```

（5） action-mappings 元素

action-mappings 元素用于描述从特定的请求路径到相应的 Action 类的映射。它具有以下几个属性。

- attribute：设置和 Action 关联的 ActionForm Bean 在 request 和 session 范围内的 key。例如，FormBean 存在于 request 范围内，此项设为 myBeans，则在 request. getAttribute ("myBeans") 中就可以返回该 Bean 的实例。
- className：和 action 元素对应的配置元素，默认为 org. apache. struts. action. Acti-on-Mapping。
- forward：转发的 URL 路径。
- include：指定包含的 URL 路径。
- input：输入表单的 URL 路径，当表单验证失败时，将把请求转发到该 URL。
- name：指定和 Action 关联的 Action FormBean 的名称，该名称必须在 form-bean 中定义过。
- path：指定访问 Action 的路径，以"/"开头，无扩展名。
- parameter：指定 Action 的配置参数，在 Action 类的 execute( )方法中，可以调用 ActionMapping 对象的 getParameter( )方法来读取该配置参数。
- roles：指定允许调用该 Action 的安全角色，多个角色之间用","隔开，在处理请求时，RequestProcessor 会根据该配置项来决定用户是否有权限调用 Action 权限。
- scope：指定 ActionForm Bean 的存在范围，可选值有 request 和 session，默认为 session。
- type：指定 Action 类的完整类名。
- unknown：如果此项为 true，表示可以处理用户发出的所有无效的 Action URL，默认为 false。
- validate：指定是否要调用 Action FormBean 的 validate 方法，默认值为 true。

注：forward、include、type 属性只能选择其中一项。举例如下。

```
< action path = "/search"
         type = "zxj. okBean"
         name = "a1"
         scope = "request"
         validate = "true"
         input = "/b. jsp" >
    < forward name = "tig" path = "/aa. jsp"/ >
</action >
```

注：此处的 forward 是指局部的转发路径。global-forwards 表示全局的转发路径。

(6) controller 元素

controller 元素用于配置 ActionServlet。它具有以下几个属性。

- bufferSize：指定上载文件的输入缓冲大小，可选，默认为4096。
- className：指定和 controller 元素对应的配置类，默认为 org. apache. struts. config. ControllerConfig。
- contentType：字符编码，如果在 Action 和 JSP 网页中已设置了，则覆盖该设置。
- locale：指定是否把 Locale 对象保存到当前用户的 session 中，默认值为 false。
- processorClass：指定负责请求的 Java 类的完整路径。
- tempDir：指定处理文件的临时工作目录，如果此项没有设置，将采用 Servlet 容器为 Web 应用分配的临时工作目录。
- nochache：如果为 true，在响应结果中将加入特定的头参数：Pragma、Cache - Control 和 Expise，防止页面被保存在客户端的浏览器中；默认为 false。

具体代码如下所示。

```
<controller
    contentType = "text/html;charset = "UTF - 8""
    locale = "true"
    processorClass = "con. ok"/>
```

(7) message-resources 元素

message-resources 元素主要用于配置本地化消息文本，它具有以下几个属性。

- className：和 message - resources 元素对应的配置类，默认为 org. apache. struts. config. MessageResourcesConfig。
- factory：指定消息资源的工厂类，默认为 org. apache. struts. util. PropertyMessageResourcesFactory 类。
- key：指定 Resource Bundle 存放的 ServletContext 对象中采用的属性 key，默认值为 Globals. MESSAGES_KEY 定义的字符串常量，只允许一个 Resource Bundle 采用默认的属性 key。
- null：指定 MessageSources 类如何处理未知消息的 key。如果为 true，则返回空字符串；如果为 false，则返回相关字串，默认为 false。
- prameter：指定 MessageSources 的资源文件名，如果为 a. b. ApplicationResources，则实际对应的文件路径为 WEB - INF/classes/a/b/ApplicationResources. properties。

具体代码如下所示。

```
<message - resources null = "false"  parameter = "defaultResource"/>
<message - resources key = "num1"  null = "false"  parameter = "test"/>
```

访问为

```
<bean:message key = "zxj"/>
<bean:message key = "zxj"  bundle = "num1"/>
```

其中，zxj 表示 messagesource 资源文件中的一个字符串。

(8) plugin-in 元素

plugin-in 元素配置 Struts 的插件，它的属性 className 表示指定的 Struts 插件类，必须实现 org. apache. struts. action. PlugiIn 接口。具体代码如下所示。

```
<plug - in
    className = " a. b. c. " >
    <set - property property = " xxx"  value = " /WEB - INF/aa. xml"  / >
</plug - in >
```

后记，多模块的配置可以供多个应用使用不同的 struts - config. xml。

2. Web. xml 配置文件

整合 struts1 时 web. xml 里的配置参数如下。

（1）声明 ActionServlet 的初始化参数

初始化参数用来对 Servlet 的运行环境进行初始配置。<servlet>的<init - param>子元素用于配置 Servlet 初始化参数。

- config ：以相对路径的方式指明 Struts 应用程序的配置文件位置，若不设置，则默认值为/WEB - INF/struts - config. xml。
- debug：设置 Servlet 的 debug 级别，控制日志记录的详细程度。默认为 0，记录相对最少的日志信息。
- detail：设置 Digester 的 debug 级别，Digester 是 Struts 框架所使用的用来解析 . xml 配置文件的一个框架。通过此设置，可以查看不同等级的详细解析日志。默认为 0，记录相对最少的日志信息。

<load-on-startup>？ </load - on - startup>中“？”号的值是此 ActionServlet 在服务器开启时加载的次序，数值越低，越先加载。

```
<servlet >
<servlet - name > action </servlet - name >
<servlet - class > org. apache. struts. action. ActionServlet </servlet - class >
<init - param >
<param - name > config </param - name >
<param - value > /WEB - INF/struts - config. xml </param - value >
</init - param >
<init - param >
<param - name > debug </param - name >
<param - value > 2 </param - value >
</init - param >
<init - param >
<param - name > detail </param - name >
<param - value > 2 </param - value >
</init - param >
<load - on - startup > 2 </load - on - startup >
</servlet >
```

另外，还需了解以下两点内容。

1）当服务器启动后，加载 ActionServlet，而 ActionServlet 会调用相关的方法，此时会根据它下面的参数的初始值对 ActionServlet 中的参数进行初始化。

2）当多人协作开发项目时可以对 Struts 的配置文件进行适当的扩充，但必须以 config 开头，代码如下。

```
<init - param >
<param - name > config/XXXXXXXXX </param - name >
```

```
<param - value >/WEB - INF/XXXXX. xml </param - value >
</init - param >
```

（2）配置 Struts 的 ActionServlet

<servlet>元素：用来声明 ActionServlet。

<servlet - name>元素：用来定义 Servlet 的名称。

<servlet - class>元素：用来指定 Servlet 的完整类名。

```
<servlet >
<servlet - name > action </servlet - name >
<servlet - class > org. apache. struts. action. ActionServlet </servlet - class >
</servlet >
```

还要配置<servlet - mapping>元素，用来指定 ActionServlet 可以处理哪些 URL。

```
<servlet - mapping >
<servlet - name > action </servlet - name >
<url - pattern > *. do </url - pattern >
</servlet - mapping >
```

此外，还要注意以下几点问题。

1） <servlet - mapping>和<servlet>中的<servlet - name>？ </servlet - name>要填写一致，它就是一根线，把<servlet - mapping>和<servlet>连接在一起的。

2）在 Struts 框架中只能有一个 Servlet，因为 Servlet 支持多线程。而<servlet - class> org. apache. struts. action. ActionServlet </servlet - class>中的 ActionServlet 是在 Struts. jar 包中的，导入 Struts 包时会导入。

3）在显示层以 *. do 提交的，都会通过 Servlet。 *. do 可以改写成自己想要的任何形式，如/do/ *。

扩展：可以继承 org. apache. struts. action. ActionServlet 得到可扩充的子类，在子类中重写一个方法 init( )。这时<servlet - class>？ </servlet - class>中的“?”是新建的类的路径，同样只能存在一个。

（3）配置欢迎文件清单

当客户访问 Web 应用时，如果仅仅给出 Web 应用的 Root URL，没有指定具体的文件名。Web 容器会自动调用 Web 应用的欢迎文件。<welcome - file - list>被用来设置此项。

```
<welcome - file - list >
<welcome - file > welcome. jsp </welcome - file >
</welcome - file - list >
```

说明：在<welcome - file - list> 下可以有多个<welcom - file>。Web 容器会依次寻找欢迎界面，直到找到为止。但如果不存在则向客户端返回“HTTP 404 NOT Found”的错误信息。由于在<welcome - file - list>元素中不能配置 Servlet 映射，则不能直接把 Struts 的 Action 作为欢迎文件。但可以通过 Struts 中的全局（global）转发项来配置。

```
        A:welcome. jsp 页面(可换文件名)
<%@ taglib uri = "http://jakarta. apache. org/struts/tags - logic" prefix = "logic"% >
<html >
<body >
```

```
< logic:forward name = " welcome"/ >
</body >
</html >
        B: web. xml
< welcome - file - list >
< welcome - file > welcome. jsp </welcome - file >
</welcome - file - list >
        C:  struts - config. xml
< global - forwards >
< forward name = " welcome"  path = " hello. do" >
</global - forwards >
```

运行机制：当服务器启动时还是会加载 B 中 < welcome - file > welcome. jsp </welcome - file > 中的 welcome. jsp，然后读到(A) welcome. jsp 中的 < logic:forward name = " welcome"/ >，接下来会转到 C 中的 < forward name = " welcome" path = " HelloWorld. do" >，这是由于它是以 . do(hello. do)结尾的，所以它会找到 C 文件中的 < action > 相匹配，最后再转到这个 < action > 的 JSP 页面。

（4） 配置错误处理

Struts 框架中不能处理所有的错误或异常。当 Struts 框架发生不能处理所有的错误或异常时，就把错误抛给 Web 容器。默认情况下，Web 容器会向用户浏览器直接返回原始的错误，为了避免发生这种情况可以使用 < error - page >。

```
< erro - page >
< error - code >4040 </error - code >
< location >/commmon/404. jsp </location >
</error - page >
< erro - page >
< error - code >4040 </error - code >
< location >/commmon/404. jsp </location >
</error - page >
```

Web 容器捕获的 Java 异常配置 < error - page >，这时需要设置 < exception - type > 子元素，用于指定 Java 异常类。Web 容器可能捕获的异常为：RuntimeException 或 Error、ServletException 或它的子类、IOException 或它的子类。

```
< error - page >
< exception - type > javax. servlet. ServletException </exception - type >
< location >/system_error. jsp </location >
</error - page >
< error - page >
< exception - type > java. io. IOException </exception - type >
< location >/system_ioerror. jsp </location >
</error - page >
```

（5） 配置 Struts 标签库

Struts 框架提供了一些实用的客户化标签库，如果要在应用中使用，可以在 web. xml 中配置。

```
< taglib >
< taglib - uri >/WEB - INF/struts - bean. tld </taglib - uri >
```

```
<taglib-location>/WEB-INF/struts-bean.tld</taglib-location>
</taglib>
```

8.3 创建一个 Struts2 项目

8.3.1 Struts2 项目的创建

在 NetBeans 7.0 平台下创建一个 Struts2 项目时，首先需要下载 Struts2 对应的插件。

1）下载 NetBeans 7.0 平台对应的 Struts2 包。Struts2 插件的官方下载地址为：http://plugins.netbeans.org/，如图 8-8 所示。下载成功后的文件是 1383597833_struts2-suite-1.3.5-nb74.zip，解压缩后有 3 个文件，如图 8-9 所示。

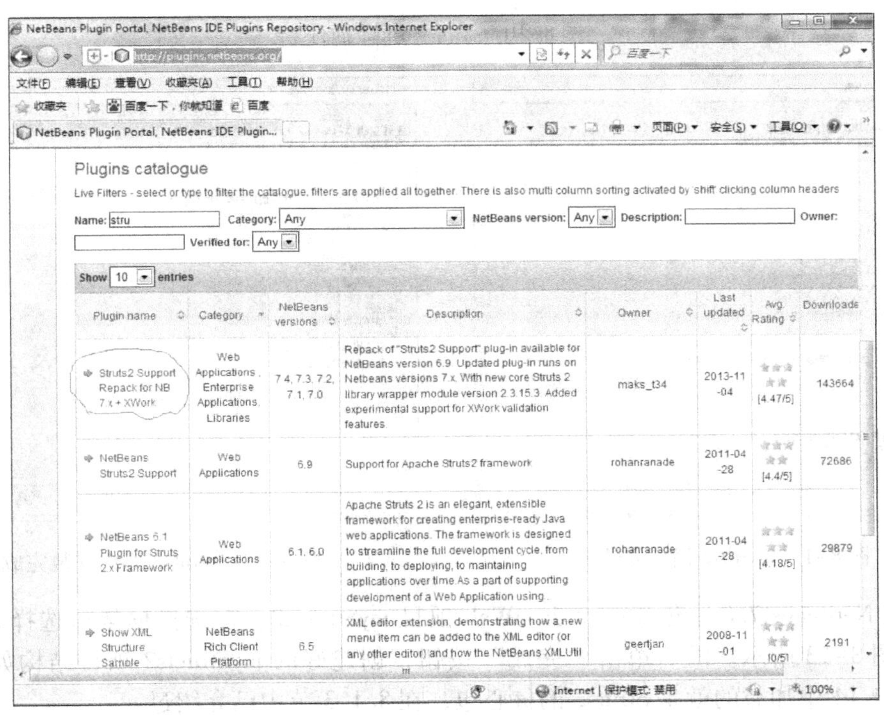

图 8-8 下载 NetBeans 7.0 的 Struts2 插件

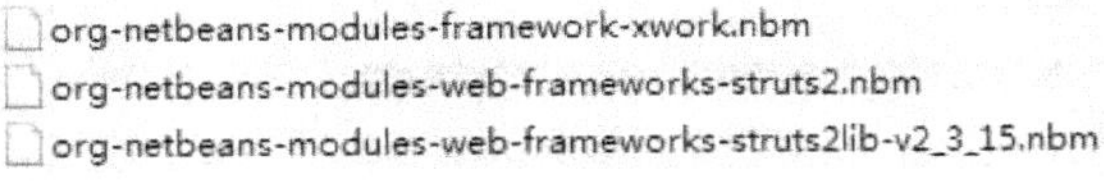

org-netbeans-modules-framework-xwork.nbm
org-netbeans-modules-web-frameworks-struts2.nbm
org-netbeans-modules-web-frameworks-struts2lib-v2_3_15.nbm

图 8-9 解压缩后的 3 个文件

2）在 NetBeans 中添加插件 Struts2。将解压缩后的 3 个文件复制到 C:\Users\win7\.netbeans\7.0 目录下，打开 NetBeans 7.0 工具选择“工具”→“插件”命令，在弹出的对话框中选择“已下载”选项卡，单击“添加插件”按钮，弹出“添加插件”对话框，如图 8-10 所示，选中这 3 个 .nbm 文件并打开，可以看到如图 8-11 所示的插件安装界面和图 8-12 所示的插件安装完成界面。

图 8-10　添加 Struts2 插件

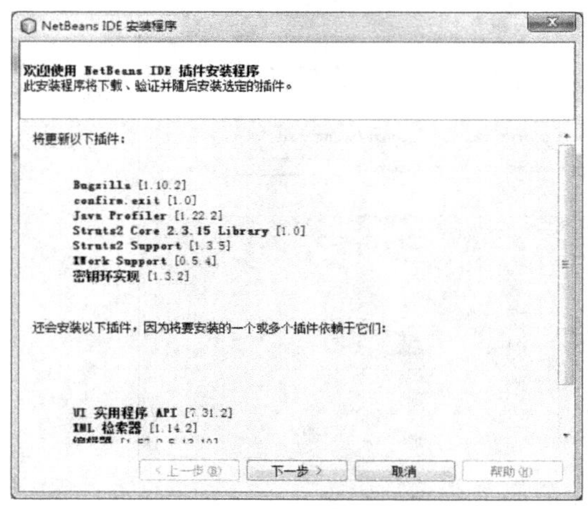

图 8-11　Struts2 插件安装

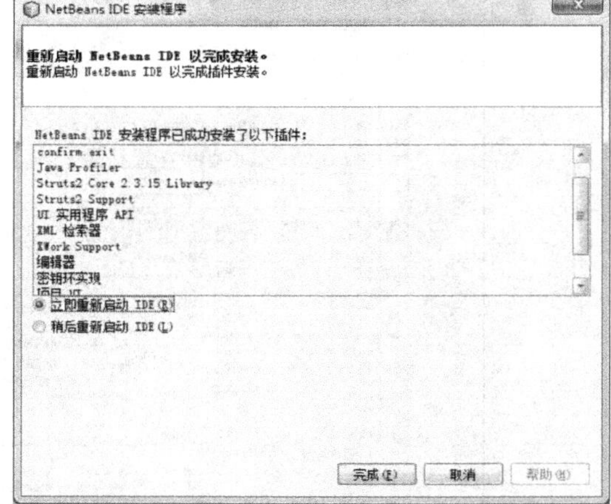

图 8-12　Struts2 插件安装完成

3）在 NetBeans 7.0 中创建一个 JavaWeb 项目 myStructs2，在选择框架时选择 Struts2 复选框，如图 8-13 所示。随后单击“完成”按钮，创建好的 myStructs2 项目结构如图 8-14 所示。图 8-14 中加载的就是 Struts2 的核心包，在 8.1.3 节中已介绍过。

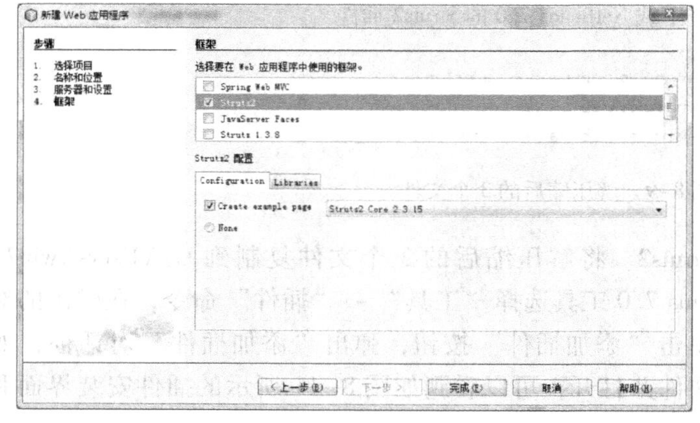

图 8-13　选择 Struts2 框架

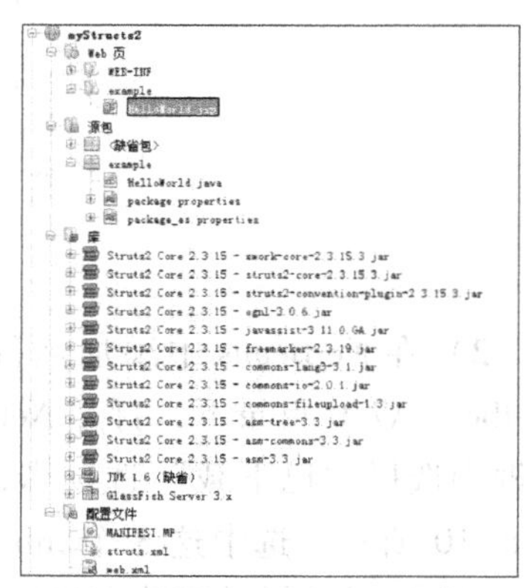

图 8-14　myStructs2 项目结构

4）运行项目 myStruts2，结果如图 8-15 所示，单击超链接 English，打开如图 8-16 所示的界面。单击超链接 Espanol，打开如图 8-17 所示的界面。

图 8-15　myStructs2 项目主页

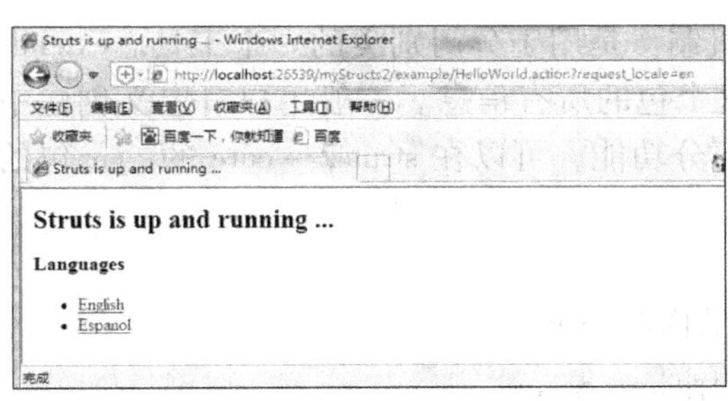

图 8-16　English 界面

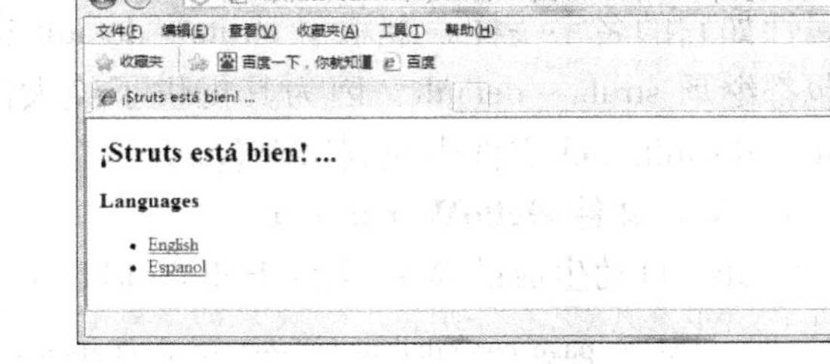

图 8-17　Espanol 界面

8.3.2　Struts2 项目文件解析

1. 配置文件 web. xml

Struts2 自动生成的 web. xml 配置文件内容如下。

```
<?xml version="1.0" encoding="UTF-8"?>
<web-app version="3.0" xmlns="http://java.sun.com/xml/ns/Java EE" xmlns:xsi="http://www.w3.org/2001/XMLSchema-instance" xsi:schemaLocation="http://java.sun.com/xml/ns/Java EE http://java.sun.com/xml/ns/Java EE/web-app_3_0.xsd">
<filter>
<filter-name>struts2</filter-name>
<filter-class>org.apache.struts2.dispatcher.FilterDispatcher</filter-class>
</filter>
<filter-mapping>
<filter-name>struts2</filter-name>
<url-pattern>/*</url-pattern>
</filter-mapping>
<session-config>
<session-timeout>
        30
</session-timeout>
</session-config>
<welcome-file-list>
```

```
<welcome-file>example/HelloWorld.jsp</welcome-file>
</welcome-file-list>
</web-app>
```

2. 配置文件 struts. xml

Struts2 自动生成的 struts. xml 配置文件内容如下。

```
<!DOCTYPE struts PUBLIC
"-//Apache Software Foundation//DTD Struts Configuration 2.0//EN"
"http://struts.apache.org/dtds/struts-2.0.dtd">

<struts>
<include file="example.xml"/>
<!-- Configuration for the default package. -->
<package name="default" extends="struts-default">
</package>
</struts>
```

其中，package 元素的作用类似于 Java 包的机制，是用于分门别类的一个工具。extends 的属性如它的名字一样，继承了 struts - default 这个包的所有信息。一般用户自定义创建一个包都继承 struts - default，因为其提供了绝大部分功能，可以在 struts2 - core 的 . jar 包的 struts - default. xml 文件中找到这个包。

3. Web 文件 HelloWorld. jsp

Struts2 自动生成的 Web 文件 HelloWorld. jsp 的内容如下。

```
<%@ page contentType="text/html;charset=UTF-8" %>
<%@ taglib prefix="s" uri="/struts-tags" %>

<html>
<head>
<title><s:text name="HelloWorld.message"/></title>
</head>
<body>
<h2><s:property value="message"/></h2>
<h3>Languages</h3>
<ul>
<li>
<s:url id="url" action="HelloWorld">
<s:param name="request_locale">en</s:param>
</s:url>
<s:a href="%{url}">English</s:a>
</li>
<li>
<s:url id="url" action="HelloWorld">
<s:param name="request_locale">es</s:param>
</s:url>
<s:a href="%{url}">Espanol</s:a>
</li>
</ul>
</body>
</html>
```

此页面用来显示 Web 页面的信息。

4. Action 类文件 HelloWorld. java

Struts2 自动生成的 Action 类文件 HelloWorld. java 的内容如下。

```
package example;
import com. opensymphony. xwork2. ActionSupport;
/**
 * <code>Set welcome message. </code>
 */
public class HelloWorld extends ActionSupport{
    public String execute() throws Exception{
        setMessage(getText(MESSAGE));
        return SUCCESS;
    }
    /**
     * Provide default value for Message property.
     */
    public static final String MESSAGE = "HelloWorld. message";

    /**
     * Field for Message property.
     */
    private String message;

    /**
     * Return Message property.
     *
     * @return Message property
     */
    public String getMessage(){
        return message;
    }

    /**
     * Set Message property.
     *
     * @param message Text to display on HelloWorld page.
     */
    public void setMessage(String message){
        this. message = message;
    }
}
```

这个类默认继承自 ActionSupport，Struts2 跳转到这个 Action 后默认执行 execute()方法，并根据结果返回字符 SUCCESS，然后 struts. xml 根据返回的字符 SUCCESS 的具体取值，再跳转到相应的 Web 页面。Struts2 中 Action 是核心内容，它包含了对用户请求的处理逻辑，也称 Action 为业务控制器。

Struts2 中的 Action 采用了低侵入式的设计，Struts2 不要求 Action 类继承任何 Struts2 的基类或实现 Struts2 接口。但是为了方便实现 Action，大多数情况下都会继承

com. opensymphony. xwork2. ActionSupport 类，并重写此类中的 public String execute( ) throws Exception 方法。ActionSupport 类中实现了很多实用接口，提供了很多默认方法，这些默认方法包括获取国际化信息的方法、数据校验的方法和默认的处理用户请求的方法等，这样可以大大简化 Action 的开发。

Struts2 中通常直接使用 Action 来封装 HTTP 请求参数，因此，Action 类中还应该包含与请求参数对应的属性，并且为属性提供对应的 getter 和 setter 方法。当然，Action 类中还可以封装处理结果，把处理结果信息当作一个属性，提供对应的 getter 和 setter 方法。

5. 属性文件

Struts2 自动生成的两个属性文件如下。

（1） package. properties

```
HelloWorld. message = Struts is up and running…
```

Struts2 的标签直接引用 Properties 文件的属性，因此可以把页面一些共用的属性统一配置到一个 Properties 属性中，方便统一修改与维护。

（2） package_es. properties

```
HelloWorld. message = ¡Struts está bien! …
```

8.4 创建 Struts2 自定义项目

上一节主要介绍了在 NetBeans 7.0 平台下安装了 Struts2 包后，自动生成的示例程序。下面举例介绍一个自定义的 Struts2 项目的创建过程。

具体操作步骤如下。

1） 创建一个 JavaWeb 项目，如图 8-18 所示，设置项目名称为 HelloStruts2，如图 8-19 所示。

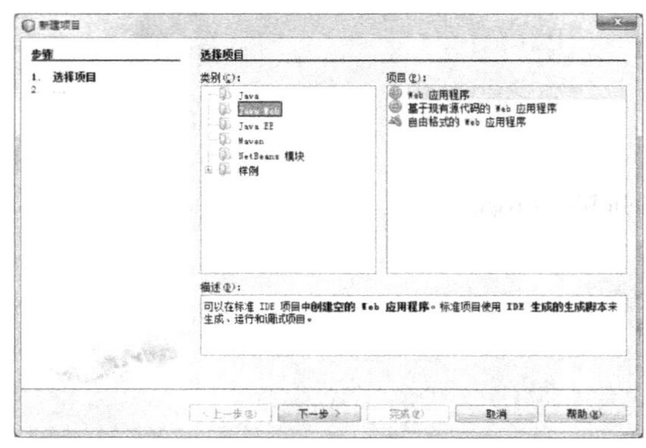

图 8-18 JavaWeb 项目

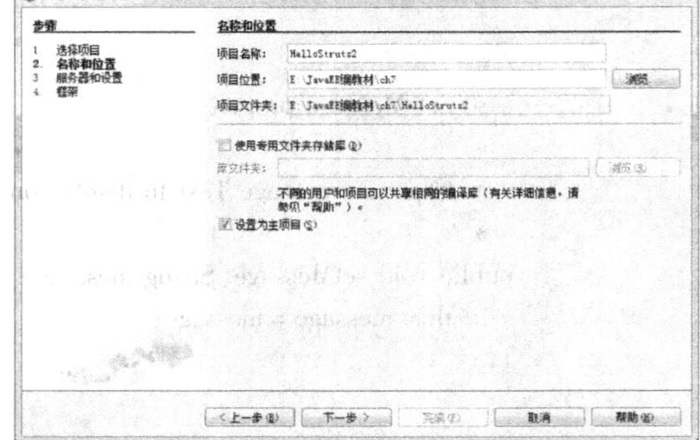

图 8-19 设置项目名称

单击“下一步”按钮，将 Web 应用程序使用的框架设置为 Struts2，不选择 Create example page，如图 8-20 所示，完成后的项目结构如图 8-21 所示。

2） 创建一个 Java 类 HelloWorldAction. java，如图 8-22 所示。

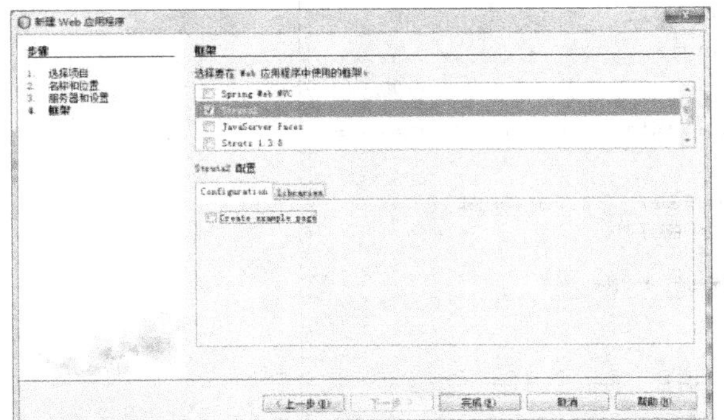

图 8-20　选择 Struts2 项目

HelloStruts2
Web 页
META-INF
WEB-INF
index.jsp
源包
库
Struts2 Core 2.3.15 - xwork-core-2.3.15.3.jar
Struts2 Core 2.3.15 - struts2-core-2.3.15.3.jar
Struts2 Core 2.3.15 - struts2-convention-plugin-2.3.15.3.jar
Struts2 Core 2.3.15 - ognl-3.0.6.jar
Struts2 Core 2.3.15 - javassist-3.11.0.GA.jar
Struts2 Core 2.3.15 - freemarker-2.3.19.jar
Struts2 Core 2.3.15 - commons-lang3-3.1.jar
Struts2 Core 2.3.15 - commons-io-2.0.1.jar
Struts2 Core 2.3.15 - commons-fileupload-1.3.jar
Struts2 Core 2.3.15 - asm-tree-3.3.jar
Struts2 Core 2.3.15 - asm-commons-3.3.jar
Struts2 Core 2.3.15 - asm-3.3.jar
JDK 1.6 (缺省)
Apache Tomcat 7.0.14.0
配置文件
MANIFEST.MF
context.xml
struts.xml
web.xml

图 8-21　项目文件结构

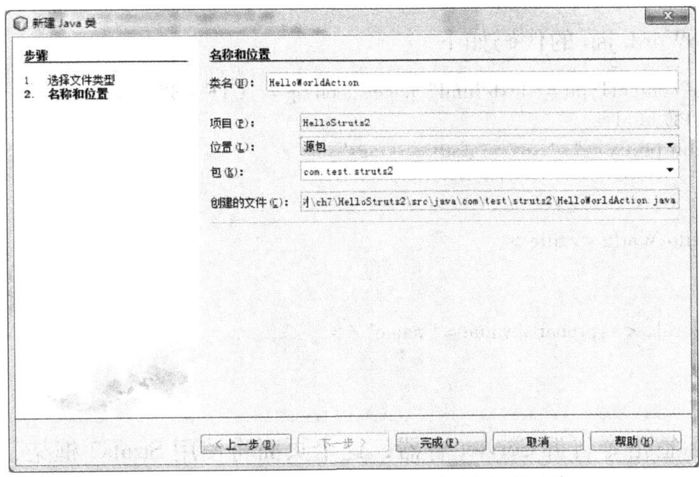

图 8-22　创建 Java 类 HelloWorldAction

HelloWorldAction. java 文件的代码如下。

```
package com.test.struts2;
public class HelloWorldAction{
    private String name;
    public String execute() throws Exception{
        return "success";
    }
    public String getName() {
        return name;
    }
    public void setName(String name) {
        this.name = name;
    }
}
```

3）创建一个视图 JSP 页面 HelloWord. jsp，如图 8-23 所示。

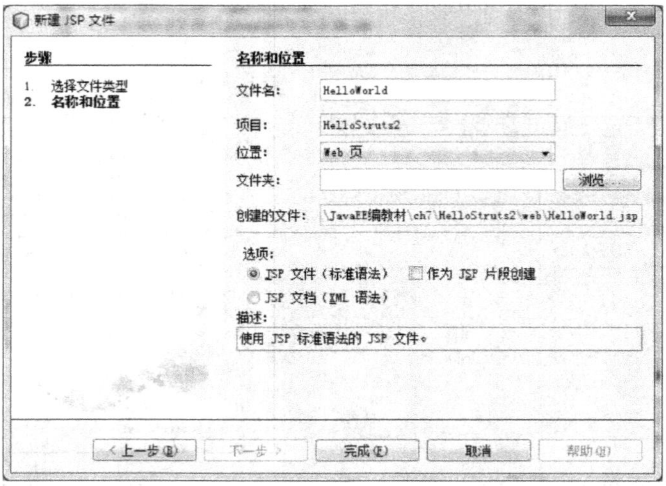

新建 JSP 文件

步骤

1. 选择文件类型
2. 名称和位置

名称和位置

文件名: HelloWorld
项目: HelloStruts2
位置: Web 页
文件夹:
创建的文件: \JavaEE编教材\ch7\HelloStruts2\web\HelloWorld.jsp
选项:
JSP 文件（标准语法） 作为 JSP 片段创建
JSP 文档（XML 语法）
描述:
使用 JSP 标准语法的 JSP 文件。

< 上一步(B) 下一步 > 完成(F) 取消 帮助(H)

图 8-23 创建 JSP 页面 HelloWorld. jsp

JSP 页面 HelloWord. jsp 的代码如下。

```
<%@ page contentType = "text/html" pageEncoding = "UTF-8"%>
<!DOCTYPE html>
<%@ taglib prefix = "s" uri = "/struts-tags" %>
<html>
<head>
<title>Hello World</title>
</head>
<body>
  Hello World, <s:property value = "name"/>
</body>
</html>
```

其中：taglib 标签指令告诉 Servlet 容器，这个页面将使用 Struts2 框架，在这些标签之前将通过前缀“s”。s:property 标签显示动作类 name 的属性值，是调用 HelloWorldAction 类的方法 getName()。

4）修改主页面 index. jsp。

修改 index. jsp 页面文件。该文件将作为初始动作 URL，用户可以直接单击告诉 Struts 2 框架调用的 HelloWorldAction 类定义的方法，并渲染 HelloWorld. jsp 视图。

index. jsp 文件的代码如下。

```
<%@ page contentType = "text/html" pageEncoding = "UTF-8"%>
<!DOCTYPE html>
<%@ taglib prefix = "s" uri = "/struts-tags"%>
<!DOCTYPE html PUBLIC "-//W3C//DTD HTML 4.01 Transitional//EN"
"http://www.w3.org/TR/html4/loose.dtd">
<html>
<head>
<title>Hello World</title>
</head>
```

```
< body >
< h1 > Struts2 表单测试 < /h1 >
< form action = " hello" >
< label for = " name" > 请输入你的名字: < /label > < br/ >
< input type = " text"  name = " name"/ >
< input type = " submit"  value = " Say Hello"/ >
< /form >
< /body >
< /html >
```

其中，定义在 hello 动作上面的视图文件，通过 struts. xml 文件的配置被映射到 HelloWorldAction 类。当用户单击提交按钮后，系统会调用 Struts2 框架运行的执行方法，定义其中的映射关系，在 HelloWorldAction 类及方法的返回值的基础上，将相应的视图发送到客户端完成响应。

5）配置映射文件 struts. xml。

打开自动生成的 struts. xml 文件，修改 struts. xml 映射文件的内容如下。

```
< struts >
< constant name = " struts. devMode"  value = " true"  / >
< ! -- Configuration for the default package. -- >
< package name = " default"  extends = " struts - default" >
< action name = " hello"
        class = " com. test. struts2. HelloWorldAction"
            method = " execute" >
< result name = " success" > /HelloWorld. jsp < /result >
< /action >
< /package >
< /struts >
```

在上述代码中，将 Action 命名为 hello，这是相应的 URL/hello. action 并备份为 HelloWorldAction. class。HelloWorldAction. class 中的 execute( )方法用于使运行的 URL 方法 /hello. action 被调用。如果 execute 方法返回 success，就会把用户引到 HelloWorld. jsp 中。

6）配置文件 web. xml。

在 web. xml 文件中定义一个过滤器 org. apache. struts2. dispatcher. FilterDispatcher。web. xml 文件需要创建 WEB - INF 文件夹下的 WebContent。在创建项目时已经创建了一个 web. xml 文件，所以，修改该文件如下。

```
< ?xml version = " 1. 0"  encoding = " UTF - 8" ?  >
< web - app version = " 3. 0"  xmlns = " http://java. sun. com/xml/ns/Java EE"  xmlns:xsi = " http://
www. w3. org/2001/XMLSchema - instance"  xsi:schemaLocation = " http://java. sun. com/xml/ns/Ja-
va EE http://java. sun. com/xml/ns/Java EE/web - app_3_0. xsd" >
< filter >
< filter - name > struts2 < /filter - name >
< filter - class > org. apache. struts2. dispatcher. FilterDispatcher < /filter - class >
< /filter >
< filter - mapping >
< filter - name > struts2 < /filter - name >
< url - pattern > / *  < /url - pattern >
< /filter - mapping >
< session - config >
```

```
<session-timeout>
        30
</session-timeout>
</session-config>
<welcome-file-list>
<welcome-file>index.jsp</welcome-file>
</welcome-file-list>
</web-app>
```

配置完成后，项目结构文件如图 8-24 所示。至此，一个自定义的 Struts2 项目就创建完成了。

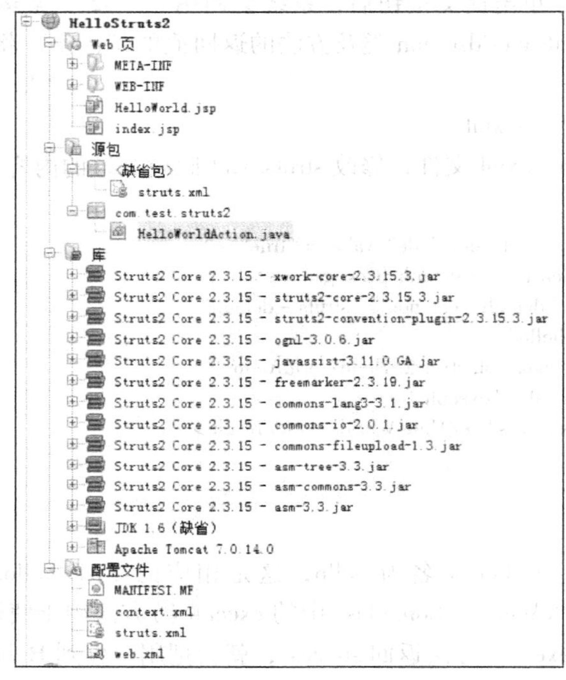

图 8-24　项目结构文件

7）运行项目。

运行该项目的主页文件 index.jsp，结果如图 8-25 所示。在表单中输入“张三”，单击 Say Hello 按钮，结果如图 8-26 所示。

图 8-25　主页运行结果

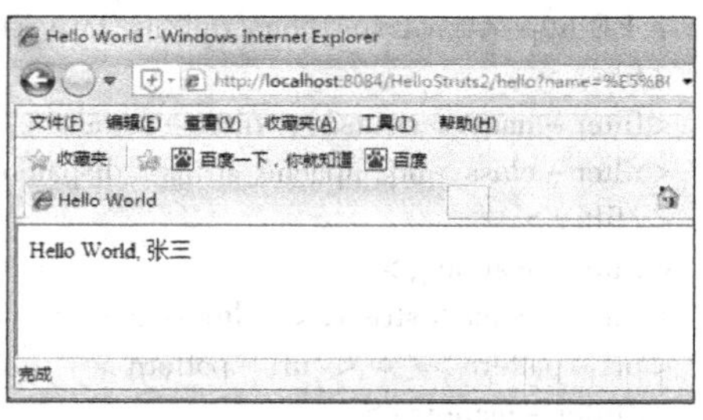

图 8-26　提交后的运行结果

8.5 思考与练习

1）下载 NetBeans 工具对应的 Struts2 插件，并将该插件安装到 NetBeans 工具中。

2）创建一个简单的示例 Struts2 项目。

3）创建一个 Struts2 项目，主页面为用户登录界面，输入用户名和密码后，在另一个界面中可以获取该信息，并显示出来。

提示：可以参照 8.4 节来完成。

第 9 章　Spring 框架

作为在 J2EE 中广为流行的三大框架之一，Spring 可以说是最重要的框架。就其本质而言，Spring 实际上是把项目中所有的对象都封装起来，以接口的方式进行数据交互。所以它既可以整合其他的框架，也可以独立使用，非常灵活，便于后期的扩展与日常的维护。当然，学习 Spring 比前面两个框架要复杂一些。但就其重要程度来说，比前两个框架更重要一些，不可替代性更强。

本章重点内容为 Spring 框架的反转控制和依赖注入的原理，以及控制反转中的主要组件。

9.1　Spring 简介

9.1.1　Spring 的内部结构

Spring 框架最初来源于实际的开发项目，所以其内部的设计非常看重降低程序开发的复杂性。通过轻量级容器，将几乎所有的应用程序及组件封装起来，用容器的接口进行系统的控制和调用，使得程序之间的依赖度大大降低。耦合度的降低提高了系统的复用性和移植性。更重要的是，Spring 本身根据实际的功能需求分成了七大模块，开发者可以根据自身的需要，使用其中的一个或多个模块来给自己的应用程序服务。Spring 的框架结构如图 9-1 所示。

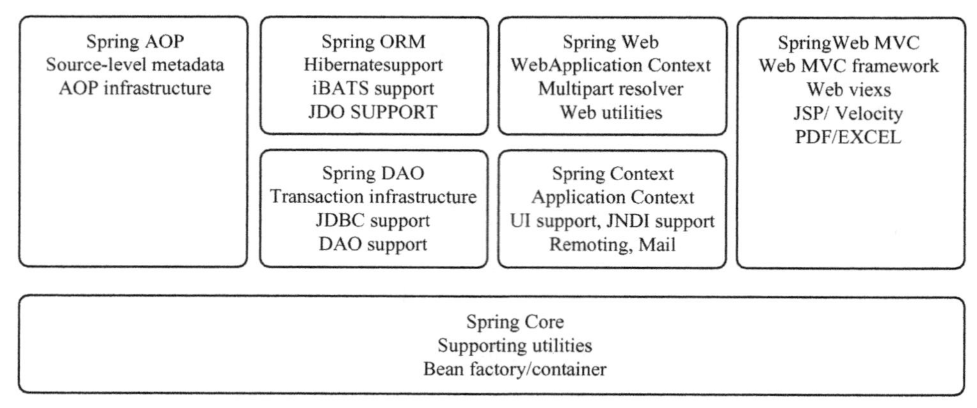

图 9-1　Spring 框架结构图

读者会发现，上述 Spring 框架的内容似乎涵盖了企业级开发中涉及的所有部分，事实也确实如此。但是，在实际开发中，开发者如果使用这个框架，不一定必须用到所有的这些部分，可以根据自身项目的特点，选择其中的一部分模块来完成自己的开发。这也是 Spring 框架极具优势的地方。

当然，对于初学者来说，必须首先认识这7个部分，才能知道将来在开发中需要使用哪个部分。

1）Spring Core：是整个框架的核心。Spring的所有模块都必须建立在这个容器之上。它规定了如何创建、管理及配置Bean。它提供了这个框架系统最基础的功能。通过IoC控制反转，把原先通过代码实现的系统配置和依赖关系抽象出来，并通过配置文件来完成。这里有一个概念BeanFactory，它是Spring应用层面的核心，是具体反转控制模式实现的手段，使得Spring Core成为一个核心容器。在后面会展开介绍这个概念。

2）Spring AOP：AOP（Aspect－Oriented Programming）即面向切面编程技术。在Spring中，提供了AOP模块。对于面向业务应用的开发来说，只需要实现业务应用中应该做的那部分逻辑业务即可，不需要负责其他系统级的逻辑关系实现。

3）Spring DAO：负责对数据库连接的编程优化。通过前面章节的学习，读者一定发现，在连接数据库时，基本都是固定的步骤：获得数据库连接、生成语句、处理数据结果集、关闭数据库连接。该模块对原有的JDBC的API进行了抽象，通过简化和封装，使得有关数据库的代码变得更简单。

4）Spring ORM：Spring自己并没有实现ORM框架。这里提供的ORM是集成了一些现有的主流产品，如Hibernate、iBATIS和JDO等。

5）Spring Context：使得Spring成为一个真正的框架。它提供了一个适合Web应用的上下文；扩展了BeanFactory的内容，提供了一些面向企业级服务的支持，如电子邮件服务、JNDI访问、远程调用、时序调度及定时服务等；也包括对一些模板框架的集成支持，如Velocity、FreeMarker等。

6）Spring Web：建立在应用上下文模块之上，提供了适合Web系统的上下文环境。此外，它还提供了一些面向服务的支持，如文件上传的multipart请求。同时，它也可以和其他Web框架集成使用，如Struts、WebWork等。

7）Spring Web MVC：对于大多数基于Web的应用程序而言，采用MVC模型的框架开发出来的系统被公认为其应用维护更加的简单，代码的复用率更高。Spring提供了MVC框架的解决方案，所提供的方案不仅可以灵活地集成现有的其他MVC框架（如Struts），还可以不使用其他现成框架。利用该模块和IoC及AOP的功能，将控制与业务分离开来。因此，Spring可以用于从桌面应用程序到Web应用程序的几乎所有应用场景，大大提高了开发的灵活度。

9.1.2 Spring的工作原理

通过上一节的介绍，读者应该有所了解，Spring的框架中最为核心的是IoC即控制反转。也可以这样理解，这个框架是基于IoC原理的框架。

IoC的原理是把组件依赖关系的创建和管理置于程序的外部，即由配置文件完成。这样做的目的是减少应用程序中模块之间的耦合性，提高代码的复用率。当然，具体的实现没有这里描述得那么简单，对于初学者，理解这个概念会比较吃力，为了更好地理解它，需要通过一个例子来阐述。

假设有两个类：Human和Think。其中Human依赖于Think的一个实例来完成某些操作。利用Java语言常规的方式，Human通过new创建一个Think类的实例来获得这个操作。

而如果使用 IoC 的方式，Think 的一个实例是通过某个外部处理过程，在被调用时动态地传递给 Human。这种在运行时才注入依赖的行为方式还有一个更为贴切的名称——DI（Dependency Injection），即依赖注入。

所谓 IoC 的原理，其实就是以前依赖关系的注入方式发生了转移，甚至可以理解为反转。那么，为什么要反转？它的意义何在？

这个控制反转的提出，其主要目的是为了避免在编程过程中出现的一些不合理的现象，即上层模块依赖于下层模块。所以在 Spring 框架中，体现的设计原则为现实应该依赖于抽象，即模块应该依赖于抽象接口。

在模块设计时，上层的模块一般设计的是业务规则或业务逻辑，它是抽象的，应该具有复用性，不应该依赖于下层的实现模块。比如，上层模块设计的是一个定期发送信息的应用，与它相对应的下层模块是设计使用何种方式传递信息数据。如果上层模块直接执行下层模块中的业务方法完成信息的传递，那么这就是上层模块对下层模块产生了依赖。

为了让读者更清楚地理解上面的描述，这里采用代码的方式来实现这个信息传递的应用。假设上层模块的类为 SendData，下层模块为数据传递方法的类 DeliverTCP。具体代码如下。

```
…
public class SendData{
    //上层模块需要下层模块实例的某些部分,所以实例化下层模块的类
    private DeliverTCP deliver = new DeliverTCP( );
    …
    //定义上层模块自己的方法
    public void send( ){
    …
        //使用下层模块实例中的方法
        deliver. deliverByTCP( );
    }
}
…
```

在上面的例子中，显然上层模块的实现是依赖于下层模块的。如果对于信息传递的方式发生修改，由 TCP 协议方式改成 UDP 协议方式，那么这个例子中的代码是无法直接复用的，必须进行内容的修改才可以使用。如果按照 IoC 的思想进行依赖注入，这个业务应该如何实现？按照控制反转的原则，可以通过声明接口的方式把具体的传输数据的方法抽象出来，然后上层模块的类在调用传输方法时，调用这个接口中的抽象方法。根据实际情况重写这个抽象方法，通过一个设置方法选择具体的实现方法，完成具体的传输。具体的实现代码如下。

【例 9-1】 接口程序 DeliverMode. java 文件的代码如下。

```
//设计一个接口
public interface DeliverMode{
    public void deliverByPro( );
}
```

上面这个接口内容是具体传输方法的抽象方法的定义，写 SendData 类时，里面的方法可以是调用这个接口的抽象方法。显然，此时上层模块不依赖下层模块，而是依赖这个接口。重写的 SendData 代码如下。

【例 9-2】创建调用接口的类 SendData. java。

```
public class SendData{
      //生成一个接口的对象
      private DeliverMode deliver;
      //选择传输方式的具体实现方法——依赖注入
      public void setDeliverMode(DeliverMode deliver){
            this. deliver = deliver;
        }
      //定义上层模块自己的方法
       public void send(){
            …
            deliver. deliverByPro();
        }
}
```

上面的代码中，相当于实现了上层模块的重用性，因为里面的方法依赖的是一个接口的抽象方法，无论以后业务中的具体实现是使用 TCP 方式还是 UDP 方式，上层的代码都无须进行任何修改。当然，具体应用中还必须根据具体的情况实现接口 DeliverMode，重写 deliverByPro()方法。假设这里有两种传输方式，一种是 TCP 协议方式，另一种是 UDP 协议方式，则分别实现接口及重写传输方法。

【例 9-3】TCP 方式实现接口 TCPDeliver. java。

```
//以 TCP 协议方式传输实现的接口及方法
Public class TCPDeliver implement DeliverMode{
      Public void deliverByPro(){
            //输出字符串,实现了 TCP 方式
            System. out. println(" =========== this is TCPdeliver!=============== ");
        }
}
```

【例 9-4】UDP 方式实现接口 UDPDeliver. java。

```
//以 UDP 协议方式传输实现的接口及方法
Public class UDPDeliver implement DeliverMode{
      Public void deliverByPro(){
            //输出字符串,实现了 UDP 方式
            System. out. println(" =========== this is UDPdeliver!=============== ");
        }
}
```

通过这几组代码，基本上就可以实现控制反转的思想。在实际使用时，应用程序通过编写的配置程序来完成实际的调用工作。部分代码如下。

```
//使用 TCP 协议传输数据
SendData sd = new SendData();
sd. setDeliverMode(New TCPDeliver());
sd. send();

//使用 UDP 协议传输数据
SendData sd = new SendData();
sd. setDeliverMode(New UDPDeliver());
sd. send();
```

以上就是通过 Java 代码的方式实现的控制反转的基本思想。可以发现，把上层模块、接口及具体实现类编写完成之后，无论具体业务如何发展，这些代码都不需要进行任何修改，唯一需要根据情况修改的只有配置程序。这样就降低了模块间的耦合度，大大提高了代码的重用率，降低了维护的成本和难度。

在 Spring 中，就是按照这样的思路来进行程序设计的，不过它不需要写任何配置程序，而是通过一个相对简单的 XML 或 .properties 文件来更改配置。这就是 Spring 最核心的功能。

9.1.3 依赖注入的方式

请读者注意在 9.1.2 中介绍的重写 SendData 类中的代码，其中的一个方法 setDeliverMode(DeliverMode deliver)就是依赖注入的实现方式之一。通过 setXXX()的方式完成具体方法对接口方法的实现。这一步是整个 IoC 的实际体现。

实际上，有 3 种方式可以实现依赖注入，分别是：Setter injection（成员方法注入）、Constructor injection（构造函数注入）和 Interface injection（接口注入）。

（1） Setter injection

这种方式是通过在类中的一个方法来完成对具体业务方法的注入。如同 9.1.2 中重写 SendData 类中的方法一样，通过 setXXX()的形式来完成注入，这里不再赘述。

（2） Constructor injection

通过构造方法来完成依赖注入也是可行的一种方式。对于 Java 语言中的构造函数，在很多实际应用中都通过它来进行一些参数和方法的配置。同样，可以把依赖注入的动作放在构造函数中完成。以下为改写的 SendData 类，通过构造函数完成依赖注入。

```
//通过构造函数完成依赖注入
public class SendData{
    //生成一个接口的对象
    private DeliverMode deliver;
    //通过重写构造函数,实现具体的传输方法——依赖注入
    public SendData(DeliverMode deliver){
        this.deliver = deliver;
    }
    //定义上层模块自己的方法
    public void send(){
        …
        deliver.deliverByPro();
    }
}
```

（3） Interface injection

这种方式是把注入的过程也抽象成一个接口，在上层模块的实现中，让类去实现这个接口。通过重写这个接口中的方法来完成依赖注入。这种方式可以看作是对依赖注入的又一次抽象，在理解上有一定的难度。此外，这种把依赖注入的方法也抽象成接口，实际上会让上层模块的业务类对当前所在容器即框架的依赖性大大增加。如果要在其他容器或框架中复用这个类，其中的代码就必须要重写。这种注入方式与 Spring 框架的设计原则背道而驰，因此在实际应用中，不建议使用这种方式来进行依赖注入。这里不再举例。

📖 在实际开发中使用 Constructor injection 方式是完全可以的，而且使用这种方式可以在实例化对象的同时完成依赖关系的创建。但是 Spring 更倾向于开发者使用 Setter injection 实现依赖注入，它对现实应用情况的适应更好。比如，要建立的对象关系比较多，使用构造函数的方式会声明很多参数，不太方便，而使用 Setter injection 相对更方便一些，通过 setXXX( ) 的形式，在名称上更容易识别和记忆。

9.2 IoC 的主要组件

9.2.1 通过一个例子来了解 IoC

前面已经介绍过，Spring 的 IoC 是整个框架的核心。在 Spring 的所有包中，“org. springframework. beans” 和 “org. springframework. context” 这两个包实现了 IoC 的基础特性。相应的，IoC 包括以下几个组件。

- Beans 及其配置文件。
- BeanFactory 接口及相关的类。
- ApplicationContext 接口及相关的类。

对于初学者，必须先对 IoC 对应的组件有一定的了解，才可以开始进行基于 Spring 的程序设计。

下面通过一个实例来让读者了解创建 Spring 框架的过程，对依赖注入有一个实际的认识。这里把 9. 1. 2 节中的代码整合在一起，实现依赖注入的过程。

首先，创建一个 NetBeans 项目并命名为 springEX，项目类型仍为一个 Java Web 的 Web 应用程序。请注意在创建的最后一步的“框架”界面中，选择 Spring Web MVC 复选框，如图 9-2 所示。

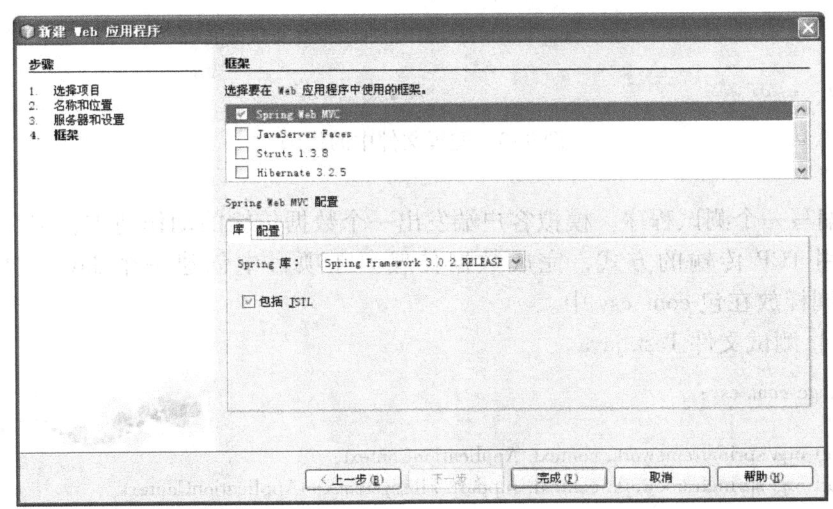

图 9-2 新建项目的框架对话框

接下来创建一个接口 DeliverMode. java，代码为【例 9-1】中的内容。创建方式与创建 Java 类的方式一样。创建这个文件的同时，创建一个包 com. csy，用来存放所有的测试类。

创建【例 9-2】～【例 9-4】的 3 个类文件，全部放在 com. csy 包中。

单击展开左边导航栏中项目里的 Web 文件夹，会发现里面多了两个文件。单击文件 applicationContext. xml，在这个文件中加入以下代码。

```
<!--把 bean,即两个不同协议的传输方式的类交给 Spring 容器来管理-->
<bean id = "tcpdata" class = "com. csy. TCPDeliver" > </bean >
<bean id = "udpdata" class = "com. csy. UDPDeliver" > </bean >

<!--类 SendData 中,具体的传输方法依赖 Spring 来进行注入。本例中通过 TCP 方式传输,因
此注入 tcpdata -->
<bean id = "senddata" class = "com. csy. SendData" >
<property name = "deliver" ref = "tcpdata" > </property >
</bean >
```

加入代码后的效果如图 9-3 所示。

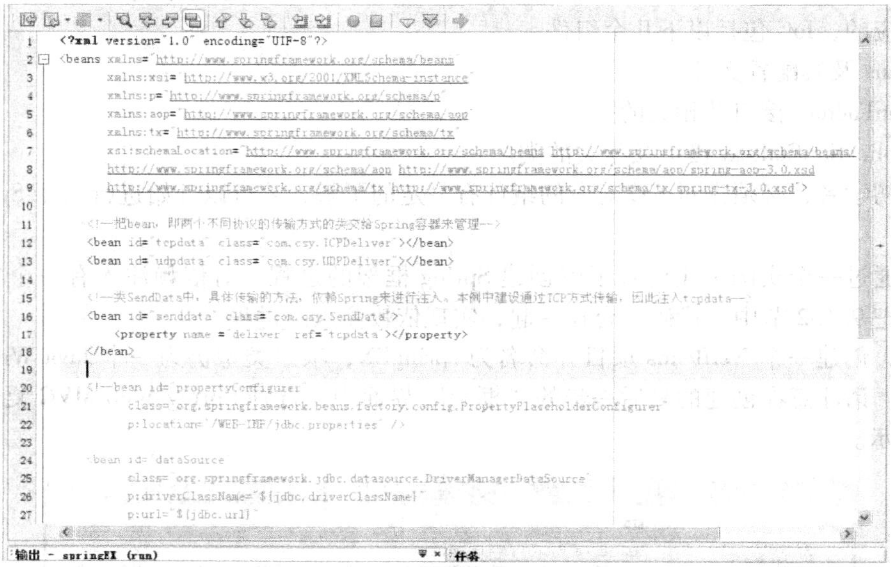

```
<?xml version="1.0" encoding="UTF-8"?>
<beans xmlns="http://www.springframework.org/schema/beans"
       xmlns:xsi="http://www.w3.org/2001/XMLSchema-instance"
       xmlns:p="http://www.springframework.org/schema/p"
       xmlns:aop="http://www.springframework.org/schema/aop"
       xmlns:tx="http://www.springframework.org/schema/tx"
       xsi:schemaLocation="http://www.springframework.org/schema/beans http://www.springframework.org/schema/beans/
       http://www.springframework.org/schema/aop http://www.springframework.org/schema/aop/spring-aop-3.0.xsd
       http://www.springframework.org/schema/tx http://www.springframework.org/schema/tx/spring-tx-3.0.xsd">

    <!--把bean, 即两个不同协议的传输方式的类交给Spring容器来管理-->
    <bean id="tcpdata" class="com.csy.TCPDeliver"></bean>
    <bean id="udpdata" class="com.csy.UDPDeliver"></bean>

    <!--类SendData中, 具体传输的方法, 依赖Spring来进行注入。本例中建设通过TCP方式传输, 因此注入tcpdata-->
    <bean id="senddata" class="com.csy.SendData">
        <property name = "deliver" ref="tcpdata"></property>
    </bean>

    <!--bean id="propertyConfigurer"
          class="org.springframework.beans.factory.config.PropertyPlaceholderConfigurer"
          p:location="/WEB-INF/jdbc.properties" />

    <bean id="dataSource"
          class="org.springframework.jdbc.datasource.DriverManagerDataSource"
          p:driverClassName="${jdbc.driverClassName}"
          p:url="${jdbc.url}"
```

输出 - springEX (run)　任务

图 9-3　配置文件中的代码

最后，编写一个测试程序。模拟客户端发出一个数据传输的动作请求，然后通过 Spring 的控制，采用 TCP 传输的方式，完成数据传输。在项目中创建一个 Java 文件并命名为 Test1. java。同样放在包 com. csy 中。

【例 9-5】 测试文件 Test. java。

```
package com. csy;

import org. springframework. context. ApplicationContext;
import org. springframework. context. support. FileSystemXmlApplicationContext;

public class Test1 {
    public static void main(String[] args) {

        //从文件系统中读取配置文件,载入上下文信息
```

```
        ApplicationContext factory = new FileSystemXmlApplicationContext("D:\springEX\web\applicationContext.xml");

        SendData senddata = (SendData)factory.getBean("senddata");
        senddata.send();
    }
}
```

完成上述代码编辑后，就可以进行测试了。右击 Test.java 文件名，运行文件。请读者注意，此时并没有编辑任何页面文件，也没有向客户端发送数据代码，仅仅是测试这个调用的方法，因此最后的结果是显示在 NetBeans 工具里的“输出”标签中。在这个测试中，假设采用的是 TCP 方式传输。所以，最后会显示出对应的字符串。程序的运行结果如图 9-4 所示。

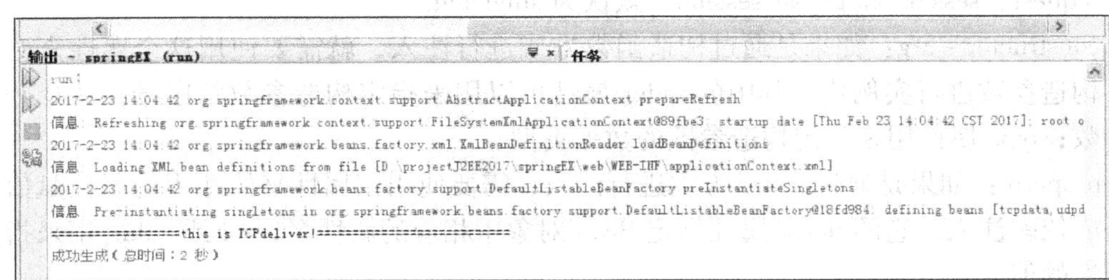

图 9-4　运行结果的显示

以上是一个依赖注入的实例。读者会发现，使用 Spring 框架的这个例子，并不需要去创建一个新的对象来完成对具体方法的选择，而是通过了一个 XML 文件完成了对 Bean 中类的封装，然后通过类 BeanFactory 完成了对 Bean 中类的调用。下面就来介绍 IoC 中的几个组件。

9.2.2　Bean

这里的 Bean 与前面第 3 章中介绍的 JavaBean 没有本质的区别，Spring 中的 Bean 是对 JavaBean 的一个强化，其实就是对类的更为严格和标准的一次封装。因此这里对 Bean 的创建与 JavaBean 中的创建是完全一样的。其中的成员属性是私有的，必须通过 getXXX()与 setXXX()方法来完成调用。

实际上，Bean 就是被 Spring IoC 这个容器所管理的对象。它的初始化及装配和管理都由容器来控制。不过在容器中，Bean 与 Bean 之间的依赖关系并不是通过 Java 代码来体现，而是通过配置文件来进行描述的。读者可以把整个 Spring 看成是一个家具厂，厂里的各种板材、五金件及工具就是它的 Bean。根据图纸的设计即配置文件，按照客户的实际需求，把这些 Bean 装配到一起。

就如前面的例子，Bean 负责对类进行封装，在配置文件中的写法与 JSP 中通过标记语言的方式调用 JavaBean 的方法类似。读者可查看一下 9.2.1 节中的 applicationContext.xml 文件。

此外，通过添加 Bean 自己的配置文件来对 Bean 进行配置，以便其他对象对这些类进行访问和调用，这是常见的一种方法。在配置文件中，最常用的就是 id/name 和 class 这两个属性，它们负责创建一个类的对象。其他属性是针对这个对象内的一些具体的描述和定义。Bean 主要属性如下。

- id：生成 Bean 对象的唯一标识符。对相关 Bean 的调用和管理都是通过这个属性来识别的。
- name：一个 Bean 对象在容器中有一个唯一的 id 与之对应，而 name 在这里相当于别名或昵称。因此，一个 Bean 对象可以有多个 name，甚至可以使用一些在 XML 中不合法的字符来命名。当给一个 Bean 对象添加多个名称时，名字之间可以用逗号或分号隔开。
- class：指 Bean 的具体实现的类文件。它的值必须是一个完整的类名，使用时是以类的全限定名的方式出现的。
- scope：指定 Bean 对象的作用域，有 5 种形式：singleton（单例）、prototype（原型）、request、session 和 global session，默认为 singleton。
- constructor - arg：如果是通过构造函数方式进行注入，就需要使用这个属性来对传入构造参数进行实例化。其中的 index 属性可以用来指定构造参数的序号，从 0 开始计数；type 属性用来指定构造参数的数据类型。
- property：如果是通过 setter 方式进行注入，需要使用该属性来给注入的属性赋值，完成依赖注入。它的 name 属性指定 Bean 对象中相应的属性名，ref 或 value 用来指定属性的值。
- ref：用于指定引用 Bean 工厂中某一个具体的 Bean 实例。一般与 constructor - arg 和 property 搭配使用。
- list/set/map：用于封装不同数据类型的依赖注入。

以上是 Bean 配置文件中最常用的一部分属性，但不是全部。对于初学者，先掌握这些属性即可，若想进一步学习可以再查阅相关资料。

9.2.3 BeanFactory

BeanFactory 接口最主要的职责是读取 Bean 的配置文件。前面已经介绍过，Spring IoC 的作用是以容器的形式对其中所有的类对象（即 Bean 的实例）进行统一的调配和管理。9.2.2 节中的 Bean 是被这个容器所管理的对象，这里的 BeanFactory 就是容器的具体代表者，负责对 Bean 进行装配和管理。

从类的关系上看，BeanFactory 是一个维护 Bean 定义及相互依赖关系的接口。系统通过这个接口来访问 Bean 的定义，然后使用它的相关方法来获取这个 Bean 的实例。BeanFactory 是一个顶级接口 org.springframework.beans.factory.BeanFactory。其中包含了对 Bean 进行管理和调配的方法。Spring 中的 org.springframework.beans.factory.xml.XmlBeanFactory 是该接口的实现类之一。日常业务中的大部分装配和管理 Bean 的常用方法如下。

- getBean(String name)：用于获取指定 Bean 中的 id，生成类对象。
- getBean(String name,Class requiredType)：用于获取指定 Bean 中的 id，生成类对象，同时把该对象类型转换成所指定 requiredType 的类型。

除了获取 Bean 实例的方法外，系统还提供了接口 org.apringframework.core.io.Resource 及其实现类 org.apringframework.core.io.FileSystemReaource，用于定位 Bean 的配置文件的位置，为 BeanFactory 读取 Bean 的配置文件服务。常用的方法如下。

- public FileSystemReaource(File file)：用于获取一个文件的对象。
- public FileSystemReaource(String path)：用于获取文件的路径及名称，以 String 类型的形式出现。

这里需要说明的是，String path 中的文件路径虽然是绝对路径，但不能用“\”表示，必须用“ \\ ”来表示路径的层次关系。举例如下。

```
Resource file = new FileSystemResource("D:\\projectJ2EE2017\\beansConfig.xml");
```

请读者注意，FileSystemReaource( )的两种不同的参数形式是有区别的，带“File file”参数表示已经获取到一个文件，直接通过调用文件名，定位对应文件。因此这个方法不能直接使用，需要先读取这个文件，这就需要使用 Java 系统提供的包 java. io. File 中的 File( )方法来先读取文件，再使用 FileSystemReaource(File file)方法。带“String path”参数表示先根据路径寻址，然后直接定位这个文件对象。

接下来，通过一个实例让读者对 Bean、BeanFactory 及相关配置文件有一个清楚的认识。这个实例先封装一个类到 Bean 中，里面有一个方法，向系统输出一个字符串。通过 Bean 的配置文件完成封装，然后编写一个测试程序，通过 BeanFactry 来装配这个 Bean 的实例，并且访问其中的方法，输出这个字符串。

首先，在项目中创建一个新的类文件 HelloWorld. java。过程与创建普通类文件一样，创建时新建一个包 BeanTest。创建完毕后，通过插入代码来添加 setter 与 getter 方法。代码如下。

【例 9-6】 类文件 HelloWorld. java。

```
package BeanTest;

public class HelloWorld{
    //创建一个私有的成员属性
    private String hw;

    //通过"插入代码"添加 setter 与 getter 方法
    public String getHw() {
        return hw;
    }

    public void setHw(String hw) {
        this.hw = hw;
    }

}
```

编写 Bean 的配置文件，右击项目名称，在弹出的快捷菜单中选择“新建”→“beans. xml(CDI 配置文件)”命令，如图 9-5 所示。如果在菜单中找不到这个选项，则选择“其他”命令，在弹出的对话框中寻找。

进入“新建 beans. xml （CDI 配置文件)”对话框后，根据提示输入文件名称及保存位置，这里的配置文件名为 beansconfig. xml，保存在 WEB - INF 文件夹之下。此外请记住这个文件的绝对路径，后面需要这个值来指向这个文件。具体配置如图 9-6 所示。

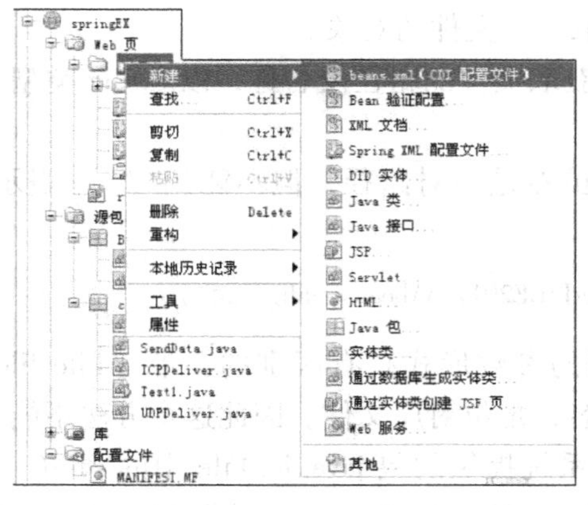

图 9-5　新建菜单

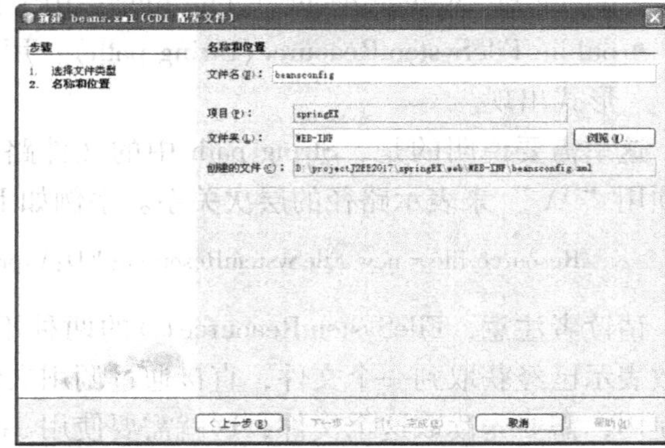

图 9-6　新建文件对话框

完成配置后，在工作区会自动打开这个文件，需要对其中的一些代码进行修改和添加。具体如下。

【例 9-7】 Bean 的配置文件 beansconfig. xml。

```
<?xml version="1.0" encoding="UTF-8"?>

<!-- 配置 Beans 的基本属性和格式 -->
<beans xmlns="http://www.springframework.org/schema/beans"
xmlns:xsi="http://www.w3.org/2001/XMLSchema-instance"
xsi:schemaLocation="http://www.springframework.org/schema/beans
    http://www.springframework.org/schema/beans/spring-beans.xsd">

<!-- 创建一个 Bean 的实例对象 -->
<bean id="helloW" class="BeanTest.HelloWorld">
<!-- 给对象的成员属性赋值 -->
<property name="hw" value="Hi! The amazing world!"/>
</bean>
</beans>
```

读者可以看到，这里使用了 <bean>、<id>、<property> 和 <value> 这几个属性，对照前面的介绍，这些代码就不难理解了。请注意，因为在程序 HelloWorld. java 中，成员属性 hw 是通过 setter 和 getter 方法来存取的，所以在配置文件中使用 <property> 来赋值；如果是通过构造函数来完成属性的存取，应该用 < constructor-arg> 进行赋值。读者可以自行尝试改写程序。

另外，请读者注意 beansconfig. xml 中的这部分代码。

```
...
<beans xmlns="http://www.springframework.org/schema/beans"
xmlns:xsi="http://www.w3.org/2001/XMLSchema-instance"
xsi:schemaLocation="http://www.springframework.org/schema/beans
    http://www.springframework.org/schema/beans/spring-beans.xsd">
...
```

这里看似和具体应用业务没有关系，其实是非常重要的部分。beans 是这个文件的根结点，其后是一些地址，这些地址是为了满足 Spring 将要引入的一些功能或配置。通过 beans 的引入，能够让这些地址变成符合 XML 要求的格式文件。可以近似地理解为 C 语言中的头文件。

- xmlns：是关于初始化 Bean 的格式文件地址，全称为 XML NameSpace，为 XML 的命名空间。xmlns 的作用与其他命名空间的作用差不多，主要用来区分不同的标签。在实际开发中，开发人员不止一个，有可能在设计时出现自己设计的标签与他人同名，所以需要加上一个命名空间来区分它们不同的来源，类似于 Java 中的 package。
- xmlns:xsi：是关于 XML 文件要遵守的一些规范。xsi 的全称为 xml schema instance，是指在 schema 资源文件中所有定义的元素应该遵守的规范，对 Bean 的初始化起到辅助作用。
- xsi:schemaLocation：是指本地文档即当前文档里的 XML 元素应该遵守的规范。这些规范都是由官方制定的。xsd 的网址还可以帮助用户判断使用的代码是否合法。不过一般要求在互联网状态下才可以使用，否则需要进行地址更改，直接引用本地自带的相关规范。

完成前两个文件的创建后，编写一个测试程序，验证一下 Bean 是否可以被调用了。仍然创建一个 Java 文件 SayHi.java。通过 BeanFactory 定位到对应的 Bean 文件，通过 getBean()方法完成对 Bean 的具体调用。

【例 9-8】Bean 的测试程序 SayHi.java

```
package BeanTest;

//import java.io.File;
import org.springframework.beans.factory.BeanFactory;
import org.springframework.beans.factory.xml.XmlBeanFactory;
import org.springframework.core.io.FileSystemResource;
import org.springframework.core.io.Resource;

public class SayHi {
    //File file = new File("D:\springEX\web\WEB-INF\beansConfig.xml");

    //通过 Resource 对象获取配置文件
    Resource file = new FileSystemResource("D:\springEX\web\WEB-INF\beansConfig.xml");

    //Resource rs = new FileSystemResource(file);

    //Bean 工厂读取配置文件
    BeanFactory context = new XmlBeanFactory(file);

    //ApplicationContextappCon = new ClassPathXmlApplicationContext("beansConfig.xml");

    //通过 getBean()方法调用 Bean 中的对象及方法
    HelloWorld Hi = (HelloWorld)context.getBean("helloW");

    System.out.println(Hi.getHw());

    //System.out.println(context.getBean("helloW"));
}
```

创建完毕后运行该文件，此时会在 NetBeans 底部的输出窗口中，看到在配置文件中设置的字符串被显示出来。具体效果如图 9-7 所示。

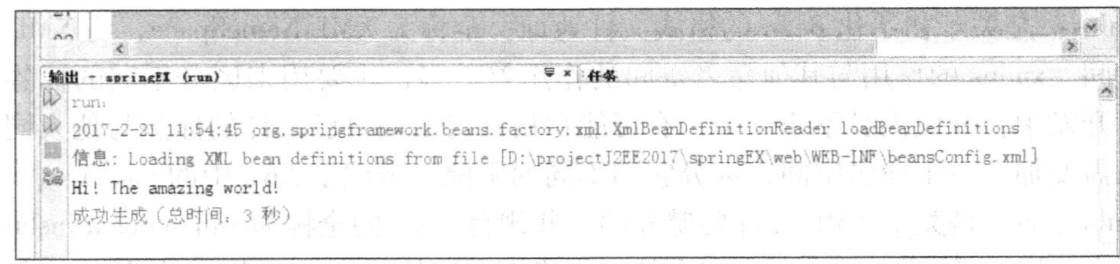

图 9-7　输出的结果

📖 前面介绍过 FileSystemReaource( )方法有两种参数形式，上面的代码中，加注释的部分是另外一种读取配置文件的方法，读者可以自行尝试，查看它们的不同。

9.2.4　ApplicationContext

ApplicationContext 称为应用上下文，它并不是一个顶级接口，而是 BeanFactory 的子接口，全路径为 org.springframework.context.ApplicationContext。它继承了 BeanFactory 的功能，同时还增加了一些有关框架方面的功能，使得它的功能更加丰富。主要表现在以下几个方面。

- 提供了更方便的资源文件的访问方法，如 URL 和文件。
- 可以载入多个上下文，这样可以做到每个上下文都专注于一个特定的层次。
- 支持国际化的消息访问。
- 具有事件监听机制，实现了 ApplicationListener 接口的 Bean。

ApplicationContext 接口也有两个属于自己的实现类，它们的类名及全路径分别为：org.springframework.context.support.FileSystemXmlApplicationContext 和 org.springframework.context.support.ClassPathXmlApplicationContext。它们的作用都是可以创造接口的实例，载入上下文定义信息，只是在载入方式上所有不同。

1）利用 FileSystemXmlApplicationContext 的构造方法，载入一个 ApplicationContext 文件中的上下文定义。通过直接访问配置文件的路径获取。代码如下。

```
ApplicationContext factory = new FileSystemXmlApplicationContext("D:\\springEX\\web\\applicationContext.xml");
```

2）利用 ClassPathXmlApplicationContext 的构造方法，实例化一个 XML 文件中的上下文定义。利用的是类的路径。代码如下。

```
ApplicationContext factory = new ClassPathXmlApplicationContext("applicationContext");
```

以上两种方式，从实现效果上来讲基本是一样的，没有区别。不过第二种方式默认使用的是包路径，看起来比较简单，但前提是文件就放置在系统默认的当前包中，否则就必须加上这个文件的包路径。因此这就要求使用者必须对自己的开发工具中的默认包路径非常熟悉，否则可能会发生找不到配置文件的情况。

除了获取上下文定义，还要调用上下文中的 Bean 实例。通过 ApplicationContext 的 getBean(String id)方法获得实例。例如 9.2.1 节【例 9-5】中的代码。

```
SendData senddata = (SendData)factory.getBean("senddata");
```

读者可以结合前面介绍过的程序实例，体会在 Spring 中如何使用 Bean 来完成对象的封装及依赖注入的实现。从原理上看，无论是使用 Bean 自己的配置文件，还是通过接口 ApplicationContext 来完成注入，原理都是一样的。但是从实现过程上来讲，更推荐使用 ApplicationContext 的方式。

在 Spring 中，决定注入什么样的内容，是通过对 XML 配置文件的读取来完成的，并且配置文件会初始化这个 Bean 对象。BeanFactory 与 ApplicationContext 的初始化过程是不同的，前者采用的是延迟加载的方式，即只有等到第一次调用了 getBean()方法来请求注入这个实例，BeanFactory 才会创建这个 Bean 对象；而 ApplicationContext 则是在本身初始化时，就一次性地创建了所涉及的所有 Bean 对象。

上面介绍的这个差异，在实现过程上会产生不同的结果。以 BeanFactory 注入实例，如果这个 Bean 实例有配置或内部错误，那么只有在这个实例被注入时才会发生，此时系统会直接抛异常，从而产生系统错误。而使用 ApplicationContext 方式，会在启动应用时就会被发现，从异常代价上说，后者小一些，也更容易维护和查找错误。

📖 由于 ApplicationContext 方式在启动时就要实例化所有的 Bean，因此它的启动时间比 BeanFactory 方式长。但从程序的强壮性来看，选择 ApplicationContext 方式会更好。

9.3 Spring MVC

9.3.1 Spring MVC 的工作原理

Spring MVC 是基于 Spring Core 的一个更接近应用层面的框架，基于依赖注入的方式来实现对 Web 架构的布局和实现。正是由于 Spring MVC 的框架，使得它可以从数据持久层到表示层都有对应的组件来进行实际的开发工作，而且具备高度的独立性和灵活性。同时，Spring MVC 还可以很好地直接调用其他框架，实现几乎无缝的对接。

从本质上来看，Spring MVC 实际上是围绕着 DispatcherServlet 即前端控制器来进行工作的，即通过 Dispatcher Servlet 来处理所有的请求，调用相关的控制器来完成具体的工作。所以，也可以近似地认为，Spring MVC 实际上是一个以 Servlet 为核心的框架。

Spring MVC 框架主要包含以下几个组件。

- 前端控制器（DispatcherServlet）。
- 处理器映射（Handler Mapping）。
- 视图解析器（View Resolver）。
- 页面控制器 Controller 接口。
- ModelAndView 类。
- 处理器拦截器（Handler Interceptor）。

其处理过程如图 9-8 所示。当一个客户端发出访问请求后，这个请求被提交到前端控制器。由前端控制器查询一个或多个处理器映射，找到适合的页面控制器，前端控制器会将请求提交到 Controller。Controller 调用业务逻辑处理后，会返回一个 ModelAndView 对象。前端控制器会根据这个对象查询一个或多个视图解析器，找到 ModelAndView 指定的视图进行

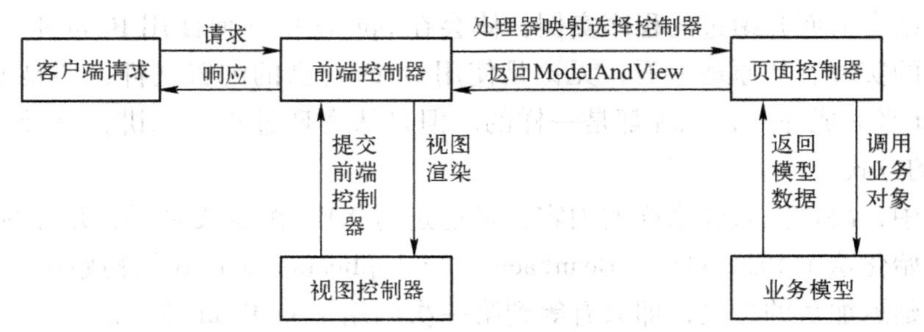

图 9-8　Spring MVC 处理过程

渲染。最后前端控制器会把这个视图发送给客户端。

这里 Controller 的业务处理完全是按照 Spring IoC 的方式进行注入的，也就是说对于视图和模式对象的选择完全是按照一般的 Bean 方式进行管理的。对于注入何种对象，只需要在对应的 XML 文件中进行设置即可。

这种工作方式具备以下几个特点和优势：

- 配置灵活，独立性强。所有的类以 Bean 来看待，通过 XML 进行配置。
- 结构更加明晰，便于设计出更简洁的表示层。
- 由于模型数据不是放在 API 里，而是放在一个 Model 里，因此非常容易与其他视图技术集成。
- 更加自由的实现方式，既可以使用系统提供的控制器和实现类，又可以采用自己的控制器接口。

9.3.2　创建一个 MVC 项目

由于使用了依赖注入的方式，表示层的调用并不像之前学过的那样，通过直接载入页面文件的方式来进行，而是通过配置文件的指定进行注入，所以读者在学习这部分内容时一定要通过实例来了解。下面就通过一个实例来演示如何创建一个简单的 Spring MVC 项目框架。

首先，创建一个新项目，项目类型与类别仍然是 Java Web 的 Web 应用程序。项目名称为 SpringExMVC。在“服务器和设置”界面中，使用 Apache Tomcat 7.0.14.0 服务器，如图 9-9 所示。

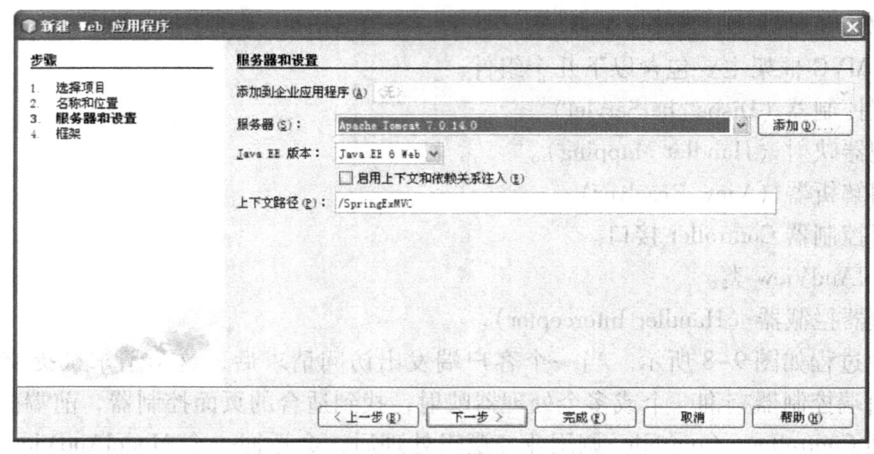

图 9-9　“服务器和设置”界面

然后单击“下一步”按钮，在“框架”界面中选择 Spring Web MVC 选项。单击“完成”按钮，完成项目的创建。此时读者可以单击 NetBeans 工具栏中的“▷”按钮，直接运行项目。观察在没有对项目进行更改的情况下，项目的运行效果。

项目运行后，会自动打开浏览器，在页面中显示一个开始页面，如图 9-10 所示。请注意地址栏的访问地址“http://localhost:8084/SpringExMVC/index.htm”。这里的端口号变成了 8084，这是由于选择了 Tomcat 服务器。最后的部分为 index.htm，读者可以在导航栏中展开本项目，查看一下文件列表。在文件列表中并没有这个页面文件。那么，这个文件是如何调用的呢？

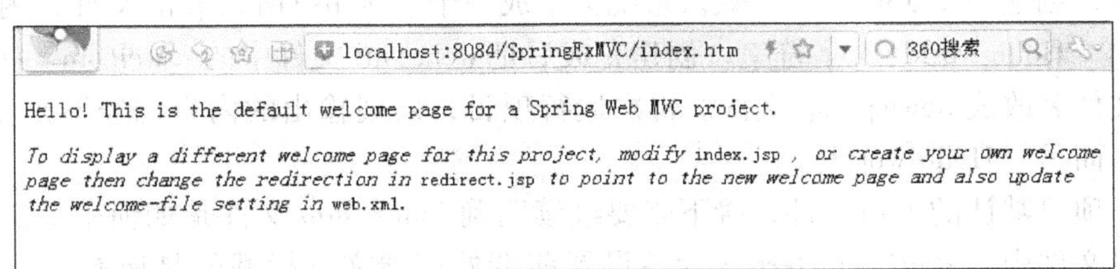

图 9-10　项目的默认首页

这里需要先查看一下相关的几个文件。先打开 web.xml 文件，如图 9-11 所示。查看代码会发现像前面介绍的那样，所有的页面请求会被一个前端控制器拦截，这是一个用 Servlet 写成的文件。这个 servlet 文件对应的类的全限定名称为 org.springframework.web.servlet.DispatcherServlet。此类包含在创建项目时添加到项目类路径的 Spring 库中。

代码中的 url - pattern 表示哪些请求交给 Spring Web MVC 来处理，这里的“ * .html”表示拦截所有以 .html 为扩展名的请求。也可以设置为“/”，它表示拦截所有请求。

```
        <param-name>contextConfigLocation</param-name>
        <param-value>/WEB-INF/applicationContext.xml</param-value>
    </context-param>
    <listener>
        <listener-class>org.springframework.web.context.ContextLoaderListener</listener-cla
    </listener>
    <servlet>
        <servlet-name>dispatcher</servlet-name>
        <servlet-class>org.springframework.web.servlet.DispatcherServlet</servlet-class>
        <load-on-startup>2</load-on-startup>
    </servlet>
    <servlet-mapping>
        <servlet-name>dispatcher</servlet-name>
        <url-pattern>*.htm</url-pattern>
    </servlet-mapping>
```

图 9-11　web.xml 配置文件代码 1

继续向下查看 web.xml 文件，可以看到 < welcome - file - list > 标签，作用是设置项目入口文件，默认的文件名为 redirect.jsp，如图 9-12 所示。

```
    <welcome-file-list>
        <welcome-file>redirect.jsp</welcome-file>
    </welcome-file-list>
</web-app>
```

图 9-12　web.xml 配置文件代码 2

当运行项目时，默认是从 redirect. jsp 文件开始执行。那么为什么上面运行的页面并不是这个文件呢?

查看 redirect. jsp 文件的代码就会发现，文件中有一个重定向语句，该重定向语句把请求直接指派到另一个文件 index. htm。

```
<% response. sendRedirect( " index. htm" ) ;% >
```

也就是说，当项目启动后，根据配置文件，默认首先请求访问 redirect. jsp 文件，而这个文件本身没有内容，只是把请求指派到了一个名为 index. htm 的文件。这里可以对项目进行一下修改，创建一个 JSP 文件，默认系统会生成一个名为 newjsp. jsp 的文件，内容是在浏览器中输出 “Hello world!” 字符串。创建完成后把 web. xml 文件中的 <welcome - file - list> 标签中的文件名改成 newjsp. jsp 文件。再次运行项目，发现输出的内容已经不是图 9-10 所示的内容，而是 “Hello world!”。

明确了项目默认的入口文件，接下来要继续明确 index. htm 文件是如何来的。请读者注意，在配置文件中，<url - pattern>标签设置前端处理器文件拦截的是所有 “ * . htm” 文件。当 redirect. jsp 重定向指派到 index. htm 文件后，就被前端控制器截获，那么接下来这个控制器 DispatcherServlet 会通过对应的配置文件 dispatcher - servlet. xml 来进行处理。打开这个配置文件可以看到以下代码，如图 9-13 所示。

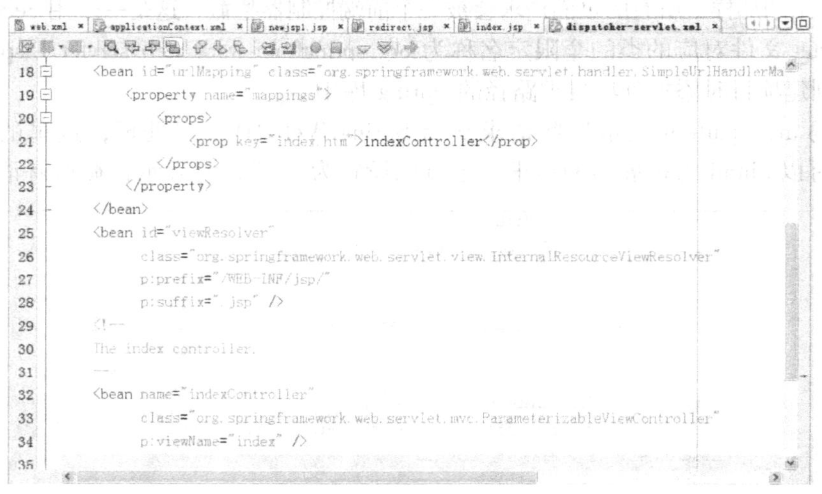

图 9-13 dispatcher - servlet 文件代码

在这个配置文件中定义了 3 个 Bean：indexController、viewResolver 和 urlMapping。当 DispatcherServlet 收到与 “ * . htm” 匹配的请求，如 index. htm 时，它会首先在 urlMapping 中查找可以容纳这个请求的控制器。从图 9-13 可以看到，urlMapping 中的 mappings 属性已经把 “/index. htm” 链接到 indexController。而这就是图 9-13 中的第三个 Bean。

接下来系统将搜索名为 indexController 的 Bean 定义，这个定义由框架项目提供，而且 indexController 扩展了 ParameterizableViewController。Parameterizable View Controller 是由 Spring 提供的另一个类，只返回一个视图。在这个 Bean 定义中，“p:viewName = " index" ” 指定逻辑视图名称。

另一个 Bean——viewResolver 的作用是给这个视图的名字加上完整的路径和扩展名。通过加前缀 /WEB - INF/jsp/ 及加后缀 . jsp 来解析这个名称。也就是说，运行项目时，系统环境会在应用程序目录中查找该文件。这个文件的完整路径及名称为“/WEB - INF/jsp/index. jsp”。展开 NetBeans 工具左侧导航栏中的“/WEB - INF/jsp/”会看到在下面有一个名为 index. jsp 的文件，而该文件的内容正是图 9-10 中显示的内容。

通过对这个项目的创建和运行，读者会发现，基于 Spring MVC 的项目，页面文件的调用并不是那么直接，需要通过配置文件的指定，即注入的方式来决定。这样做可以极大地降低文件之间的耦合度，进一步提高代码的独立性。同时，所有的类对象全部由 XML 文件来配置，灵活度极高。

📖 系统默认前端控制器的 XML 文件名格式为/WEB - INF/[servlet - name] - servlet. xml，但是开发者也可以根据自身的实际情况，重新命名和创建这个文件。

9.3.3 配置自己的页面文件

前面一节是通过默认的配置生成了一个项目，接下来介绍如何自己添加内容。在项目的开始页中添加一个链接，单击该链接即可进入自己创建的一个页面，这个页面会输出一个问候语。

首先，打开配置文件 dispatcher - servlet. xml，在后面加入一个新的 Bean，如图 9-14 所示。这相当于在配置文件中注册了一个全限定名为 cy. firstController. First 的 Java 类，该类可用作页面控制器。这个包及相应的类文件要在后面实现。

```
    <bean name="indexController"
          class="org.springframework.web.servlet.mvc.ParameterizableViewController"
          p:viewName="index" />

    <!-- The controller create by cuiyan -->
    <bean class="cy.firstController.First" />

</beans>
```

图 9-14　添加新的 bean

然后，创建对应的控制器文件。以 Java 类的方式创建该文件，并生成文件中相同路径的包，代码如图 9-15 所示。

```
/**
 *
 * @author CuiYan
 */
@Controller
public class First {
    @RequestMapping
    public String echo(
            @RequestParam("name")String name,
            HttpServletRequest request,
            Model model){
        model.addAttribute("name", name);

        return "sayHi";
    }
}
```

图 9-15　控制器的代码

📖 这里使用了注释的方法来完成控制器文件的创建，由于篇幅所限，有关注释的概念和用法不能开辟专门的章节进行介绍。对此不熟悉的读者，可以自行查阅相关材料。

上面的代码中使用注释“@ Controller”表示这里是一个控制器。使用注释的好处是不需要直接实现或间接继承接口 org. springframework. stereotype. Controller，而可以使用它的所有功能。卸载方法定义前的注释“@ RequestMapping”的作用是具体指定 list( )方法来处理请求。这相当于让当前的这个类（POJO）扩展了 Spring 预定义的 Controller（如 SimpleForm-Controller 等）。

📖 POJO（Plain Ordinary Java Object）即简单的 Java 对象，实际就是普通 JavaBeans，是为了避免和 EJB 混淆所创造的简称。如果在类声明处添加标注“@ RequestMapping”，相当于让 POJO 实现了 Controller 接口。

代码中第 26 行，返回了一个 sayHi。这里是指具体的 JSP 文件的名称，也就是 Controller 最后会提交一个名为 sayHi. jsp 的文件给前端控制器，因此这个文件也需要创建出来。

在“/WEB - INF/jsp/”目录下，创建 sayHi. jsp 文件，代码如图 9-16 所示。其中第 15、16 行代码使用了表达式的方法来获取 First 文件中所提交的参数 name 的值。

```
4       Author :    CuiYan
5   --%>
6
7   <%@page contentType="text/html" pageEncoding="UTF-8"%>
8   <!DOCTYPE html>
9   <html>
10      <head>
11          <meta http-equiv="Content-Type" content="text/html; charset=UTF-8">
12          <title>第一个自己的页面</title>
13      </head>
14      <body>
15          <h1>Hi ${name}!</h1>
16          <h2>${param.name}欢迎你来到Spring的世界！</h2>
17      </body>
18  </html>
19
```

图 9-16　sayHi 页面的代码

接下来，给默认的入口文件添加一个超链接，进入首页后，通过单击链接地址，访问到自己定义的页面文件。打开 index. jsp 文件，在 <body>标签的末尾添加以下代码。

```
<ahref = "first/list. htm? name = Frank" >从这里开始！ </a>
```

这里通过重写 URL 的方式给参数 name 赋了一个名为 Frank 的值。完成上述编辑后，就可以运行项目了。单击运行项目按钮，此时首页会多一个“从这里开始!”的超链接，如图 9-17 所示。

单击“从这里开始!”超链接后，跳转至之前创建的 sayHi. jsp 文件，效果如图 9-18 所示。

请读者注意浏览器的地址栏中所请求的文件是 list. htm，与 index. jsp 文件中在 <body> 标签里加入的超链接地址一致，而现实的内容却是 sayHi. jsp，这是为什么？

这里的 list. htm 其实并不存在，同样在单击超链接时，由于是以 . htm 结尾，被前端控

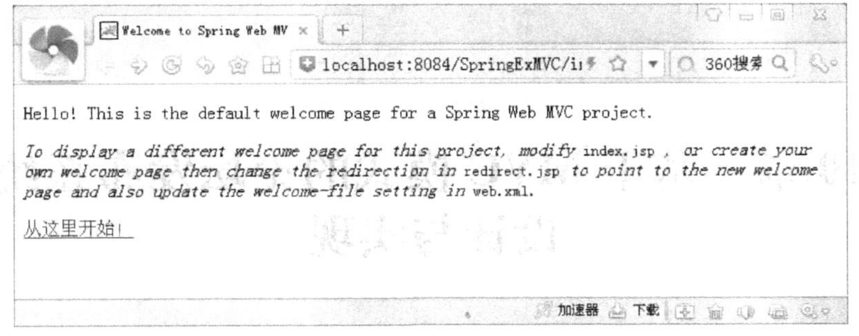

图 9-17　项目开始页

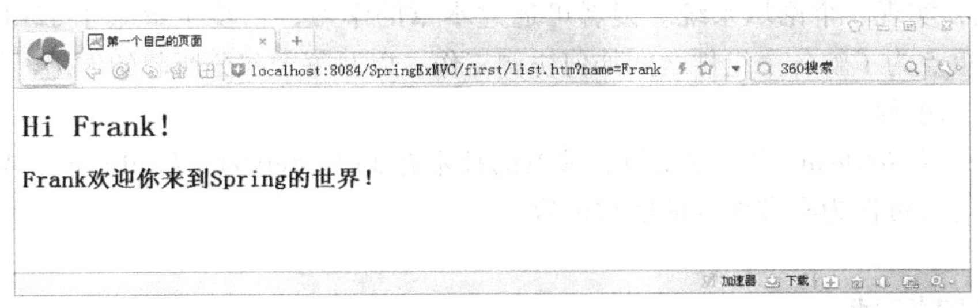

图 9-18　最后的显示效果

制器拦截了，之后根据配置文件 dispatcher - servlet. xml 交给了刚才创建的控制器文件 First. java。这里的 list( ) 方法被调用，传递了 name 参数，同时返回了一个名为 sayHi 的页面文件。此时，控制权再度交给配置文件 dispatcher - servlet. xml，通过 viewResolver 设置的路径“/WEB - INF/jsp/”及扩展名“. jsp”，加上 list( ) 方法返回的 sayHi，最后获得了一个访问的完整路径：“/WEB - INF/jsp/sayHi. jsp”，之后服务器便调用了这个文件，于是就看到了最后的页面内容，但是请求的地址仍然是 list. htm。

通过这个实例读者可以发现，其实创建一个页面需要 3 个部分的配置：配置文件 dispatcher - servlet. xml、控制器 Contrller 和页面文件。这里最关键的是控制器的实现。在上面的这个实例中，使用了注释的方式。在实际配置中，还可以通过实现或间接继承 Controller 接口的方式创建这个控制器文件，其形式有很多种。

除了直接实现 Controller 接口外，Spring MVC 框架还提供了许多 Controller 的实现类供开发者选择，如 AbsrtactController、MultiActionController、BaseCommandController、AbstractCommandController、AbstractFormController 和 SimpleFormController 等。由于篇幅所限，这里不再进行详细介绍，读者可以自行查阅相关资料进行学习。

9.4　思考与练习

1）Spring 的 IoC 是指什么?

2）BeanFactory 在 Spring 中所起到的作用是什么?

3）什么是 Spring MVC?

4）尝试创建一个 Spring 框架的项目首页。

第 10 章　基于 MVC 模式的论坛发布系统的设计与实现

本章将介绍一个小项目的开发实例，不使用任何框架，采用三层程序的架构，基于 MVC 的模式，实现一个论坛系统。读者可通过本章的学习，初步了解基于 J2EE 的项目开发。本章的重点为了解各个组件之间如何协调工作，以及每个部分所起的作用，初步掌握基于 Web 的应用编程。

这个项目以 NetBeans 为开发工具，涉及的技术有 JSP、Servlet、JavaBean 及 MySQL 数据库。本章的内容可作为实训课程的实践内容。

10.1　项目概述

本项目是基于 Web 三层开发模式，实现一个以论坛为核心功能的应用系统。由于并不是实际的项目，所以没有进行需求分析阶段的工作，而是对普通论坛都必须具备的一些功能进行了设计。主要功能如下。

1）用户登录与退出。

2）身份验证与识别。

3）用户浏览帖子。

4）用户发帖及回帖。

5）新用户注册。

其中，用户分为两种角色：普通用户和管理员。管理员有权查看用户的信息并进行用户的管理。读者可以按照本章的内容进行开发，最后就可以得到一个比较完整的论坛系统。

📖 这里的设计和代码仅仅是一个参考。读者可以根据自己的理解，修改本章的设计结构与参考代码。但希望读者在设计实现时，尽量依照 MVC 的开发模式进行分层，否则基于 J2EE 的架构就没有意义。

10.2　概要设计

从功能模块的角度来分析，这个系统主要包括下列 3 个功能模块：用户身份模块、论坛发帖模块和系统管理模块。用户身份模块包括用户的登录与退出、新用户的注册等功能；论坛发帖模块包括用户发新帖、回复帖子等功能；系统管理模块包括用户信息的管理、身份认证等功能。身份认证是一个简单的权限控制，这里设计的主要功能是防止非登录用户直接发帖或回帖，以及非管理员用户进入管理员界面进行管理操作。具体设计如图 10-1 所示。

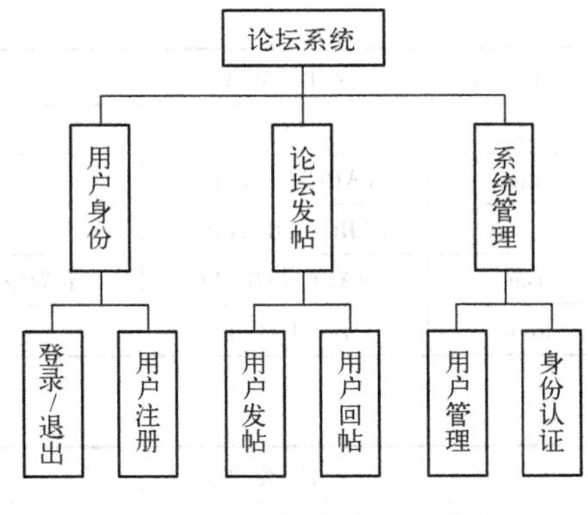

图 10-1　论坛的功能模块图

该系统计划采用 MVC 模式。为了便于读者理解和学习，这里没有使用复杂的框架，只是使用了 JSP、JavaBean 及 Servlet 组件等来实现。项目中设计 Servlet 充当控制层的角色，负责响应表示层发来的信息请求并且调用相关文件进行回应；JSP 主要负责表示层的页面生成与响应；通过 JavaBean 的实例方法，访问数据库的后台数据，并提供给 Servlet 所指向的 JSP 页面。

10.3　详细设计与编码实现

10.3.1　数据库的设计

根据前面的分析和设计，本系统设计了 4 个数据表来支持前端的功能。分别是用户信息表 userInfo、账户清单表 userList、发帖表 title 及回帖表 reInfo。用户信息表中存放的是用户的基本信息，账户清单表中存放的是用户的登录名和密码。在论坛中所有的发帖和回帖的相关数据将会保存在发帖表和回帖表中。这里使用 MySQL 作为项目的数据库进行数据实现，数据库名为 cuiyan。

用户信息表 userInfo 如表 10-1 所示。

表 10-1　用户信息表

字 段 名	字 段 类 型	约 束 条 件	含　义
id	INT	主键,自动编号	每个用户赋予一个唯一编号
useID	VARCHAR(8)	唯一	用户的登录名
uname	VARCHAR(20)		用户昵称
ssex	VARCHAR(2)		用户性别
phone	VARCHAR(11)		联系电话

账户清单表 userList 如表 10-2 所示。

表 10-2　账户清单表

字 段 名	字 段 类 型	约 束 条 件	含　义
useID	VARCHAR(8)	主键	用户的登录名
password	VARCHAR(8)		用户密码

发帖表 title 如表 10-3 所示。回帖表 reInfo 如表 10-4 所示。

表 10-3　发帖表

字　段　名	字段类型	约束条件	含　　义
id	INT	主键,自动编号	每个帖子赋予一个唯一编号
title	VARCHAR(45)	不为空	帖子名称
content	VARCHAR(1000)	不为空	帖子内容
user	VARCHAR(8)	不为空，外键，参照 userList. useID	发帖用户登录名
dtime	DATETIME		发布时间

表 10-4　回贴表

字　段　名	字段类型	约束条件	含　　义
id	INT	主键，自动编号	每个回帖赋予一个唯一编号
title_id	INT	不为空，外键，参照 title. id	被回复的帖子 ID
recontent	VARCHAR(1000)	不为空	回复内容
user	VARCHAR(8)	不为空，外键，参照 userList. useID	回帖用户登录名
redtime	DATETIME		回帖时间

完成数据库基本表的创建后，在项目中添加 MySQL 数据库的驱动程序，以保证前端程序可以顺利地访问这个数据库。

10.3.2　创建数据访问公共模块

任何前端程序在访问数据库时，都需要先进行数据库的连接，生成一个连接对象，然后通过具体的访问方法完成对数据库的操作。本系统是论坛业务，会发生大量的访问数据库的业务操作。因此，这里首先创建一个名为 conn. java 的类文件，通过这个类文件统一生成连接数据库的 Connection 对象。这个类封装在 JavaBean 中，可以被其他组件调用。这样就相当于进行了业务控制与数据访问的代码分离。其他文件在访问数据库时，直接实例化这个 conn. java 中的类就可以生成连接对象。

创建这个类文件之前，首先创建一个 Web 项目，读者可自行命名，这里的项目名为 j2eeBBS。然后添加 MySQL 数据库驱动程序。接下来就可以创建 conn. java 文件了。为了方便项目中类文件的管理，创建这个文件的同时生成一个项目的源包 com. csy。以后所有的 Java 类文件及 Servlet 文件都可以放在这个包里。具体代码如下。

```
…
package com.csy;//定义一个源包,所有的 Java 类文件都放在这个包里
import java.sql.*;

public class conn {
    public static Connection acquireConnection() throws ClassNotFoundException,SQLException{
        Connection connection = null;
    try{
        try{
            Class.forName("com.mysql.jdbc.Driver").newInstance();
        }catch(InstantiationException e){
            e.printStackTrace();
        }catch(IllegalAccessException e){
            e.printStackTrace();
```

```
            }
            /*建立连接对象*/
            String url = "jdbc:mysql://localhost:3306/cuiyan? user=root&password=123456";
            connection = DriverManager.getConnection(url);
        } catch(ClassNotFoundException e) {
            e.printStackTrace();
            throw e;
        } catch(SQLException e) {
            e.printStackTrace();
            throw e;
        }
        return connection;
    }
}
```

10.3.3 登录模块

登录模块需要访问数据库，整体的算法是通过界面用户输入用户名和密码，然后通过控制程序把这两个参数送入数据库进行查找。如果找到了符合的数据，则返回一个真值，系统进入登录成功的页面；如果没有找到，系统返回一个假值，跳转到重新登录的页面。

要实现上述功能，需要完成以下几个步骤。

（1）生成数据库访问的文件

为了符合 MVC 的编程模式，将项目中所有对数据库的记录操作的方法都放在这个文件里。任何程序都可以根据需要调用这个文件中的具体方法。将该文件命名为 recoCtrl.java。通过其中的 identity 方法，完成数据库的用户名和密码的比对工作，该方法会返回查找的结果集。请注意，这里并不是访问数据库数据的具体查询方法，而是调用数据库和接收用户传递参数的方法，并且通过这个方法把查询的结果集返回给控制文件，由控制文件来判断是否允许用户登录。

recoCtrl.java 文件的具体代码如下。

```
package com.csy;
import java.sql.*;
public class recoCtrl {
    Connection con = null;

    public recoCtrl() {
        conn conn = new conn();        //在构造函数中调用 JavaBean 文件 conn 类来注册数据库
        try {
            con = conn.acquireConnection();

        } catch(ClassNotFoundException e) {
            // TODO catch
            e.printStackTrace();
        } catch(SQLException e) {
            // TODO catch
            e.printStackTrace();
        }
    }
//访问数据库的具体方法
```

```
    public ResultSet identity(String sql,Object[] o){
            ResultSet rs = null;
            try {
                PreparedStatement pstmt = con. prepareStatement(sql);
                for(int i = 0;i < o. length;i ++){
                    //通过对象数组传递用户名和密码
                    pstmt. setObject(i + 1,o[i]);
                }
                rs = pstmt. executeQuery();

            } catch(SQLException e){
                System. out. print("数据库操作出错!");

            }
            return rs;
        }
    ...
    }
```

📖 通过重写构造方法，直接调用前面的公共模块完成数据库的注册连接。这样，这个文件的其他方法都可以只专注于数据库具体访问方法的编写了。

（2）使用 Servlet 创建访问控制程序

接下来生成一个实现登录的 Servlet 控制文件，文件名为 login. java。该文件主要负责接收页面传入的用户名和密码，调用数据库连接方法。通过这个方法把访问数据的 SQL 语句传递到数据库管理系统中并执行语句，实现对用户有效性的检验。最后根据结果跳转至成功登录页面或者失败登录页面。登录成功的同时生成一个 session 保存用户名，为后面的身份识别做准备。右击项目名，在弹出的快捷菜单中选择“新建 Servlet 文件”命令，在代码模板中重新定义 doPost()方法。具体代码如下。

```
    public class login extends HttpServlet {

    ...
        @Override
        public void doGet(HttpServletRequest request,HttpServletResponse response)
                throws ServletException,IOException {
            doPost(request,response);

        }

        @Override
        public void doPost(HttpServletRequest request,HttpServletResponse response)
                throws ServletException,IOException {
            request. setCharacterEncoding("UTF-8");
            response. setContentType("text/html;charset = UTF-8");//解决中文乱码问题
            PrintWriter out = response. getWriter();
            String username = request. getParameter("userID");
            String password = request. getParameter("password");
```

```
/*判断用户是否输入空用户名或者用户名超长,如果超长则返回登录页面再进行验证*/
        if(username == "" || username == null || username.length() > 20) {
        out.println(username + "用户名不能为空或者长度超过 20 位!!! <br> <a href = 'login2.html' > 重新登录 </a>");
        //判断输入的密码及其长度是否符合要求
        } else if(password == "" || password == null || password.length() > 20) {
        out.println("密码不能为空或者长度超过 20 位!!! <br> <a href = 'login2.html' > 重新登录 </a>");

        } else {

        String sql = "select * from userlist where userID = ? and password = ?";

        Object[] o = new Object[2];
        o[0] = username;
        o[1] = password;
        recoCtrl d = new recoCtrl();
        ResultSet rs = d.identity(sql,o);
        try {
                if(rs.next() == true) {
                //通过会话管理保持登录状态
                request.getSession().setAttribute("username",username);
                response.sendRedirect("success.jsp");
            } else {
                response.sendRedirect("failure.jsp");
            }
        } catch(SQLException e) {
            e.printStackTrace();
        }
    }
}
```

📖 请注意 try 语句中的这段代码："request.getSession().setAttribute("username",username);"通过会话技术保存登录时的用户名，这不仅可以在登录后页面显示用户名称，而且可以用来识别当前请求是否为已登录用户。后面的身份识别，也会借助这个会话来进行有效性的判断。

（3）创建登录页面文件

设计一个登录页面，既可以是 JSP 文件，也可以是静态的 HTML 文件，只需要有用户名、密码，以及“提交”和“重置”两个按钮即可，注意输入的参数及 action 的名字和值要与 Servlet 文件里的相关参数值相对应。代码从略。效果如图 10-2 所示。

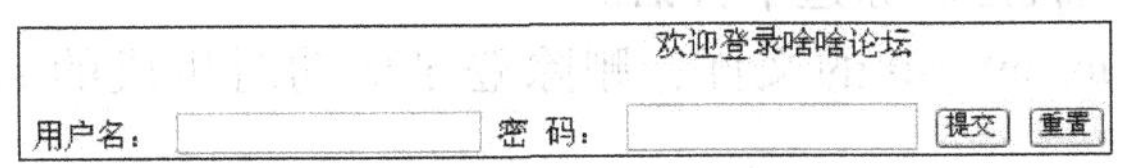

图 10-2　登录界面效果

生成对应的登录成功的 JSP 文件 success.jsp 和登录失败的 JSP 文件 failure.jsp。登录成功文件为论坛的首页，里面可以设计一些能够跳转到其他模块页面的链接。在生成的 JSP 模板文件中重写 body 的内容，具体代码如下。

```
…
<body>
<%
        String username = (String)session.getAttribute("username");
    %>
<h1>欢迎:<font color="red"><%=username%></font>的到来 J2EE 实验项目练习</h1>
<br>
进入论坛直接发帖！请单击<a href="addReco.jsp">这里</a><br><br>
查看论坛列表请单击<a href="list.jsp">这里</a><br><br>
查看论坛用户详细信息(仅管理员进入)请单击<a href="userinfo.jsp">这里</a><br><br>
<a href="logout.jsp">安全退出</a>

</body>
…
```

上面代码的运行效果如图 10-3 所示。

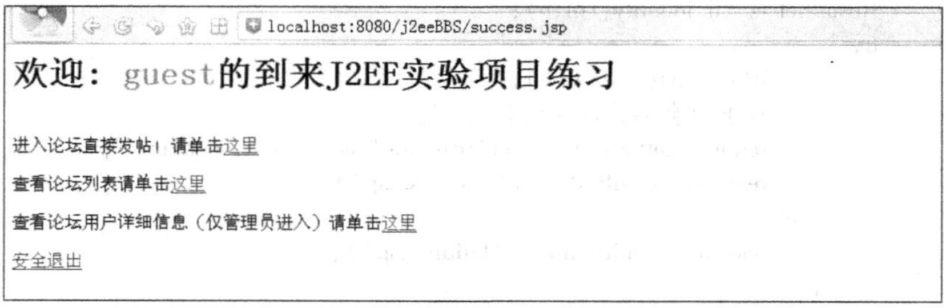

localhost:8080/j2eeBBS/success.jsp

欢迎：guest的到来J2EE实验项目练习

进入论坛直接发帖！请单击这里

查看论坛列表请单击这里

查看论坛用户详细信息（仅管理员进入）请单击这里

安全退出

图 10-3　登录成功界面效果

📖 要测试登录成功页面，可以通过先打开登录页面，完成登录跳转到该页来进行测试，否则直接打开该页面，用户名会显示为空。这里已经事先在数据表中添加了一个用户名为 guest、密码为 guest 的普通用户。

登录失败的 JSP 页面很简单，提示登录失败，再给出链接重新登录即可，此处代码从略，页面效果如图 10-4 所示。

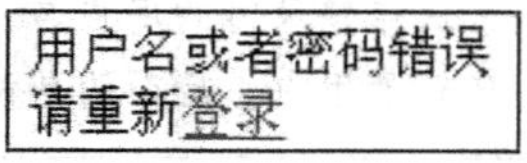

用户名或者密码错误
请重新登录

图 10-4　登录失败界面效果

（4）生成退出动作

任何一个系统，有登录就一定有与之对应的退出。这个动作虽然从应用的角度来看很简单，就是回到登录前的界面，但实际上是删除用户的登录状态。这就需要设计者根据系统中保持登录状态的情况，在退出时有针对性地做出删除登录状态的动作。在本系统中，是通过一个会话保存用户名的方式来标识登录状态，因此，退出系统就是删除这个会话。

通过生成一个名为 logout.jsp 的文件，删除登录成功时生成的 session 值，再删除这个 session。具体代码如下。

```
…
<body>
<%
        //先将 session 的值移除掉
session.removeAttribute("username");
        //再删除 session
```

```
    session. invalidate( );

        % >
< script type = " text/javascript" >
    alert(" 成功退出,确定后转向登录页面" );
    location. href = " login2. html" ;
</script >
</body >
...
```

📖 通过先删除 session 的值，再删除 session 的方式是相对安全的操作。但是删除它们的次序不能颠倒，否则系统会抛出异常。

10.3.4 用户注册

用户注册实际上是把新用户的信息写入数据库中。根据 MVC 的编程模式，在访问方法文件 recoCtrl. java 中定义一个写入数据库的方法，再设计一个 Servelt 文件来进行数据传递的控制，最后设计一个网页文件来让用户输入相关信息。具体的数据流程为，通过网页输入数据，Servlet 文件获取这个数据，然后调用 recoCtrl. java 文件中的相关方法，完成数据库的写入操作。

这个模块最主要的设计和实现过程，与后面的发帖模块非常相似。读者可以先根据自己的构想尝试设计实现。用户注册的具体设计实现过程从略，读者可以参考用户发帖模块的介绍，设计出相关的用户注册模块。

10.3.5 用户发帖

与用户注册的设计类似，要完成发帖的动作，需要通过 3 个文件来协调工作。当然在最后发帖完毕，还要设计一个浏览帖子的页面来展现所有的帖子。

（1）创建数据访问方法

前面已经创建了一个负责整个项目数据库记录操作方法的类文件，因此这里只要在 recoCtrl. java 文件中添加一个发帖方法即可。同样，在这个方法的参数列表中，通过一个对象数组负责传递发帖的所有内容。由于对于数据库来说是添加记录，最后不需要返回任何结果集，只需要提示系统是否添加成功即可，因此该方法返回的是逻辑型的数据。具体代码如下。

```
public boolean insData( String sql,Object[ ] o) {
//生成一个标记,返回添加是否成功
        boolean b = false;
        try {
            PreparedStatement pstmt = con. prepareStatement( sql) ;
            //接收发帖的数据到对象数组
            for( int i = 0;i < o. length;i ++ ) {
                pstmt. setObject( i + 1,o[ i] ) ;
            }
            //执行语句
            pstmt. execute( ) ;
            //添加成功后,改变标记的值为真,提示添加成功
            b = true;
```

```
        } catch(SQLException e){
            e.printStackTrace();
            System.out.print("数据库操作出错!");
            b = false;
        }
        return b;
    }
```

（2）创建控制文件 addReco. java

同样，控制层部分用一个 Servlet 文件来完成页面文件获取用户提交的发帖信息，通过调用 JavaBean 文件 recoCtrl. java 中的方法来操作数据库。最后返回是否发帖成功的结果，并做出相应的反应动作。主要代码如下。

```
public void doPost(HttpServletRequest request,HttpServletResponse response)
            throws ServletException,IOException {
    request.setCharacterEncoding("UTF-8");
    //接收来自页面文件传递的发帖参数
    String title = request.getParameter("title");
    String content = request.getParameter("content");
    String username = (String)request.getSession().getAttribute("username");
    Date date = new Date();
    SimpleDateFormat sdf = new SimpleDateFormat("yyyy-MM-dd");
    String str = sdf.format(date);
    String sql = "insert into title(title,content,user,dtime)values(?,?,?,?)";
    Object[] o = new Object[4];
    o[0] = title;
    o[1] = content;
    o[2] = username;
    o[3] = str;
    //生成数据访问对象
    recoCtrl d = new recoCtrl();
    //调用数据访问文件中的访问方法
    boolean b = d.insData(sql,o);
    /*根据数据访问方法反馈的参数,判断处理方式,如果成功则进入帖子列表,失败则跳出错
    误页面*/
    if(b){
        response.sendRedirect("list.jsp");
    }else
    {response.sendRedirect("error.html");
    }
}
```

（3）创建发帖的网页文件 addtitle. jsp

可以使用 JSP 文件来完成发贴页面的创建。这个页面的主要功能是通过一个 FORM 表单，向控制文件 addReco. java 提交相关的发帖内容。其中的用户名通过获取登录时生成的 session 值来直接获取。具体代码如下。

```
...
<head>
<title>发表新主题</title>
```

```
</head>
<%String user1 = (String)session.getAttribute("username");%>
<body>
<div class = "jz">
<center><%
out.print("<div style='width:1040px'><div><span style='size:12px;color:#00F;float:left;
    width:520px'>欢迎你:" + user1 + "</span><span style='width:450px;float:left'></
    span><span sytle='width:240px;float:right'><a href=logout.jsp>退出</a></sapn>
     </div></div>");
        %>

<font color = "#993300" size = "2px">发表新主题</font>
<br>
<form action = "addtitle" method = "post">
<div>
<div><span>主题:</span><span><input type = "text" name = "title" size = 45 /></span
></div>
<div><span colspan = 2 style = "vertical-align:top" >内容:</span><span><textarea size
    = "200" cols = "35" rows = "7" name = "content"></textarea></span></div>
<div><span style = "padding-left:10px"><input type = submit value = "提交"><input type =
    reset value = "重置"></span></div>

</div>

</form></center>
</div>
</body>
…
```

发帖的页面效果如图 10-5 所示。

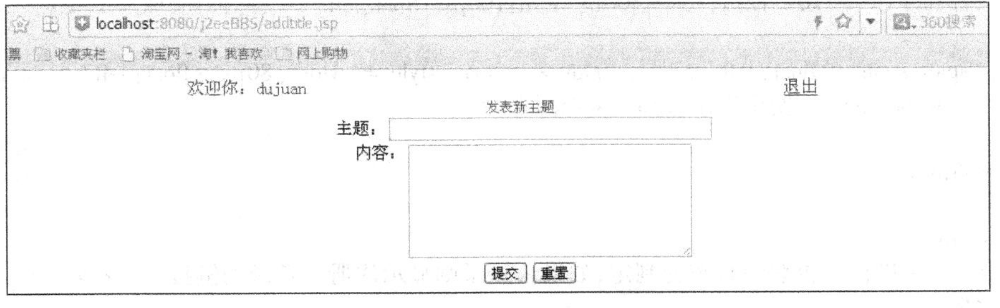

图 10-5　发帖页面效果

（4）创建浏览帖子的网页文件 list.jsp

下面通过一个 JSP 网页文件，完成对数据库的查询和显示。这里没有用 Servlet 控制文件进行连接，读者可以比较一下在编程形式上与之前有何不同，还可以自行改写下面的程序，抽取出一个 Servlet 文件进行文件控制。

需要注意的是，由于没有把数据访问控制分离出来，所以在 list.jsp 文件的开头，必须引入相关的数据访问的包，否则无法在 JSP 文件中直接进行数据的访问。具体的操作就是，在 JSP 的指令语句中声明加入相关数据库访问的包即可。具体代码如下。

```
<%@ page language = "java" import = "java.util.*,com.csy.recoCtrl,java.sql.*" pageEncoding
= "UTF-8"%>
```

除了引入包 java. util. * 和 java. sql. * 外，还需要定义数据库记录操作的访问方法，并加载到 recoCtrl. java 文件中。list. jsp 文件要调用数据库记录操作的访问方法来将查询帖子的 SQL 语句传递到数据库中。访问方法的具体代码如下。

```
...
public ResultSetrecoQuary( String sql) {
ResultSet rs = null;
        try {
            PreparedStatement pstmt = con. prepareStatement( sql) ;
            rs = pstmt. executeQuery( ) ;

        } catch( SQLException e) {
            System. out. print( "数据库操作出错!" ) ;
            e. printStackTrace( ) ;
        }
        return rs;
    }
...
```

把上面的代码加入到 recoCtrl. java 文件后，就可以创建 list. jsp 文件了，主要代码如下。

```
</head>
<% String user = ( String) session. getAttribute( "username" ) ;% >
<body>
<div class = "jz" >
<% --进行是否登录状态的判定,如果已登录则显示用户名--% >
<% if( user ! = null) {
              % >
<div style = "width:740px" >
<div>
<span style = "size:12px;color:#00F;width:100px ;float:left" >欢迎你:<% =user% > </span>

<span style ='float: left' > | </span > < span style ='width: 80px ; float: left' > < a href = "
   logout. jsp" >安全退出</a> </span>

</div>

</div>
<% --进行是否登录状态的判定,如果未登录则显示注册与登录的链接--% >
<%
            } else {
                out. print( " <div style ='width:748' > <span align = left > <a href = reg. jsp >
   注册</a> ------ <a href = login2. html >登录</a> </span> </div>" ) ;
            }
            % >

<font color = "#993300" size = "2px" >主题列表</font>
<div style = "width:740px" >
<%
recoCtrl d = new recoCtrl( ) ;//创建访问数据库的对象
            String sql = "select * from title order by dtimedesc" ;
ResultSet rs = d. recoQuary( sql) ;//调用访问方法传递 SQL 语句
```

```
        int pageSize = 5;//设置每页显示的记录数量
        int curpage = 1;//设置默认显示第几页
        int countPage = 0;//生成总页数的变量
        curpage = Integer.parseInt(request.getParameter("page") == null ? "1":request.getParameter("page"));
        int i = 0;
        out.print("<div style='background-color:#3399CC;border-bottom:1px solid #000;width:740px'><span "+" style='border-right:1px solid #000;width:50px;float:left;color:#C00'>编号:</span><span style='border-right:1px solid #000;"+" width:150px;float:left;color:#C00'>主题:</span><span style='border-right:1px solid #000;width:340px;float:left;color:#C00'>"+"内容:</span><span style='border-right:1px solid #000;width:80px;float:left;color:#C00'>"+"发表人:</span><span style='width:100px;float:left;color:#C00'>发表时间:</span></div><br>");

        while(rs.next()){
            i++;
            if(i>(curpage-1) * pageSize && i<=curpage * pageSize){
                String id = rs.getString("id");
                String title = rs.getString("title");
                String content = rs.getString("content");
                String username = rs.getString("user");
                String dtime = rs.getString("dtime");

                out.print("<div style='background-color:#CCC;border-bottom:1px solid #000;width:740px'><span style='border-right:1px solid #000;"+"width:50px;float:left'>"+i+"</span><span style='border-right:1px solid #000;width:150px;float:left'>"+"<a href=dislist.jsp?id="+id+">"+title+"</a></span><span style='border-right:1px solid #000;"+"width:440px;float:left'>"+content+"</span><span style='border-right:1px solid #000;"+"width:80px;float:left'>"+username+"</span><span style='width:100px;float:left'>"+dtime.substring(0,10)+"</span></div>");

            }
        }
    countPage = (i+pageSize-1)/ pageSize;
        %>
    </div><div style="clear:both;text-align:right"><a href=list.jsp?page=1>首页</a>
    <%if(curpage != 1){%>
    <a href=list.jsp?page=<%=curpage-1%>>上一页</a>
    <%}%>
    <%if(curpage != countPage){%>
    <a href=list.jsp?page=<%=curpage+1%>>下一页</a>
    <%}%>
    <a href=list.jsp?page=<%=countPage%>>尾页</a>
    </div>
    <%

        rs.close();
        %>
    <div style="clear:both;text-align:right">
    <span><form name=form1 action="addReco.jsp" method=post>
    <input type=submit value="发表新主题"/></form></span>

    </div>
```

```
</div>
</body>
```

通过对数据库表 title 的访问，帖子以创建时间降序排列的方式展现在页面之上。这样可以保证用户首先看到的是最新的帖子。浏览帖子的页面效果如图 10-6 所示。

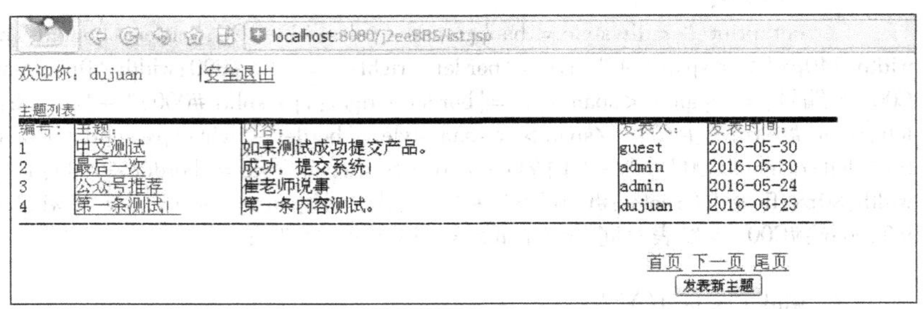

图 10-6　浏览帖子的页面

10.3.6　用户回帖

通过两个文件来完成回帖操作。在浏览帖子的页面中，单击文章标题进入一个帖子详情浏览页面，这里除了显示帖子的内容外，在下面的文本区还可以直接输入内容回复帖子。这个页面提交的回帖信息将被一个 Servlet 控制文件处理，并生成连接数据库的对象来调用连接方法。完成回帖的数据添加后，这个控制文件会再次调用详情浏览页面，此时会看到原帖和回帖内容。

📖 值得注意的是，这个方法使用的是 recoCtrl. java 文件现有的 identity( )方法。读者可以思考一下，为什么这里可以直接使用这个方法？

（1）生成详情浏览页面 dislist. jsp

详情浏览页面的前半部分是将数据库的查询结果直接展示出来。访问数据库的动作在 JSP 页面中完成。下半部分才是通过一个表单，把用户输入回帖的文本发送到控制文件中去。除了传递回帖的内容，还要有原帖的 ID 及回帖人的 ID 等信息。具体代码如下。

```
…
<% String id = request. getParameter("id");//获取在 title 页面中,用户所单击帖子对应的用户名
        session. setAttribute("id",id);
//通过 SQL 语言,把发帖表和回帖表连在一起,显示出指定帖子及其回帖
        String sql = "select * from title,reinfo where title. id = ? and reinfo. title_id = title. id order by 'reinfo. redtime 'desc";
        Object o[] = new Object[1];
        o[0] = id;
        recoCtrl d = new recoCtrl();
        ResultSet rs = d. identity(sql,o);
%>
<html>
<head>

<title>显示主题内容</title>
</head>

<% String user1 = (String)session. getAttribute("username");%>
```

```
<body>
<div class = "jz" >
<% if( user1 ! = null) {
                out. print( " <div style = 'width:740px' > <div > <span style = 'size:12px;color:
    #00F;float:left;width:100px' >欢迎你:" + user1 + " </span > <span style = 'width:450px;
    float:left' > </span > <span sytle = 'width:40px;float:right' > <a href = logout. jsp >退出 </
    a > </sapn > </div > </div >" );
        }
        % >
<font color = "#993300" size = "2px" >显示主题内容 </font >

<% out. print( " <div style = 'width:740px' > <div style = 'background - color:#CCC' > <span >" );
        if( rs. next( ) == true) {
                String userid = rs. getString( "id" ) ;
                String title = rs. getString( "title" ) ;
                String username = rs. getString( "user" ) ;
                String content = rs. getString( "recontent" ) ;
                out. print( "主题:" + title + " " + username + "于" + rs. getString( "dtime" ) + "发表" ) ;
                out. print( " </span > </div > <div > <span >" ) ;
                out. print( rs. getString( "content" ) ) ;
                out. print( " </span > </div >" ) ;
                out. print( " <div style = 'background - color:#CCC;width:740px;' > <span style
    = 'size:9px' >" ) ;
                out. print( "回复:" + title + "   " + user1 + "于" + rs. getString( "redtime" ) + "回复" ) ;
                out. print( " </span > </div > <div > <span >" ) ;
                out. print( content) ;
                while( rs. next( ) ) {
                    username = rs. getString( "user" ) ;
                    content = rs. getString( "recontent" ) ;
                    out. print( " <div style = 'width:760px;background - color:#CCC' > <span
    style = 'size:9px' >" ) ;
                    out. print( "回复:" + title + " " + user1 + "于" + rs. getString( "redtime" ) + "回复" ) ;
                    out. print( " </span > </div > <div > <span >" ) ;
                    out. print( content) ;
                }
                out. print( " </span > </div > </table >" ) ;
                rs. close( ) ;
        } else {
                rs. close( ) ;
                sql = "select * from title where id = ' + id + 'order by id desc" ;
                ResultSet rss = d. sqlquary( sql) ;
                while( rss. next( ) ) {
                    String userid = rss. getString( "id" ) ;
                    String title = rss. getString( "title" ) ;
                    String content = rss. getString( "content" ) ;
                    out. print( "主题:" + title + " " + userid + "于" + rss. getString( "dtime" ) + "发表" ) ;
                    out. print( " </span > </div > <div > <span >" ) ;
                    out. print( content) ;
                    out. print( " </span > </div > </div >" ) ;
                }
                rss. close( ) ;
        }
        % >
```

```
<form action = "retitle" method = "post" >
<div >
<div > <span align = left > <textarea cols = 40 rows = 7 name = "recontent" > </textarea > <span >
</div >
<div > <span align = center >
<input type = submit value = "回复" > <input type = hidden value = " <% = id% >" name = "title_
id" >
<br > <br > <a href = list. jsp > 回到主题列表 </a > </span > </div >
</div >
…
```

在 dislist. jsp 文件的 SQL 语句中，同样使用了回复时间降序排列的语句，这样可以保证在浏览所有回帖时，最后回复的帖子会紧跟在原帖的后面。实现效果如图 10-7 所示。

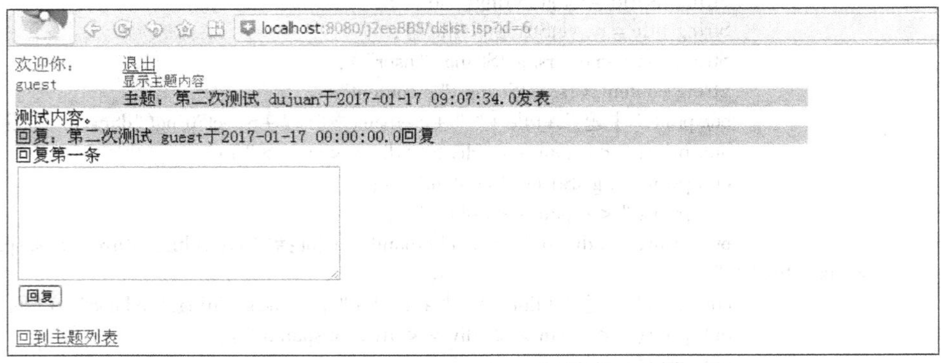

图 10-7　详情浏览页面

（2）创建 Servlet 控制文件 retitle. java

回帖控制文件在功能上与发新帖的控制文件类似，甚至可以直接使用 insData( ) 方法来完成 SQL 语句的传递。所以在代码的设计上与 addReco. java 文件有很多相似之处。需要注意的是，回帖控制文件除了传递回帖的相关信息外，还需要传递原帖的 ID，保持回帖与原帖的关系。主要的业务代码如下。

```
public void doPost( HttpServletRequest request, HttpServletResponse response)
        throws ServletException, IOException {
            request. setCharacterEncoding( "UTF - 8" ) ;
            String recontent = request. getParameter( "recontent" ) ;
            String username = ( String) request. getSession( ). getAttribute( "user" ) ;
            String titleid = ( String) request. getSession( ). getAttribute( "id" ) ;
            int title_id = Integer. parseInt( request. getParameter( "title_id" ) ) ;
            String sql = "insert into reinfo( recontent, user, redtime, title_id) values( ?, ?, ?, ?) " ;
            Date date = new Date( ) ;
        SimpleDateFormat sdf = new SimpleDateFormat( "yyyy - MM - dd HH:mm:ss" ) ;
        String str = sdf. format( date) ;
        Object o [ ] = new Object[4] ;
        o[0] = recontent;
        o[1] = username;
        o[2] = str;
        o[3] = title_id;
        recoCtrl d = new recoCtrl( ) ;
        boolean b = d. insData( sql, o) ;
```

```
        if(b){
            response.sendRedirect("dislist.jsp?id=" + titleid);
        }else{
            response.sendRedirect("error.html");
        }

    }
```

10.3.7 用户管理

用户管理的主要内容是系统管理员通过专门的管理入口进入系统，查询并编辑所有的普通用户，并可以对普通用户的帖子进行相应的增、删、改、查等一系列修改。

用户管理部分内容比较多，不仅涉及用户数据，还涉及帖子的相关数据。但是从实现的方法上，与发帖回帖的实现类似。同样，可以通过一个 JSP 页面文件与用户交互，使用一个 Servlet 文件进行数据传递的控制和转发，然后通过前面已经创建过的两个类文件 conn. java 和recoCtrl. java完成对数据库的访问。其中 recoCtrl. java 的现有方法几乎可以满足本节中所有相关业务的实现，读者可以自行研究。篇幅所限，这里不再赘述。

10.3.8 身份认证

本项目中的身份认证不同于前面的用户登录，此处的认证主要是系统对当前用户身份的识别及相应的动作响应。

身份认证其实是有关用户权限的控制。在实际应用中，系统的安全性是必须考虑的问题。虽然所有用户只有通过登录才可以进入到后续的功能页面。但如果用户直接输入发帖的网址，系统会如何响应呢？读者可以试一下，如果按照当前的系统进行这个操作，数据是可以添加进去的，但是发帖的用户变成了 null 值。这个结果显然在实际应用中是不允许出现的。

📖 在数据库设计时，不允许用户名为空值就可以避免这个操作。但是此时系统会报错，影响用户的使用体验。其实如果数据库中的约束条件设计得足够完整，是可以避免很多系统的不安全操作的。读者可以思考如何设计数据库中的约束条件。

还有一种情况更为严重。如果普通用户登录后，直接输入管理员对用户信息操作的页面地址，以当前的系统设计，这个页面是可以打开的，甚至还可以进行用户的增、删、改、查等操作，这显然是非常不安全的，是一个系统漏洞。

那么如何解决这个问题呢？有以下两种解决思路。

1）通过会话跟踪技术，对登录用户进行用户信息的保存，每一个功能页面都加入一段判断用户是否有效的代码。这样就可以避免用户绕过登录页面直接进行业务操作的情况。

2）设置过滤器，对所有功能页面发出的请求进行身份验证。在前面有关 Servlet 的章节中，已经对过滤器进行了介绍，这里不再重复。

第一种思路实现起来比较简单，但是编码过程稍微烦琐一些，因为需要给所有的功能页面都加上判断身份的代码。如果需要判断的文件很多，这个代码的编写量就会增大。第二种思路能够实现的前提，其实同样要借助会话跟踪技术，让被保护的功能页面携带对应的状态信息。再通过过滤器进行身份甄别，然后做出相关的操作。这样做的好处是减少了代码量，统一在过滤器中进行身份认证的处理工作，便于后期的维护和扩展。

在本项目中，作者用过滤器来控制发帖、回帖的身份识别。通过过滤器，可以拒绝没有登录就直接访问发帖页面的用户的发帖操作，并自动返回登录页面。通过会话管理及身份判定的代码来进行管理员页面的身份认证，防止非管理员用户直接打开管理页面。

1. 用过滤器实现发帖、回帖的控制

首先通过一个 session 来进行登录状态的保持。细心的读者会发现，在 longin. java 文件中，当判断用户为有效后，有这样一句代码“request. getSession( ). setAttribute(" username", username);”这句代码实际上就是生成了一个保留用户状态的 session。登录成功后显示的用户名就是通过这个 session 值获取的。同样，这个值也可以作为过滤器判断的依据。当用户发起登录请求后，就会生成这个会话应用周期内的 session。过滤器只需要判断这个值就可以识别当前用户是否是合法用户了。

接下来创建一个过滤器文件 myFilter. java。在创建过程中，当进入到“配置过滤器部署”界面时，要进行过滤范围的设置，如图 10-8 所示。

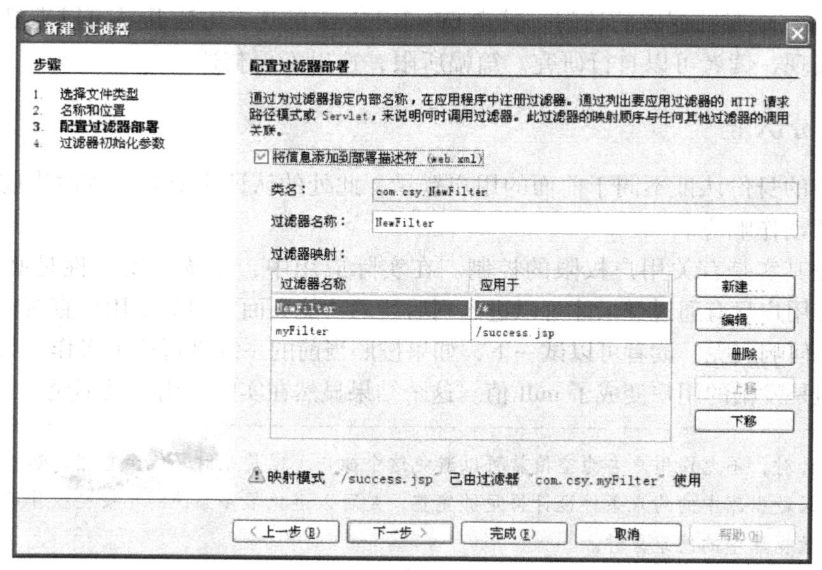

图 10-8　设置过滤器范围

单击右侧的“编辑”按钮，弹出“过滤器映射”对话框。通过该对话框对过滤器过滤的范围进行设置，如图 10-9 所示。

这里选择 URL 方式，并输入“/success. jsp,/addtitle. jsp,/distitle. jsp,/userinfo. jsp”来加入这 4 个文件，它们分别代表登录成功、发帖、回帖及管理员页面。这也意味着这几个页面是不允许游客直接访问的。所有对这几个页面的请求会被过滤器截获，然后进行身份识别，判断是否允许向客户端发送相关文件。完成这个设置后，单击“确定”按钮，继续下一步操作，直到文件创建完毕。

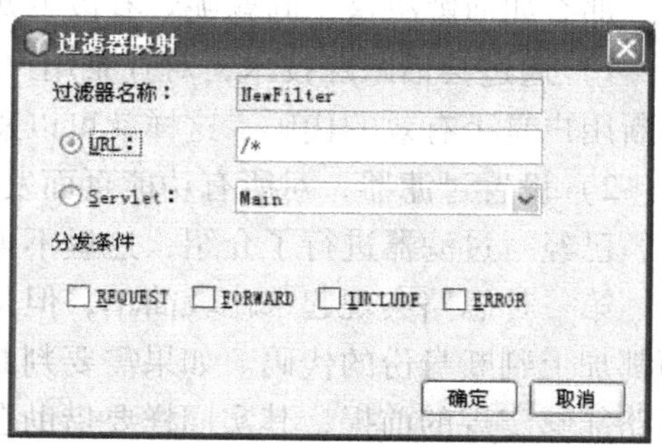

图 10-9　“过滤器映射”对话框

📖 如果创建过滤器时没有进行上面的配置就运行系统，可能会什么页面都打不开，因为新的过滤器默认是对项目的所有文件进行过滤，所以请读者在实际操作时，不要忽略这个配置。

接下来是编码的实现。myFilter.java 文件最核心的是 doFilter()方法。在 doFilter()方法中完成具体的识别工作，主要的业务代码如下。

```
…
public void doFilter(ServletRequestreq,ServletResponse res,FilterChain chain)
        throws IOException,ServletException {

        //将 doFilter()形参的数据类型转换成支持 HTTP 协议的参数
        HttpServletResponse response = (HttpServletResponse)res;
        HttpServletRequest request = (HttpServletRequest)req;

        //获取记录登录用户名的 session 值
        String isName = (String)request.getSession().getAttribute("username");

        //判断身份
        if(isName == null) {
            response.sendRedirect("/j2eeT/error.jsp");// 未登录用户转到错误页面
        } else {
            chain.doFilter(request,response);
        }
}…
```

在上面的代码中，对于身份的识别是从 session 值是否为空来判断的。如果为空，说明不是登录用户；如果不为空，说明已经登录，则允许进行回帖、发帖等操作。需要注意的是，这里的过滤器验证其实过于简单，对于真实的系统，身份认证并没有这样简单。这里仅仅是为了让读者对过滤器有一个比较全面的认识，所以举了一个简单的例子。有兴趣的读者也可以根据上面的思路，对过滤器中的认证方式进行更为合理的研究。

完成过滤器文件的编写后，再设计一个出错页面。就是在上面代码中，当判断 session 值为空时要跳转的页面 error.jsp。当用户非法访问时，过滤器拦截，然后跳转至错误页，提示用户登录以后再操作。在未登录状态下直接在浏览器中输入发帖地址，此时应该跳出错误页面。这个页面文件的代码很简单，读者可自由发挥。这里只给出页面效果，如图 10-10 所示。

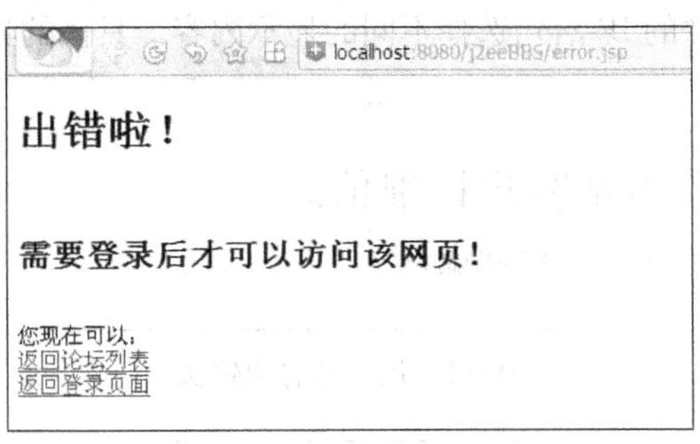

图 10-10　出错页面效果

📖 在测试这个过滤器时，请注意浏览器地址栏中地址的变化。服务器一开始会按照用户的请求对发帖地址发出调用请求，但由于过滤器的作用，最后地址会变成 error.jsp。

2. 管理员身份识别

管理员通过登录页面成功登录后，可以看到登录成功页面中有一个查看用户信息的链接。这个页面的内容仅供管理员查看和操作。普通用户虽然可以看到这个链接，但却无权访问。那么既然都是登录用户，如何进行权限的识别和控制，以防止普通用户进入。

这里通过会话跟踪技术保持用户登录的 ID 信息，然后在进入管理页面时，加入一段识别代码，因为管理员的 ID 一般只有一个或几个，所以这里可以直接进行比对，查看请求方的用户名是否为管理员的 ID 即可。

创建一个浏览用户信息的文件 userinfo. jsp。这个页面的设计思路为加入一个变量，用于获取登录后 session 的值，然后通过 IF 语句对这个变量值进行判断。如果是管理员的 ID，值为真，则把显示用户信息的代码写在这里；如果不是管理员，值为假，则只显示错误提示，并给出一个返回登录首页的链接。因为值为真时的代码与浏览帖子的 list. jsp 文件代码极为相似，只是访问的数据表不一样，所以请读者自行补充。这里只给出判断为假时，用户身份识别的那部分代码，具体如下（假设系统只有一个管理员，ID 为 admin）。

```
...
</head>
<% String user = (String) session.getAttribute("username");//获取 session 的值% >
<body>
<h1>查看本站客户详细信息</h1>
<%
        //进行用户 ID 的判断
        if(user.equals("admin")){
...
}else{% >
您不是本系统的管理员不能浏览本页！<br>
<a href="success.jsp">返回论坛首页</a>
<%     }
% >
...
```

由于假设系统只有一个管理员 admin，所以这里的判断就是比对 session 中的用户 ID 是否为 admin。读者可以先使用普通用户登录，然后直接单击查看用户信息的链接，看看是否会跳出禁止查看的界面。请注意，这里的身份识别和过滤器中的身份识别不一样。它没有跳转到其他页面，而是通过 JSP 文件的 IF 语句选择不同的显示内容。具体的界面效果如图 10-11 所示。

图 10-11　用户信息出错页面

📖 读者可以尝试在未登录状态下，在地址栏中输入“http://localhost:8080/j2eeBBS/userinfo.jsp”，会发现并未出现图 10-11 所示的页面。那是因为在未登录状态下，过滤器发挥作用，直接拦截跳转到错误页面，而上面的页面效果是普通用户登录后，单击用户信息链接所发生的效果。两者是不一样的。

第 11 章　基于 Struts 的校园兼职信息网的后台管理设计

本章是一个基于 Struts 框架的开发实例，采用四层程序的架构，作为本书的一个拓展内容，这里只给出了核心部分的设计和部分代码，余下的代码留给读者进行自由开发。虽然这个项目的功能比较简单，但是在结构上比较完整。读者可通过本章的学习，初步了解基于 Struts 的项目开发的整体过程。

本章重点为了解项目整体框架的部署和设计，主要用到的技术有过滤器、Session 监听、过滤器的权限控制及 MySQL 数据库等。

11.1　项目概述

本项目是一个校园的兼职信息发布网站，类似于常见的求职网站，但在内容上相对简单一些。网站的所有兼职信息的发布都是由网站的管理员来进行的。用户只有查看信息的权限，没有发布信息的权限。

本系统采用 Struts 为框架开发，是一个拓展性的项目，旨在引导初学者在掌握基本开发技术后，向框架的方向进一步学习。所以，本章只介绍项目中核心代码的设计，具体的功能细节和页面的设计不做讲解。读者可以根据自己的理解，自己完善相关页面的设计和编码。

对于这个项目，最为核心的功能是兼职信息的发布和显示。其次，对于网站的用户身份即管理员的识别也是一个重要功能。整个系统的用户应该分为普通用户和管理员两类。后者的权限应该更高，并具有对所有兼职信息和普通用户的编辑功能。不过这里主要设计实现的是后台管理，所以后面的内容只围绕着管理员及相关功能来进行设计实现。

11.2　概要设计

11.2.1　系统架构设计

由于求职信息网站的功能需求比较常见，篇幅所限，不再进行深入介绍。这里重点介绍一下本系统从技术上的架构设计。基于 MVC 的思想和 Struts 框架的设计思路，将系统设计成 4 个层次的结构，自顶向下依次为表示层、Action 层、业务逻辑层（Biz 层）和数据层，如图 11-1 所示。

当客户端发起访问请求时，系统应该首先通过表示层来响应，即通过页面文件，接收用户请求，并通过表示层把这个请求传递给 Action 层。这一层的作用是检验用户请求的合法性，取出表示层界面文件中接收到的数据，调用对应的业务逻辑层。业务逻辑层根据调用内容，选择对应的方法进行处理。如果需要，会把对数据库访问的请求传递到数据层。由数据层根据要求完成对数据库的访问并返回对应的数据给业务逻辑层，从而完成处理的方法。最后处理的结果由业务逻辑层返回给 Action 层，由它来判断是继续调用其他的 Action，还是返回给表示层的页面。

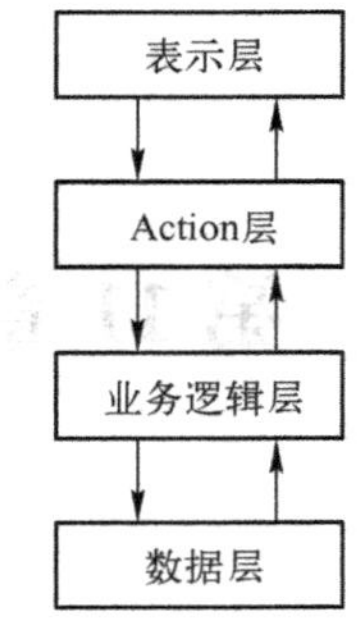

图 11-1　系统层次划分

这里的 4 个层次各司其职，就像一个餐厅的运营。表示层就是这个餐厅的门面和装潢，客户进入这个餐厅后，由服务员即 Action 层获取用户的菜单，然后服务员把菜单传递给后厨的厨师即业务逻辑层。厨师负责根据菜单制定做菜的方法。其中需要使用大量的食材即数据库的数据。这些食材（数据）由小工即数据层负责提供。小工把需要的数据提供给厨师（业务逻辑层），厨师做菜完成后，由服务员（Action 层）把菜最后传递给在餐厅（表示层）等候的客户。

11.2.2　数据库设计

兼职信息网系统中，最为核心的实体是管理员和职位信息。管理员是能够在本系统中发布信息和进行相关操作的合法账户。职位信息是指兼职信息的具体内容。像前面介绍的那样，本章只提供核心功能和内容的设计介绍。因此，这里只给出这两张表的设计内容。实际项目中的数据库设计实体不只这两个，对应的数据表也很多。但这并不是本章的重点，因此不在这里进行描述。

这两张表分别为职位信息表 jobs_list 和账户信息表 user_list。职位信息表是指发布的兼职信息。账户信息表并不是用户的信息，这里保存的仅仅是所有合法用户登录时的用户名和密码。

具体的表结构如表 11-1 和表 11-2 所示。

表 11-1　职位信息表 jobs_list

字 段 名	字 段 类 型	约 束 条 件	含　义
id	INT	主键，自动编号	每条信息有一个唯一编号
useID	VARCHAR(10)	唯一	发布人 ID
Co_name	VARCHAR(20)		公司名称
Co_addr	VARCHAR(40)		公司地址
Co_cont	VARCHAR(10)		联系人
Co_tel	VARCHAR(11)		联系电话
Co_mail	VARCHAR(20)		公司电子邮件
Co_profile	text		公司简介
job_name	VARCHAR(2)		职位名称
job_desc	text		职位描述
job_requ	VARCHAR(100)		职位要求
job_age	INT		最大年龄
job_exp	INT		工作经验的年限
job_count	INT		招聘人数
pub_date	DATE		信息发布时间
end_date	DATE		截止日期

表 11-2　账户信息表 user_lis

字段名	字段类型	约束条件	含义
usename	VARCHAR(8)	主键	用户的登录名
password	VARCHAR(8)		用户密码

11.2.3　功能模块设计

涉及管理员的功能主要有身份认证和管理操作，因此本系统设计了 3 个方面的功能模块。

1. 管理员用户登录

这里提供一个后台管理系统的登录功能，管理员通过登录才可以进入管理页面，从而实现之后的相关信息的管理。从技术上，这个登录与普通用户的登录实现方式是一样的。所以，这个功能实现了，普通用户的登录也可以按照这个方式实现。

2. 职位信息发布

用户可以通过一个类似列表的页面进入到添加信息的页面。这个页面可以发布公司的信息及职位的信息。这些信息必须要写入数据库中进行保存。求职者在搜索相关职位时，这些数据信息应该可以被检索到。

3. 职位信息管理

这里的管理是指管理员在登录系统后，可以通过这个模块的功能完成对所有职位信息的浏览和编辑。

11.3　详细设计与编码实现

11.3.1　用户登录

管理员通过一个登录页面登录系统。从处理过程上来分析应该是用户在一个页面文件输入了用户名和密码，提交之后，通过控制器到 struts - config. xml 文件中去寻找页面表单提交的相关文件地址。用户请求会被封装到一个 ActionForm 文件中，之后交给一个 Action 文件去处理。这个 Action 文件并不进行用户有效性的具体操作，而是调用对应的 Biz 层的文件来进行具体有效性的验证。如果验证有效，这个 Action 文件会根据设置转向其他有关登录成功的 Action 文件；若失败则返回登录页面。

1. 创建项目

按照前面有关 Struts 章节的介绍，创建一个名为 JobsInfo 的项目。

2. 创建登录页面文件 index. jsp

系统生成后，项目有一个入口文件名为 index. jsp，可直接改写里面的内容。页面的主要功能就是创建一个 Form 表单，提交用户名和密码。其中的代码非常简单，但是要注意表单中 Action 属性的设置，代码如下。

```
<form action = "user. do? method = longin" method = "post" name = "form" >
```

上面的代码中 actiond 属性提交的是一个“. do”文件，这是由于系统的配置文件中对此类文件进行侦听处理。最后页面的运行效果如图 11-2 所示。

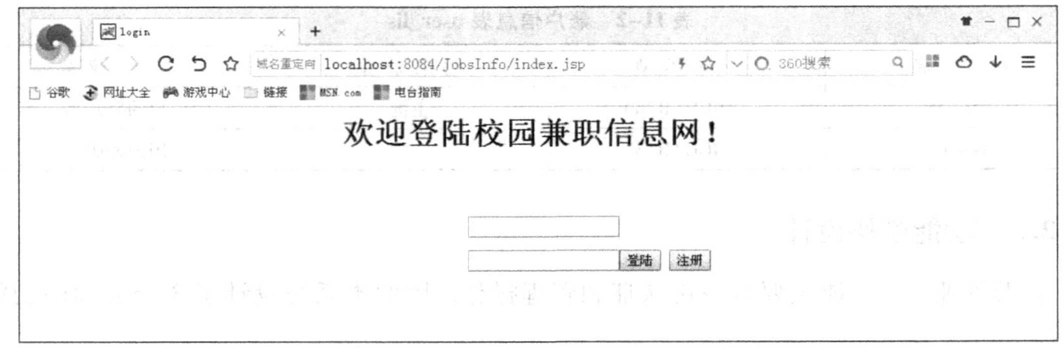

图 11-2　登录页面

3. 配置 struts - config. xml 文件

前面页面文件中提交的是一个 user. do 文件，控制器会在 struts - config. xml 文件中寻找名为 user 的 action 元素。因此需要在 struts - config. xml 文件中配置相关内容。前面的流程设计中，有一个封装用户请求的 ActionForm 文件，这里称为 UserInfo. java。后面会创建这个文件，这里先假设这个文件已存在，完成 struts - config. xml 文件的配置。

添加一个新的 < form - beans > 属性，名为 userInfo，全限定名称为“com. cy. form. UserInfo”，在 < action - mappings > 标签中，添加一个对应的 action 元素。这些配置与后面将要创建的 Java 文件相对应。添加的代码如下。

```
<form-beans>
<form-bean name="userForm" type="com.cy.form.UserInfo" />
…
</form-beans>
…
<action-mappings>
…
<action
    attribute="userInfo"
    input="/form/user.jsp"
    name="userInfo"
    path="/user"
    scope="request"
    type="com.cy.action.UserAction"
    parameter="method">
<forward name="infoList" path="/jobs.do?method=indexlong"></forward>
<forward name="backToIndex" path="/index.jsp"></forward>
</action>
…
</action-mappings>
```

读者也可以先创建标签中的这些 Java 文件，然后再进行 struts - config. xml 文件的配置。

4. 创建封装请求信息的 ActionForm 文件

该文件名为 UserInfo. java，以类的形式定义两个私有的成员属性，分别对应用户名和密码，并生成对应的签名方法来设置和读取这两个私有属性。右击导航栏中的“源包”，在弹出的快捷菜单中选择“新建”→“其他”命令，会弹出“新建文件”对话框，设置“类别”为 Struts，设置“文件类型”为 Struts ActionForm Bean，如图 11-3 所示。

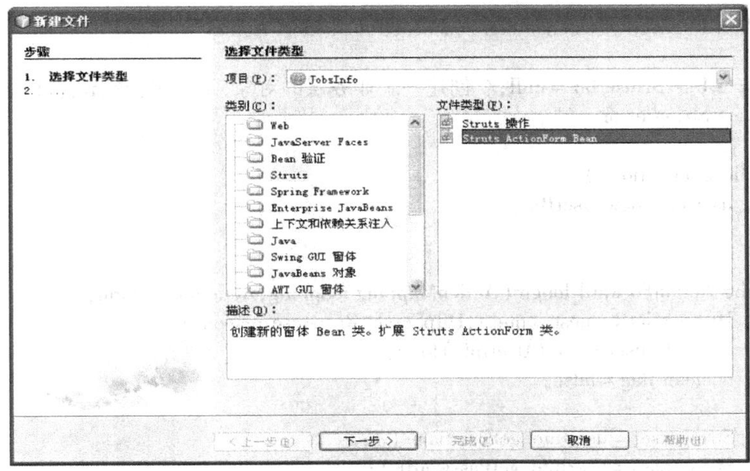

图 11-3 “新建文件”对话框

完成创建后，系统会自动生成大部分代码。改写其中的部分内容，改写部分的代码如下。

```
public class UserInfo extends org.apache.struts.action.ActionForm {
    private String username;
    private String password;

    public String getUsername() {
        return username;
    }

    public void setUsername(String string) {
        username = string;
    }

    public String getPassword() {
        return password;
    }

    public void setPassword(String pw) {
        password = pw;
    }

    public UserInfo() {
        super();
        // TODO Auto-generated constructor stub
    }
    ...
}
```

5. 创建 Action 文件

上面已经介绍过，这个文件本身不进行任何处理，主要任务是调用业务层的 Biz 对象来进行相关的处理。在导航栏中右击项目名称，在弹出的快捷菜单中选择“新建”→“其他”命令，在弹出的“新建文件”对话框中设置“类别”为 Struts，设置“文件类型”为“Struts 操作”。同时创建一个新的包 cy.struts.action。操作路径为：/user。创建完毕后，改写其中的业务代码。修改部分的代码如下。

```
public class UserAction extends org. apache. struts. action. Action {
…
    private UserBizuserbiz = null;//创建一个业务层的对象,下一步会创建这个类
    private String error = "";

    public UserAction() {
        userbiz = new UserBiz();
    }
…
    public ActionForward longin(ActionMapping mapping,ActionForm form,
        HttpServletRequest request,HttpServletResponse response) {
        UserInfo userInfo = (UserInfo)form;
        boolean flag = false;

        String user = userInfo. getUsername();
        String pass = userInfo. getPassword();
        flag = userbiz. selectByName(user,pass);
        if(flag) {
        //登录成功,控制权交给 JobsAction
            return mapping. findForward("indexto");// 如果登录成功,把权限转交给 JobsAction
        } else {
            error = "<h3><li>sorry ! this is your userName or passwrod error ! </h3>";
            return mapping. findForward("backToIndex");// 如果登录失败,回到登录页面
        }
    …
    }
}
```

📖 除了上面的代码，UserAction 文件中还预留了对数据库的其他操作，如更新、修改和删除等方法的调用。

6. 创建业务层的类文件

以一个普通 Java 类文件的方式创建即可，代码如下。

```
import com. cy. db. *;
import com. cy. form. *;

public class UserBiz {
    ControlDBcontrolDB = null;

    public UserBiz() {
        controlDB = new ControlDB();
    }
…
    public boolean selectByName(String username,String password) {
        boolean flag = false;
        String sql = "select * from td_pjm_user where username ='" + username + "'and password
='" + password + "'";
        try {

        List list = controlDB. executeQueryUser(sql);
        if(list. size() >0)
            flag = true
    } catch(Exception e) {
```

```
            //用户登录时出错
            e.printStackTrace();
        }
        return flag;
    }
    …
}
```

请读者仔细阅读代码，其中有一个 ControlDB 类。这个类也是需要自己创建的。它的作用是按照业务层的调用，具体执行对数据库的访问，另外还创建了一个名为 ConnetionFactory 的工厂类及负责关闭数据库连接对象的 DatabaseUtils。它们都创建在一个名为“com. cy. db”的包里。由于篇幅所限，这里的重点是介绍如何实现业务层的控制，所以具体的数据库连接方法请读者查阅本书提供的项目代码，这里不做过多介绍。

📖 在这个 Biz 文件中，不仅保存了按照用户名、密码访问数据库的方法，后面发布、修改、删除信息等操作，都要写在这个文件里，与前面的 UserAction 文件中的方法相对应。

11.3.2 职位信息发布

信息发布就是指管理员可以在系统发布新的兼职信息。当填写完信息后，将这些信息提交到数据库中，可以长期保存。虽然与登录的应用不一样，但是在实现过程和程序的架构上基本是完全一样的，仅仅是在具体的数据库操作上稍有不同，登录是查询数据，信息的发布则是插入新数据。

1. 生成信息发布的 JSP 文件

创建一个 JSP 文件并命名为 add. jsp。这个页面的创建比较简单，就是按照数据库中设计的一些基础信息，在该页面上提供输入的入口即可。唯一需要读者注意的是 From 表单中的 action 属性的内容。与前面用户登录界面中表单的提交类似。这里应该提交一个逻辑上的文件 jobs. do。具体代码如下。

```
<form action = "jobs.do? method = addinfo" method = "post" >
```

具体实现读者可自行设计，最后的效果如图 11-4 所示。

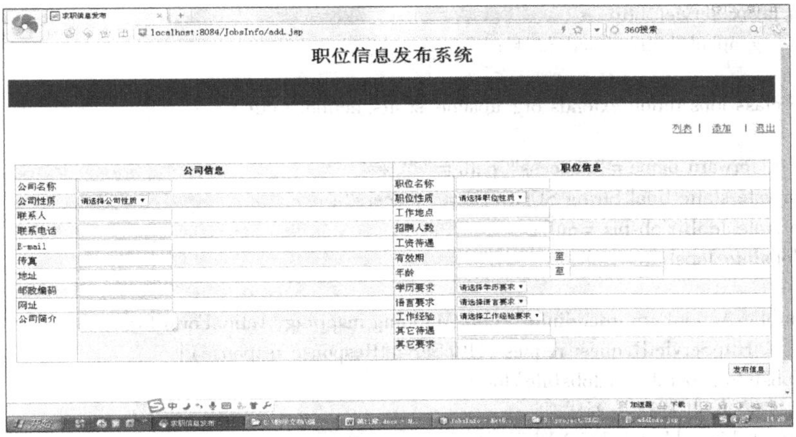

图 11-4　职位信息发布页面效果

2. 修改配置文件 struts - config. xml

与前面创建登录模块时类似，这里通过配置文件的配置，引导系统调用相关的控制程序完成具体业务。详细的调用过程类似前面的过程，这里不再赘述。在本模块中，给配置文件添加了一个新的 <form - beans> 属性，名为 jobsInfo，全限定名称为 “com. cy. form. JobsInfo”，在 <action - mappings> 标签中添加一个对应的 action 元素。这些配置与后面将要创建的 Java 文件相对应。添加的代码如下。

```
...
<action
      attribute = "jobsInfo"
      input = "/form/jobs. jsp"
      name = "jobsInfo"
      path = "/jobs"
      scope = "request"
      parameter = "method"
      type = "com. cy. action. JobsAction" >
<forward name = "listto"  path = "/jobs/list. jsp" > </forward>
...
```

在该定义中，所有有关信息发布的操作都会被 jobsInfo 中封装的 JobsAction 来处理，通过 execute( )方法完成；之后会通过相应配置信息 forward（跳转）到相关的页面中去。

3. 创建封装请求信息的 ActionForm 文件

这里生成一个名为 JobsInfo. java 的文件，它集成了 org. apache. struts. action. ActionForm，与前面的 UserInfo 类似。这个文件需要生成有关职位信息的所有属性，类的成员属性比较多，并且都需要通过前面的方法进行 getter 和 setter 操作，不过形式上基本一样。这里不再赘述，读者可以参考本书提供的项目代码进行分析和研究。

4. 创建 Action 文件

该文件的创建方法类似前面的 UserAction. java 文件。由于在表单提交时，使用了属性 method = addinfo，因此需要实现对应的 addInfo( )方法。具体代码如下。

```
package com. cy. action;

import com. cy. form. JobsInfo;
//import java. util. List;
import javax. servlet. http. * ;
import org. apache. struts. action. * ;

public class jobsAction extends org. apache. struts. action. Action {

    /* forward name = "success" path = ""  */
    private static final String SUCCESS = "success";
    private JobBizjobsbiz = null;
    JobsInfo JobsInfo = null;
    ...
    public ActionForwardaddinfo(ActionMapping mapping,ActionForm form,
        HttpServletRequest request,HttpServletResponse response) {
    JobsInfo JobsInfo = (JobsInfo)form;
    //判断信息发布是否成功
    if(jobsbiz. add(JobsInfo)) {
```

```
            return mapping.findForward("toList");
        }else{
            request.setAttribute("errors","<li><h3>oh oh add info unsuccessful !</h3>");
            return mapping.findForward("toAddInfo");
        }
    }

    ...
}
```

通过这里对应的 addInfo()方法，完成业务操作的制定和分配。程序编写到这里时，会发现系统出现红色错误表示，位于代码“jobsbiz = new jobsBiz();”前。这是因为这个类还没有定义。接下来就应该创建这个对应的业务层文件了。

📖 JobsAction 文件中还预留了对数据库的其他操作，如查询、修改和删除等方法的调用。读者可以查看本书提供的项目代码进行分析和研究。

---

5. 创建业务层文件

创建一个普通的 Java 类文件并命名为 JobsBiz.java，位于包“com.cy.biz”下。这里主要是处理职位信息的相关数据。具体代码如下。

```
package com.cy.biz;

import com.cy.db.ControlDB;
import com.cy.form.JobsInfo;
import java.util.*;

/**
 *
 * @author CuiYan
 */
public class JobsBiz {
    ControlDBcontrolDB = null;

    public JobsBiz(){
        controlDB = new ControlDB();
    }
...
    public boolean add(JobsInfo jobs){
    String sql = "insert into jobs(belongto,cop_name,cop_mann,cop_cont,cop_tel,cop_mail,cop_fax,
    cop_addr,cop_zip,cop_www,cop_desc,job_name,job_mann,job_addr,job_num,job_get,job_sta,
    job_end,job_grad,job_age1,job_age2,job_expe,job_lang,job_odem,job_oget,send,intro,re,re_
    cont)values('"
                + jobs.getBelongto()
                + "','"
                + jobs.getCop_name()
                + "','"
                + jobs.getCop_mann()
                + "','"
                + jobs.getCop_cont()
                + "','"
                + jobs.getCop_tel()
```

```
                    +"','"
                    +jobs. getCop_mail( )
                    +"','"
                    +jobs. getCop_fax( )
                    +"','"
                    +jobs. getCop_addr( )
                    +"','"
                    +jobs. getCop_zip( )
                    +"','"
                    +jobs. getCop_www( )
                    +"','"
                    +jobs. getCop_desc( )
                    +"','"
                    +jobs. getJob_name( )
                    +"','"
                    +jobs. getJob_mann( )
                    +"','"
                    +jobs. getJob_addr( )
                    +"','"
                    +jobs. getJob_num( )
                    +"','"
                    +jobs. getJob_get( )
                    +"','"
                    +jobs. getJob_sta( )
                    +"','"
                    +jobs. getJob_end( )
                    +"','"
                    +jobs. getJob_grad( )
                    +"','"
                    +jobs. getJob_age1( )
                    +"','"
                    +jobs. getJob_age2( )
                    +"','"
                    +jobs. getJob_expe( )
                    +"','"
                    +jobs. getJob_lang( )
                    +"','"
                    +jobs. getJob_odem( )
                    +"','"
                    +jobs. getJob_oget( )
                    +"','"
                    +jobs. getSend( )
                    +"','"
                    +jobs. getIntro( )
                    +"','"
                    +jobs. getRe( )
                    +"','"
                    +jobs. getRe_cont( ) +"')";
        System. out. println( sql) ;
        boolean flag = false;
        try {
            controlDB. executeUpdate( sql) ;
            flag = true;
```

```
        } catch(Exception e){
        }
        return flag;
        }
        …
    }
```

📖 与前面的 JobsAction 文件类似，这个类中还预留了对数据库其他操作的方法。读者可以查看本书提供的项目代码进行分析和研究。

11.3.3 职位信息管理

管理员用户登录成功后，可以选择进入信息管理页面。这部分的重点是在页面显示信息的同时，还要提供对数据进行编辑和删除的操作。它不需要重新创建业务层的文件和 Action 文件，利用之前创建的业务文件即可。前面已经提到过，那些文件中都已经预留了对数据进行增、删、改、查的方法，这里就可以直接用到。

1. 创建职位信息管理页面

职位信息管理页面代码用 JSP 文件完成，名称为 list. jsp。具体效果如图 11-5 所示。

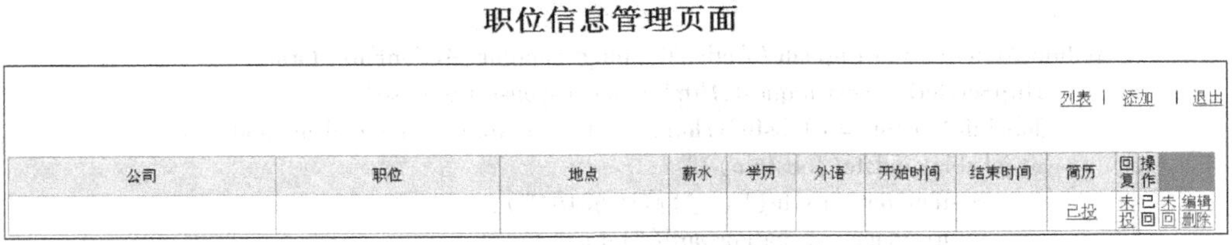

职位信息管理页面

列表 | 添加 | 退出

公司	职位	地点	薪水	学历	外语	开始时间	结束时间	简历	回复	操作		
								已投	未投	已回	未回	编辑 删除

图 11-5　职位信息管理页面

需要注意的是，请读者考虑如何在页面中完成对信息进行删除或修改的操作。这里没有前面的 Form 表单来提交参数，主要是使用 <a href = … >标签。以编辑信息为例，链接标签的代码如下。

```
<ahref = "jobs. do? method = toupdate&id = ${info. id}" >
```

读者会发现，其实是使用了上一节中的 jobs 作为侦听对象。通过在这个标签里写入调用的业务名称，完成对系统业务的调用。具体的调用主要使用了 11.3.2 中的相关文件。当然在这之前，必须添加相关的业务方法。

2. 修改配置文件

由于在 list. jsp 文件中加入了编辑和修改的方法，因此首先应该给对应的配置文件 struts - config. xml 添加相关的内容。由于使用的仍然是 jobs 这个元素，所以应该在“ <action attribute = "jobsInfo…"” 内添加代码，以修改信息为例，代码如下。

```
<forward name = "toupdate" path = "/jobs/updateInfo. jsp" > </forward>
```

3. 在 jobsAction 文件中添加修改和删除的方法

不需要新建文件，只要在 jobsAction. java 文件中添加相关方法即可。具体代码如下。

```
...
    /**
     * 修改信息
     * @param mapping
     * @param form
     * @param request
     * @param response
     * @return
     */
    public ActionForwardtoupdate(ActionMapping mapping,ActionForm form,
        HttpServletRequest request,HttpServletResponse response){
            JobsInfoJobsInfo = (JobsInfo)form;// TODO Auto - generated method stub
            int id = Integer. parseInt(JobsInfo. getId());
            return mapping. findForward("toupdate");
    }

    /**
     * 完成修改操作
     * @param mapping
     * @param form
     * @param request
     * @param response
     * @return
     */
    public ActionForward update(ActionMapping mapping,ActionForm form,
        HttpServletRequest request,HttpServletResponse response){
        JobsInfoJobsInfo = (JobsInfo)form;// TODO Auto - generated method stub
        if(jobsbiz. update(JobsInfo)){
            System. out. println("(^_^)修改成功!");
            return mapping. findForward("toList");
        }else{
            request. setAttribute("errors","<li><h3>oh oh update info unsuccessful !</h3>");
            return mapping. findForward("toupdate");
        }
    }

    /**
     * 删除一条信息
     * @param mapping
     * @param form
     * @param request
     * @param response
     * @return
     */
    public ActionForward del(ActionMapping mapping,ActionForm form,
        HttpServletRequest request,HttpServletResponse response){
            JobsInfo JobsInfo = (JobsInfo)form;// TODO Auto - generated method stub
            int id = Integer. parseInt(JobsInfo. getId());
            if(jobsbiz. delete(id)){
                return mapping. findForward("toList");
            }else{
                request. setAttribute("errors","<li><h3>oh oh delete info unsuccessful !</h3>");
```

```
                return mapping.findForward("toList");
            }
        }
    ...
```

至此，一个后台管理系统的设计就基本完成了。不过这里设计的功能都是最简单的基本操作。为了使系统更加合理，还可以添加更多的功能。由于篇幅所限，本项目仅作为一个引导。希望读者可以在此思路之上，建立一个功能更加强大、结构更加合理的应用系统。有关系统的详细代码，读者可以查看本书提供的项目代码。

参考文献

[1] AdamMyatt，等．NetBeans IDE 6 高级编程 [M]. 北京：清华大学出版社，2009.

[2] 许勇，王黎，等．NetBeans 6.0 程序开发技术详解 [M]. 北京：清华大学出版社，2010.

[3] 郝玉龙．Java EE 编程技术 [M]. 北京：清华大学出版社，2013.

[4] Alan Monnox. Rapid J2EE development：an adaptive foundation for enterprise applications [M]. 北京：机械工业出版社，2006.

[5] 宋远行．J2EE 应用开发实践 [M]. 北京：清华大学出版社，2011.

[6] 邬继成．J2EE 开源编程精要 15 讲 [M]. 北京：电子工业出版社，2008.

[7] 林龙．JSP + Servlet + Tomcat 应用开发从零开始学 [M]. 北京：清华大学出版社，2015.

[8] 孙卫琴．Hibernate 逍遥游记 [M]. 北京：电子工业出版社，2010.

[9] Craig Walls. Spring 实战 [M]. 耿渊，张卫滨，译．北京：人民邮电出版社，2016.

[10] 韩路彪．看透 Spring MVC：源代码分析与实践 [M]. 北京：机械工业出版社，2016.

[11] 金炎，许建仁．Java EE 企业级应用开发 [M]. 大连：东软电子出版社，2013.

[12] 史胜辉，王春明，陆培军．Java EE 轻量级框架：Struts2 + Spring + Hibernate 整合开发 [M]. 北京：清华大学出版社，2014.

[13] 徐明华，邱加永．Struts 基础与案例开发详解 [M]. 北京：清华大学出版社，2009.

[14] 唐振明．Java EE 架构与程序设计 [M]. 北京：电子工业出版社，2011.